教科書ワーク

わくわく ポイント確認カード

アプリでバッチリ! ポイント確認!

名前

花の色

とくちょう

❶

名前

花の色

とくちょう

❷

名前

花の色

とくちょう

❸

名前

花の色

とくちょう

❹

生き物のかんさつ

道具の名前は?

この道具を使うと、どう見える?

❺

めが出たあとの植物

あの名前は?

あの形はどの植物も同じ?ちがう?

❻

太陽のいちとかげのでき方

あの名前は?

ぼうのかげができるのは、ア~ウのどこ?

❼

ほういの調べ方

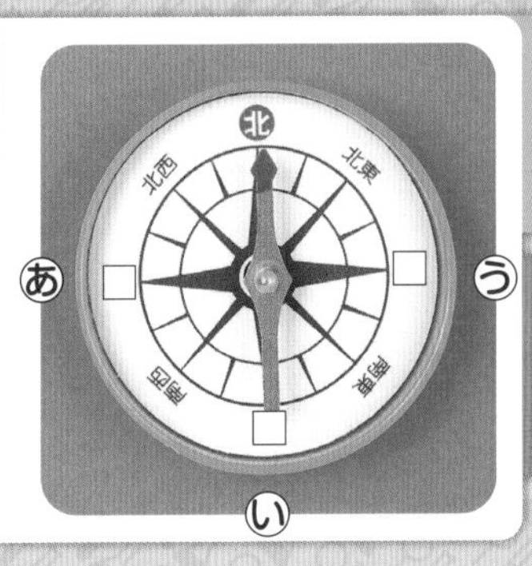

道具の名前は?

あ~うのほういは?

❽

太陽のいちのへんか

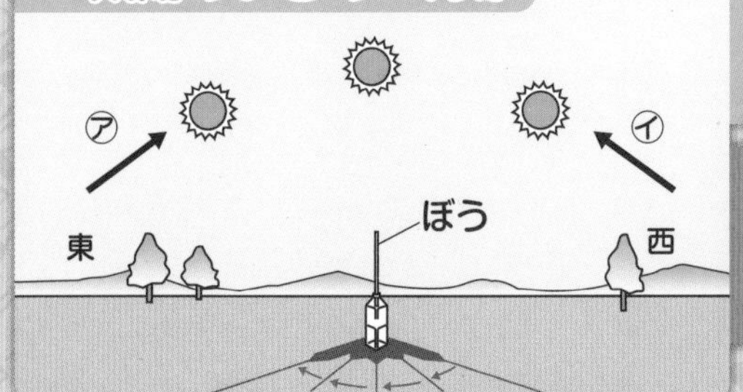

太陽のいちのへんかはア、イどっち?

かげの向きのへんかは太陽と同じ?反対?

❾

温度のはかり方

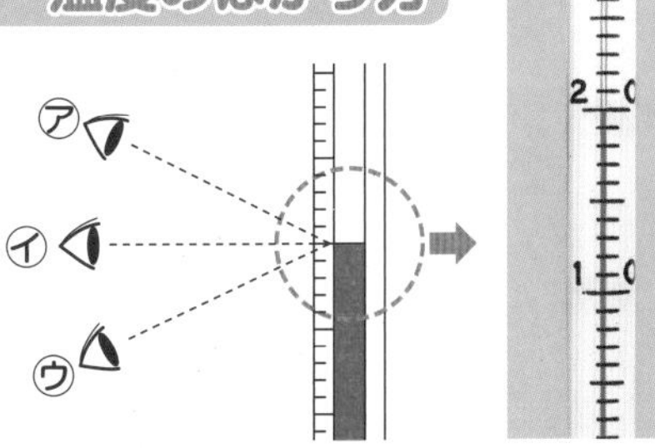

目もりはア~ウのどこから読む?

温度計は何℃を表している?

❿

アプリでバッチリ！ポイント確認！

おもての QR コードから
アクセスしてください。

※本サービスは無料ですが、別途各通信会社の通信料がかかります。
※お客様のネット環境および端末によりご利用できない場合がございます。
※ QR コードは㈱デンソーウェーブの登録商標です。

使い方

●切りとり線にそって切りはなしましょう。
●写真や図を見て、質問に答えてみましょう。
●使い終わったら、あなにひもなどを通して、まとめておきましょう。

名前 ヒマワリ

花の色 黄色

高さ 1～3m

とくちょう

つぼみのころまでは太陽をおいかけて、向きをかえる。

❷

名前 ホウセンカ

花の色 赤色・白色・ピンク色などがある。

高さ 30～60cm

とくちょう

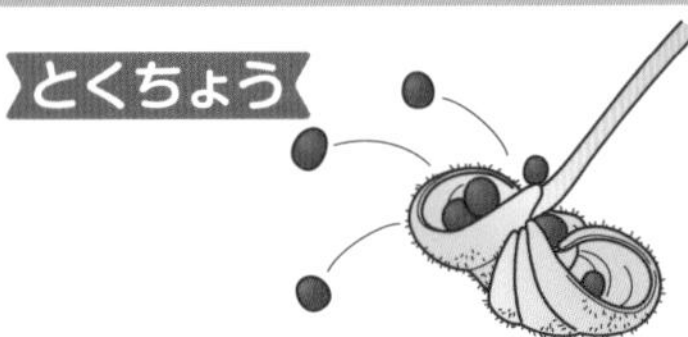

実がはじけて、たねがとぶ。

❶

名前 マリーゴールド

花の色 黄色・オレンジ色などがある。

高さ 15～30cm

とくちょう

これ全体が1まいの葉。

❹

名前 タンポポ

花の色 黄色

高さ 15～30cm

とくちょう

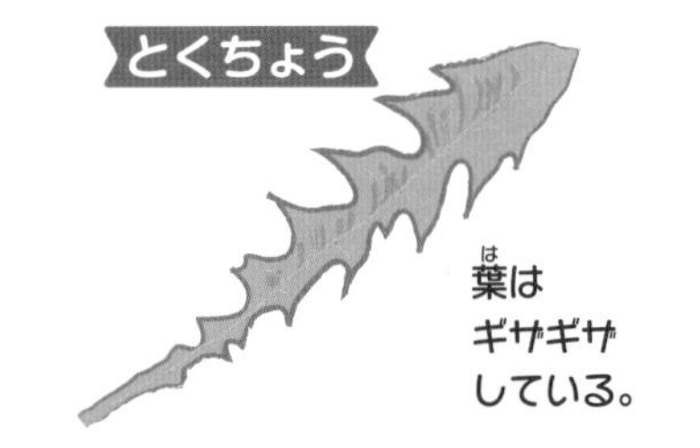

葉はギザギザしている。

❸

めが出たあとの植物

子葉は、植物のしゅるいによって、形や大きさがちがうよ。

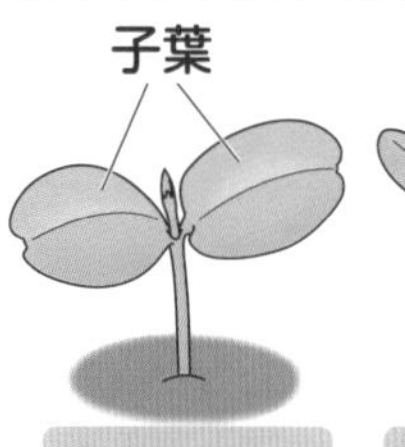

❻

生き物のかんさつ

虫めがねでかんさつすると、小さいものが大きく見えるよ。

❺

ほういの調べ方

①ほういじしんを水平に持つ。
②はりの動きが止まるまでまつ。
③北の文字をはりの色のついた先に合わせる。

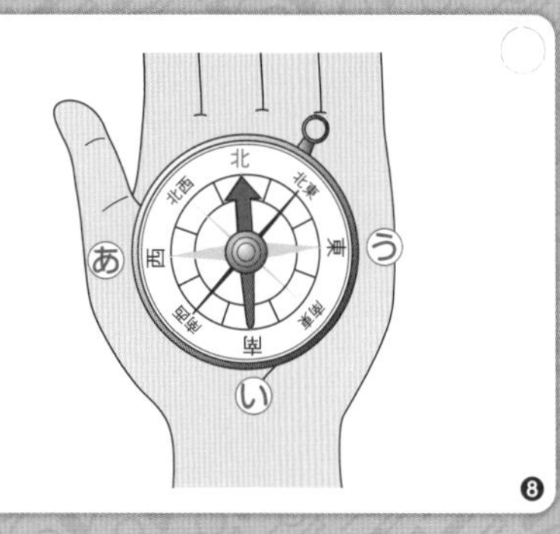

❽

太陽のいちとかげのでき方

かならずしゃ光板（プレート）を使ってかんさつしよう。

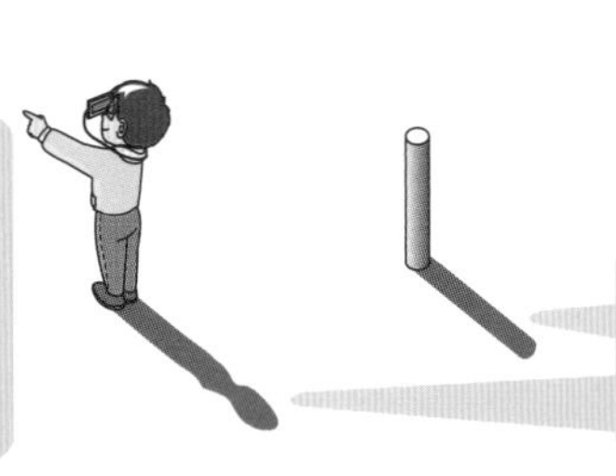

かげはどれも同じ向き（㋑）にできるよ。

❼

温度のはかり方

温度計は、目の高さとえきの先を合わせて、真横から目もりを読もう。写真は、20℃だとわかるね。

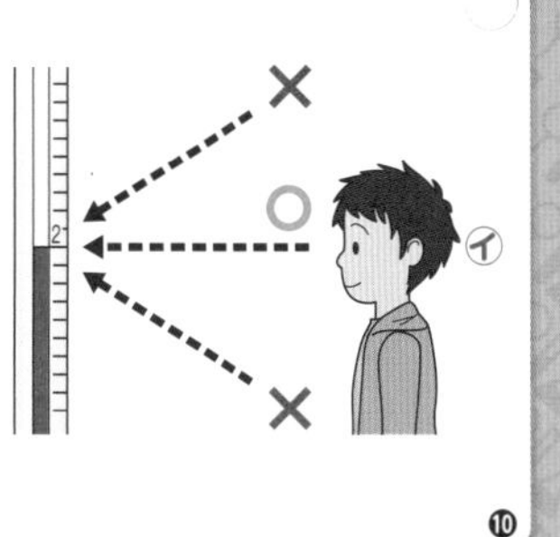

❿

太陽のいちのへんか

太陽のいちは㋐のように、東のほうから南の空を通って西のほうへかわる。

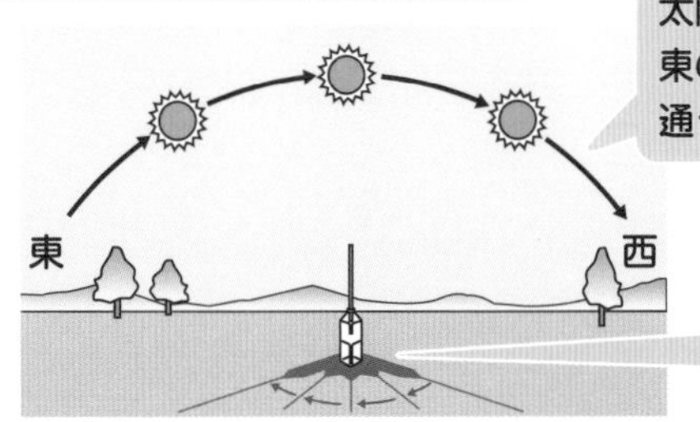

かげの向きのへんかは、太陽と反対になる。

❾

名前

育ち方

からだのつくり

⑪

名前

育ち方

からだのつくり

⑫

名前

すみか

食べ物

⑬

名前

すみか

食べ物

⑭

名前

すみか

食べ物

⑮

名前

すみか

食べ物

⑯

風の力

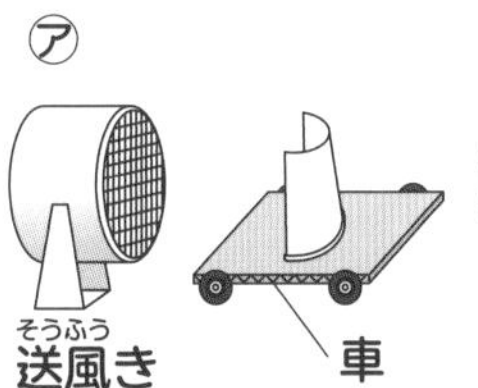

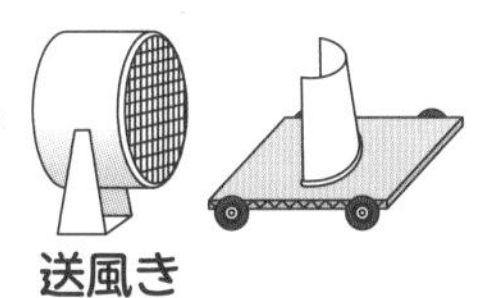

遠くまで走るのはア、イどっち？

ものを動かすはたらきを大きくするには？

⑰

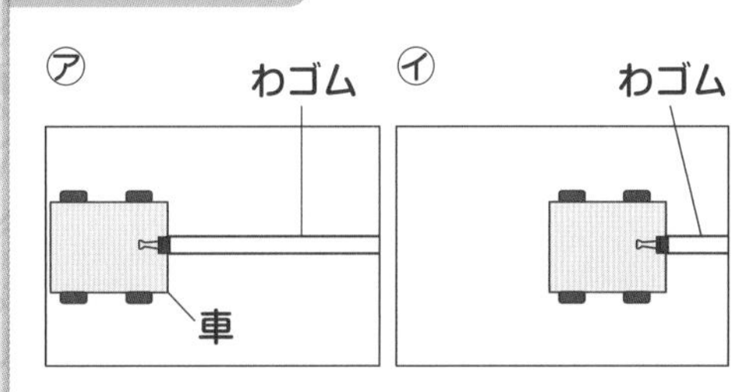

遠くまで走るのはどっち？

ものを動かすはたらきを大きくするには？

⑱

光のせいしつ

光はどう進む？

いちばん明るいのは？

⑲

音のせいしつ

ふるえが大きいときの音の大きさは？

ふるえが小さいときの音の大きさは？

⑳

電気とじしゃくのふしぎ

10円玉（銅）　クリップ（鉄）　コップ（ガラス）

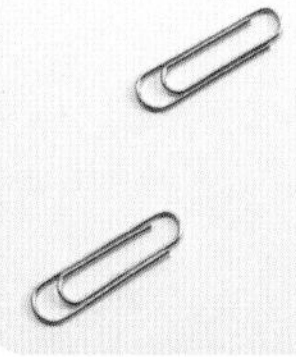

電気を通すものは？

じしゃくにつくものは？

㉑

ものの重さと体積

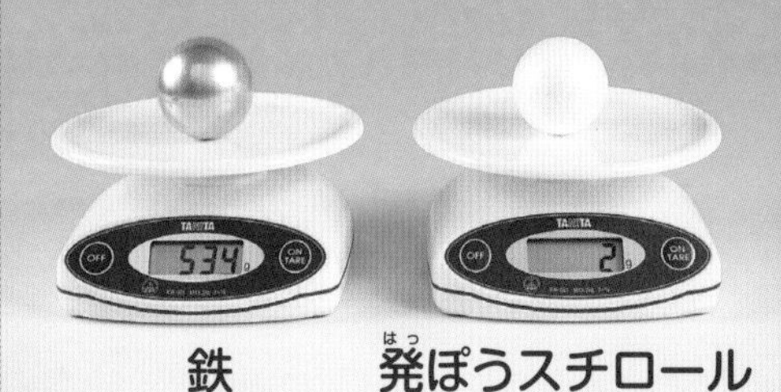

鉄　発ぽうスチロール

どちらが軽い？

体積が同じものの重さは同じ？ちがう？

㉒

名前 ショウリョウバッタ

育ち方

たまご → よう虫 → せい虫

からだのつくり

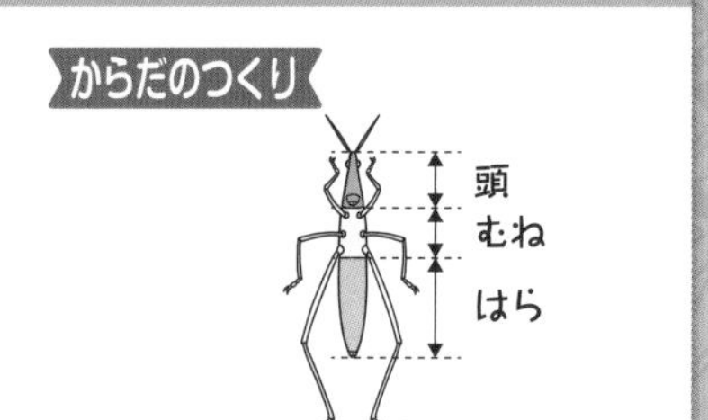

あしは6本

⑫

名前 モンシロチョウ

育ち方

たまご → よう虫 → さなぎ → せい虫

からだのつくり

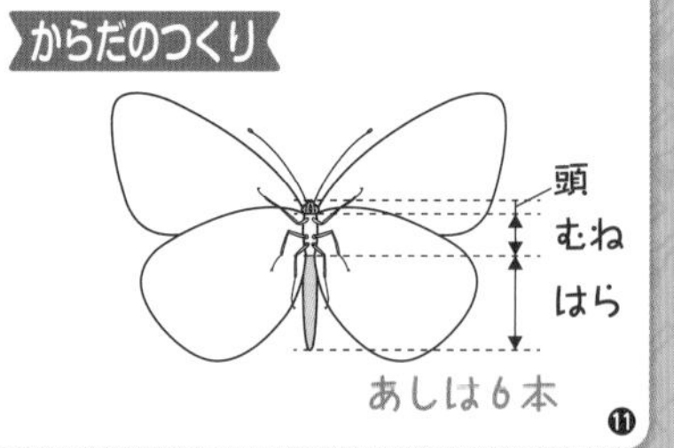

あしは6本

⑪

名前 カブトムシ

すみか 林の中

食べ物 木のしる

とくちょう

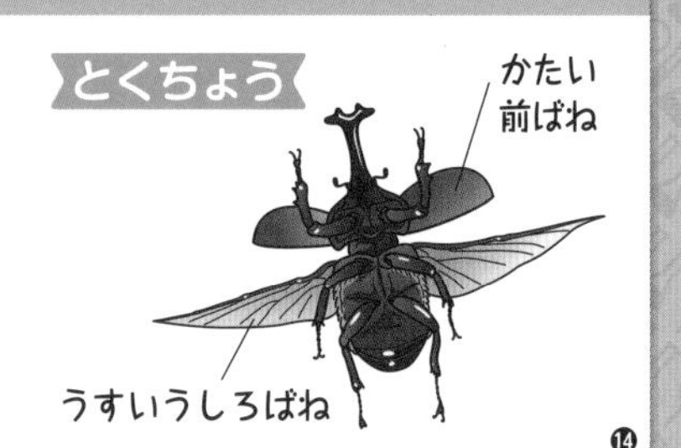

⑭

名前 ナナホシテントウ

すみか 草むら

食べ物 小さな虫

とくちょう

ナナホシテントウのせい虫は、かれ葉の下などで冬をこす。

⑬

名前 クモ

すみか 草むらや林の中など

食べ物 ほかの虫

とくちょう

からだは、2つの部分に分かれている。

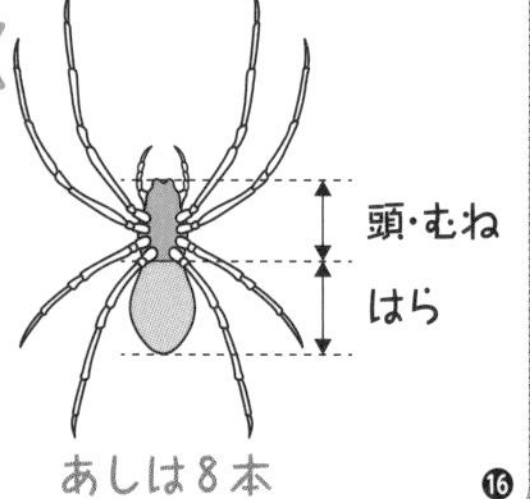

あしは8本

⑯

名前 ダンゴムシ

すみか 石の下や落ち葉の下など

食べ物 落ち葉やかれ葉

とくちょう

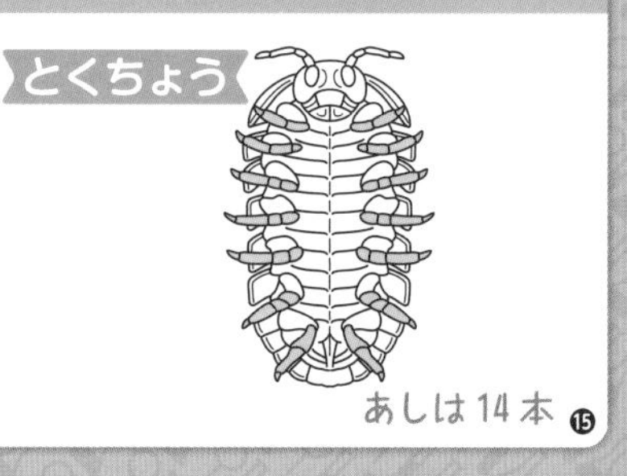

あしは14本

⑮

ゴムの力

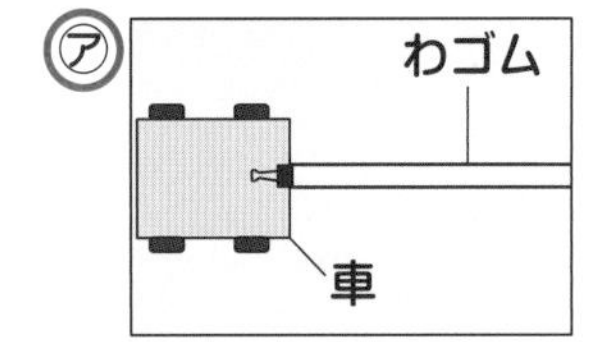

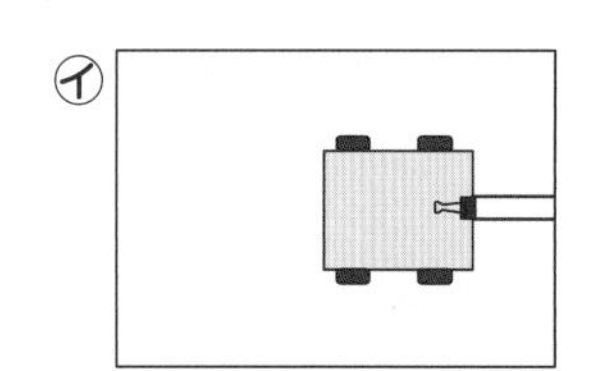

●ものを動かすはたらきを大きくするには、わゴムを**長くのばす**！

⑱

風の力

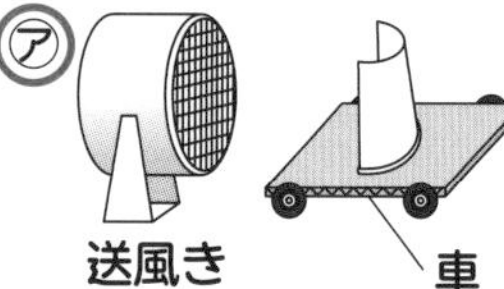

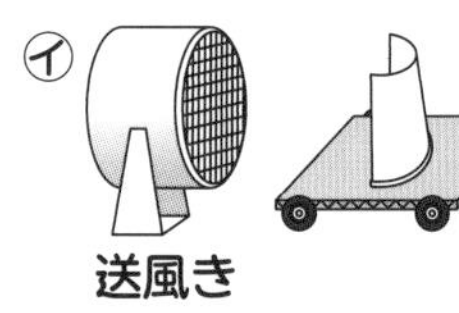

●ものを動かすはたらきを大きくするには、風を**強くする**！

⑰

音のせいしつ

たいこのふるえが大きいと音は**大きく**、ふるえが小さいと音は**小さい**よ。

⑳

光のせいしつ

かがみで光をはね返すと、光は**まっすぐ進んでいる**のがわかる。

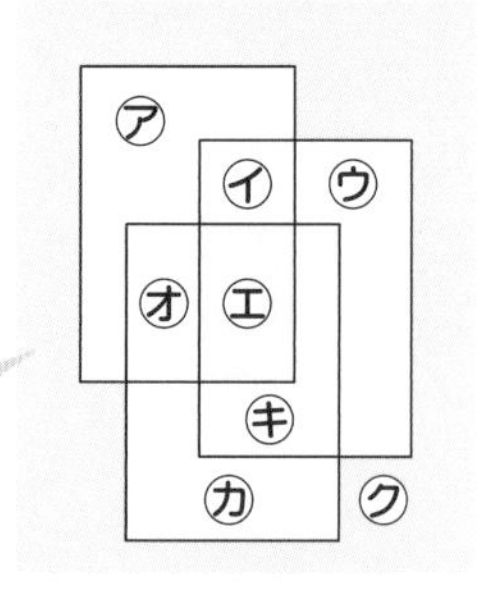

光をたくさん重ねている㋓がいちばん明るい。

⑲

ものの重さと体積

鉄は534g、発ぽうスチロールは2gだから…

発ぽうスチロールのほうが軽い！

●体積が同じでも、ものによって重さは**ちがう**！

㉒

電気とじしゃくのふしぎ

●電気を通すもの

鉄、銅、アルミニウムなどの金ぞく

れい **10円玉（銅）、クリップ（鉄）**

●じしゃくにつくもの

鉄でできているもの

れい **クリップ（鉄）**

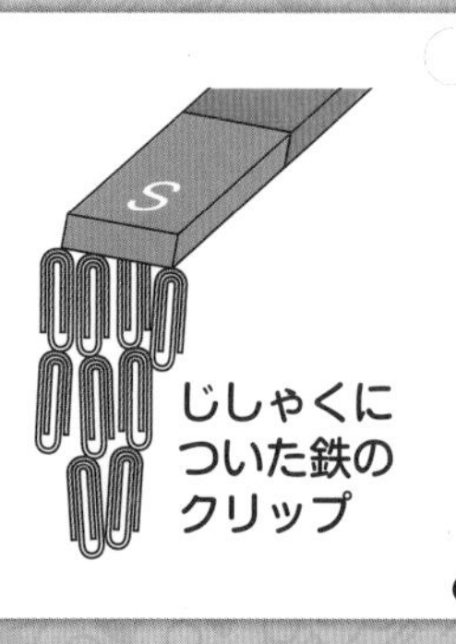

㉑

わくわくシール

★１日の学習がおわったら、チャレンジシールをはろう。
★実力はんていテストがおわったら、まんてんシールをはろう。

まんてんシール

チャレンジシール

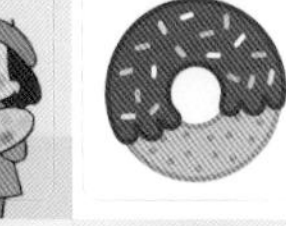

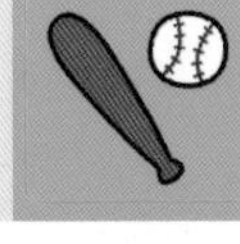

いろ

くきのふしぎ

くきがつるのように曲がってのびて、ほかのものにまきつくよ。

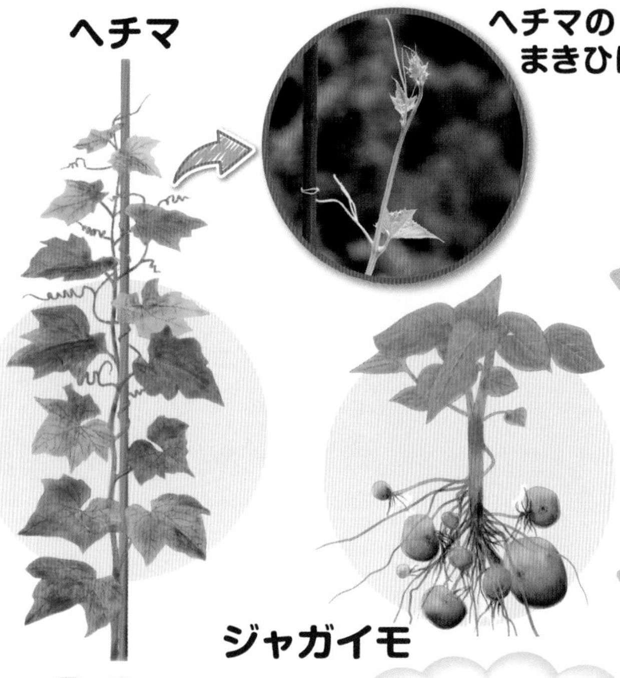

くきの一部が「まきひげ」というつるになって、ほかのものにまきつくよ。

ジャガイモは、土の中にあるけれど、じつはよう分をたくわえている「くき」なんだ。

葉のふしぎ

わたしたちが食べているのは、「葉」によう分がたくわえられた部分だよ。

この部分が「くき」だよ。

葉の色がかわるのは、葉のつけ根にかべができて、葉によう分がたまるためだよ。

物のふしぎ

わたしたちが
食べているのは、
くきの部分で、
「レンコン」と
よばれているよ。

葉が、明るさによって、
開いたりとじたりするよ。

カタバミ

葉が何かに
ふれると、おじぎを
しているように
なるよ。

わくわくポスター 理科 3年 植物

サボテンのふしぎ

キンシャチ

とげの部分が葉で、緑(みどり)色の部分がくきだよ。

シャコバサボテン

花がさくものもあるよ。

ウチワサボテン

いろいろな形をしているね。

ドラゴンフルーツ

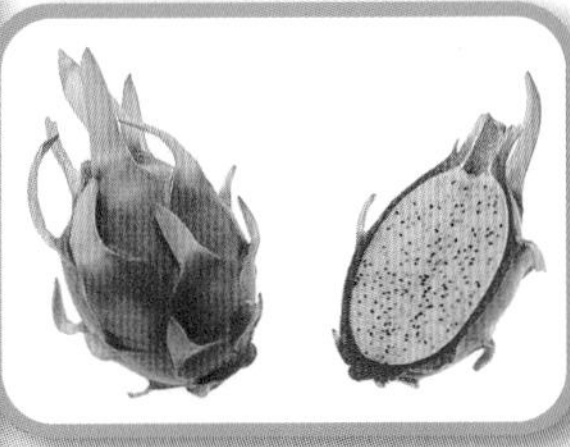

ドラゴンフルーツはサボテンのなかまで、実(み)を食べているよ。

ハスのふ

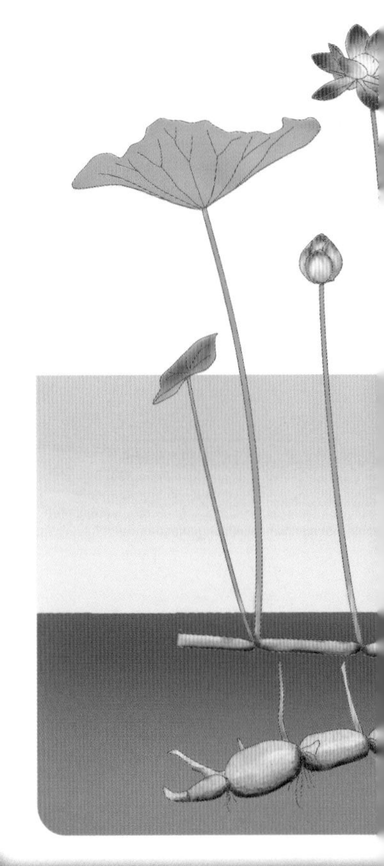

動(うご)く植物

タンポポ

花が、明るさによって、開(ひら)いたりとじたりするよ。

オジギソウ

いろいろな植物（しょくぶつ）

たねのふしぎ

風でとぶたね

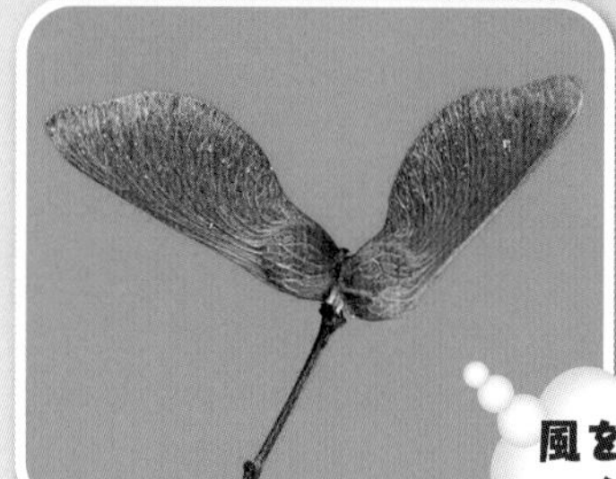
カエデ

タンポポ

風を受けやすいつくりをしているね。

人や動物につくたね

オオオナモミ

アメリカセンダングサ

とげが人のふくや動物の毛につくよ。

たねが遠くにはこばれると、めが出て、なかまをふやすことができるんだね。

根のふしぎ

サツマイモ

根によう分がたくわえられて、「いも」になっているよ。

ウキクサ

水の中に根があるよ。

東京書籍版 **理科3年**

動画 コードを読みとって、下の番号の動画を見てみよう。

●写真提供：アーテファクトリー，アフロ

月　日

1　生き物のすがた

きほんのワーク

もくひょう
しぜんをたんけんして、いろいろな生き物をかんさつしよう。

おわったら シールを はろう

教科書 6~13、163~165、167ページ　答え 1ページ

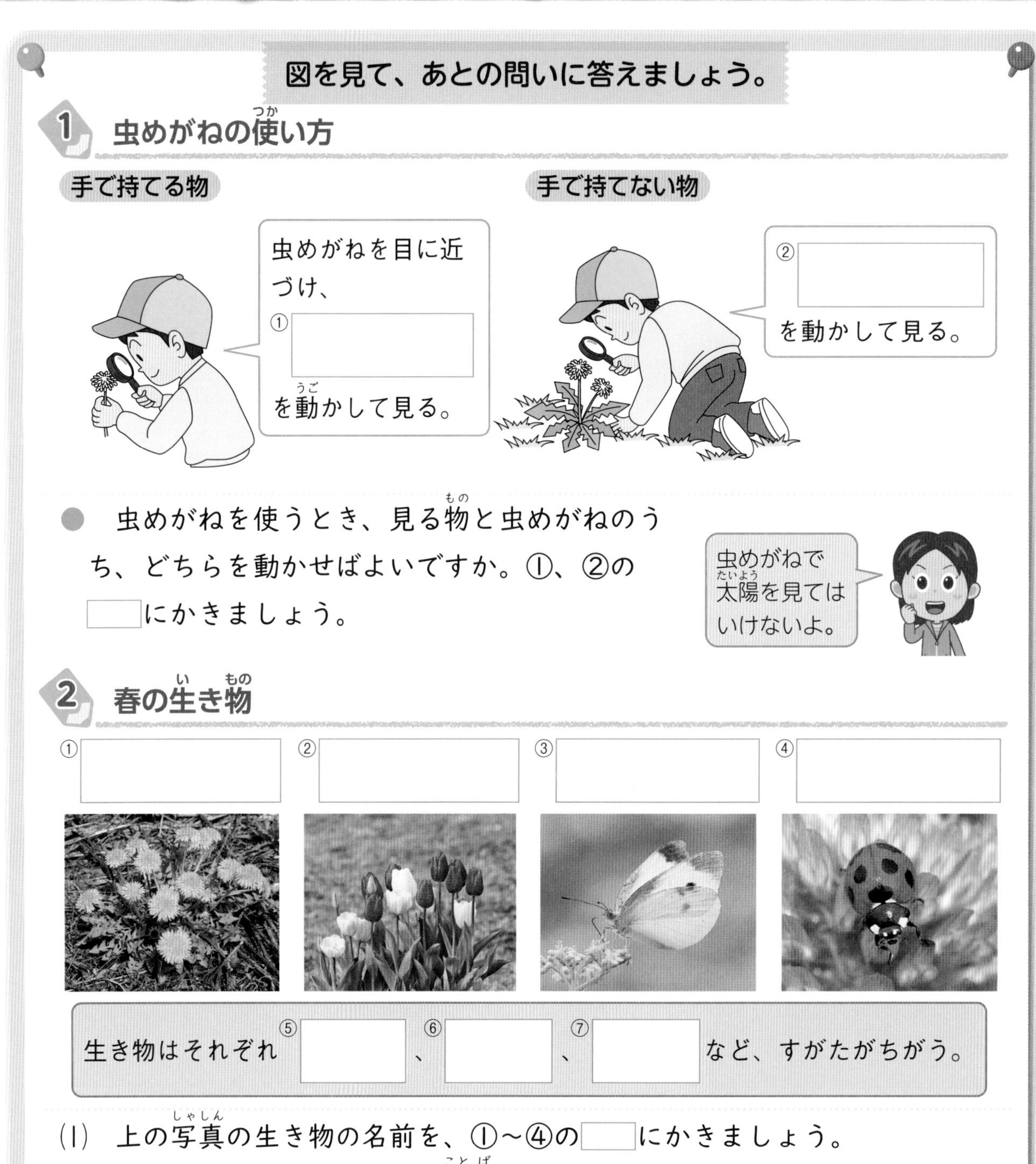

図を見て、あとの問いに答えましょう。

1 虫めがねの使い方

手て持てる物

虫めがねを目に近づけ、①[　　　]を動かして見る。

手て持てない物

②[　　　]を動かして見る。

● 虫めがねを使うとき、見る物と虫めがねのうち、どちらを動かせばよいですか。①、②の[　　]にかきましょう。

虫めがねで太陽を見てはいけないよ。

2 春の生き物

①[　　　]　②[　　　]　③[　　　]　④[　　　]

生き物はそれぞれ⑤[　　　]、⑥[　　　]、⑦[　　　]など、すがたがちがう。

(1) 上の写真の生き物の名前を、①～④の[　　]にかきましょう。

(2) ⑤～⑦の[　　]にあてはまる言葉をかきましょう。

まとめ　〔 色　文　形 〕からえらんで(　)にかきましょう。

● 生き物は、それぞれ①(　　　　)、②(　　　　)、大きさなどがちがう。

● 記ろくカードには、調べたことを絵や③(　　　　)でくわしくかく。

ツバキやサザンカの木の葉のうらには、チャドクガというガのうす茶色のよう虫がぎっしりといることがあります。どくをもっているので、ぜったいにさわってはいけません。

1 春に見られる生き物をかんさつしました。次(つぎ)の図を見て、あとの問(と)いに答えましょう。

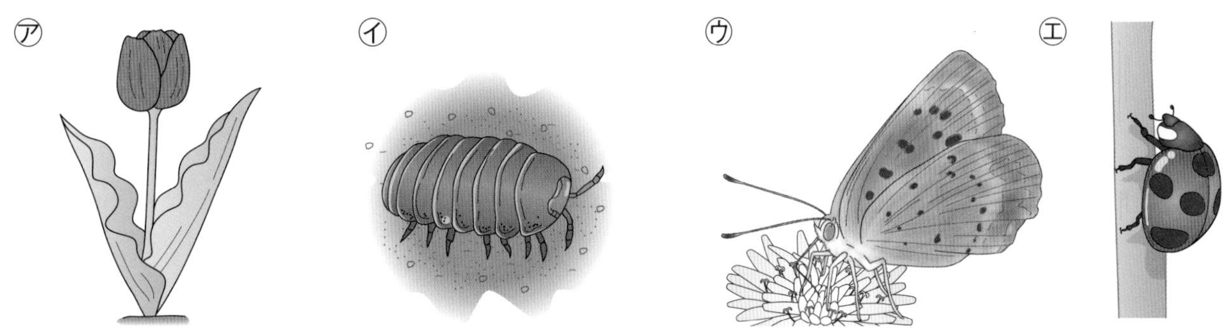

(1) ダンゴムシ、ナナホシテントウ、チューリップ、ベニシジミのうち、次の①~④の場所(ばしょ)で見つけた物はどれですか。㋐~㋓からえらびましょう。

① 学校の近くの野原の草の上で見つけた。 (　　)
② 花だんの横(よこ)のタンポポの花にとまっていた。 (　　)
③ 花だんで見つけた。 (　　)
④ 花だんの横の石の下で見つけた。 (　　)

(2) 次の文は、調べたことを記ろくしたものです。㋐~㋓のどれについての物ですか。

① はねをひらひらさせて、花から花へとびまわっていた。 (　　)
② さわるとまるくなった。 (　　)
③ 葉(は)は緑色(みどりいろ)で、花は赤色や黄色(きいろ)のものがあった。 (　　)
④ 赤色をしていて、目立つ黒い点があった。 (　　)

2 しぜんと生き物について調べたことをカードに記ろくした後、みんなで話し合いました。次の文のうち、正しいものには○、まちがっているものには×をつけましょう。

①(　　)記ろくカードには、わかったことはかくが、感想(かんそう)やぎもんはかかない。
②(　　)記ろくカードには、絵と文で、調べたことをくわしくかく。
③(　　)記ろくカードは、とじたりつないだりして、整理(せいり)しておくとよい。
④(　　)記ろくカードには、実物(じつぶつ)をはってはいけない。
⑤(　　)友だちの発表(はっぴょう)では、自分の調べたことや考えとくらべながら聞く。
⑥(　　)発見(はっけん)したことや、考えたことを、わかりやすく話す。
⑦(　　)ぎもんに思ったことは、友だちの話のとちゅうでもすぐにしつ問(もん)する。

1　たねをまこう①

もくひょう
植物のたねのとくちょうやまき方について学ぼう。

おわったらシールをはろう

きほんのワーク

教科書 14~17、163、167ページ　答え 1ページ

図を見て、あとの問いに答えましょう。

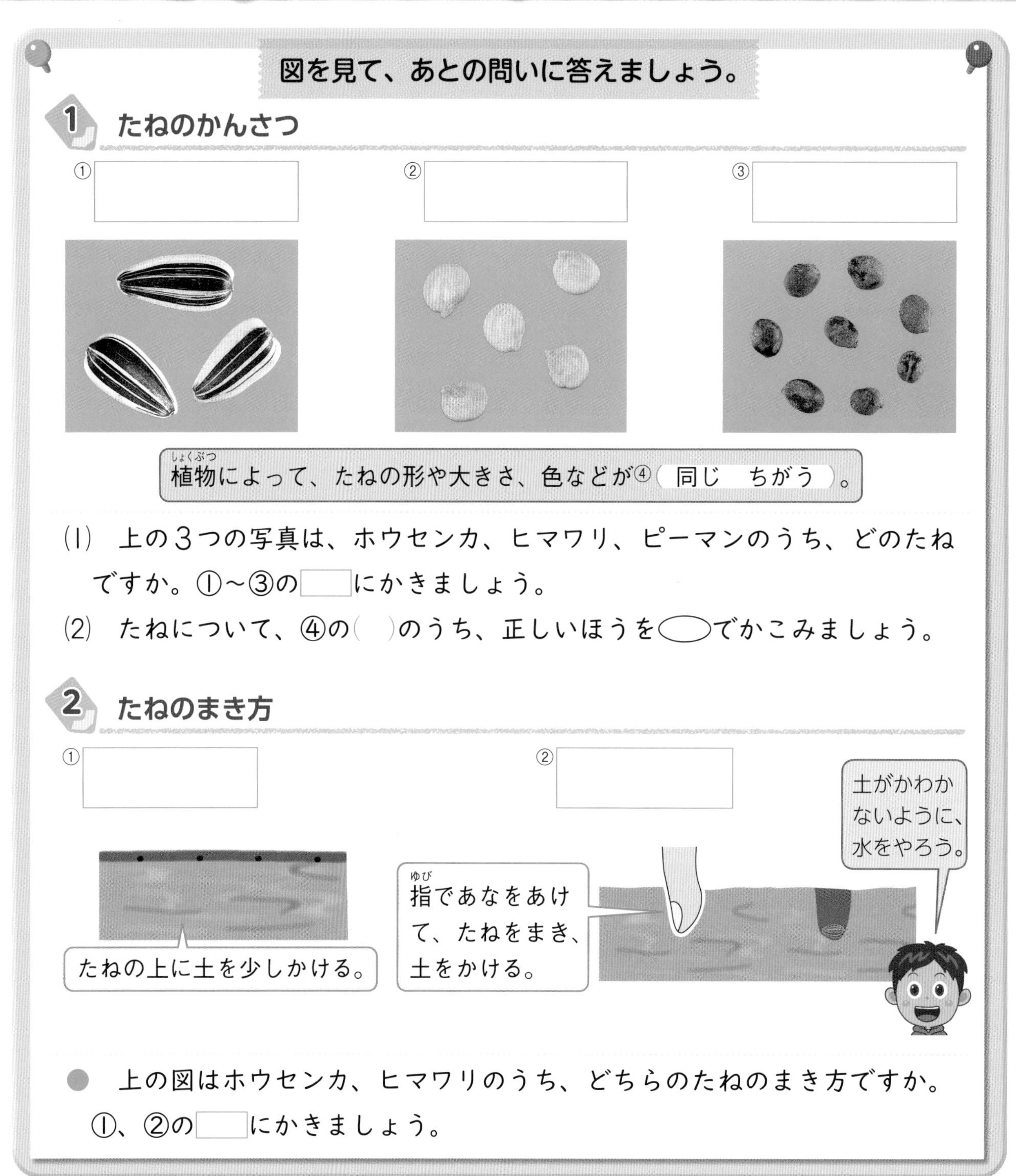

1 たねのかんさつ
①
②
③
植物によって、たねの形や大きさ、色などが④（同じ　ちがう）。
(1) 上の3つの写真は、ホウセンカ、ヒマワリ、ピーマンのうち、どのたねですか。①～③の□にかきましょう。
(2) たねについて、④の（　）のうち、正しいほうを◯でかこみましょう。
2 たねのまき方
①
②
土がかわかないように、水をやろう。
たねの上に土を少しかける。
指であなをあけて、たねをまき、土をかける。

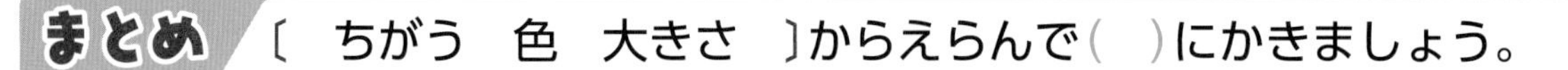

● 上の図はホウセンカ、ヒマワリのうち、どちらのたねのまき方ですか。

①、②の□にかきましょう。

まとめ　〔 ちがう　色　大きさ 〕からえらんで（　）にかきましょう。

● 植物のたねは、しゅるいによって形や①（　　　　）、②（　　　　）がちがう。
● たねは、植物によってまき方が③（　　　　）。

オクラやダイコン、トマトなどのたねは、光が当たるとうまくめを出すことができません。光が当たらないように、しっかり土をかけましょう。

勉強した日　月　日

教科書 14〜17、163、167ページ　答え 1ページ

できた数　/11問中

おわったらシールをはろう

1　次の写真を見て、あとの問いに答えましょう。

㋐ ホウセンカ　㋑ ピーマン　㋒ ヒマワリ

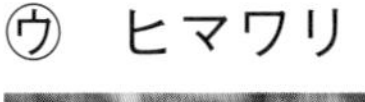

(1) 次のあ〜うは、上の写真の㋐〜㋒のどの植物のたねですか。それぞれ㋐〜㋒からえらびましょう。

あ 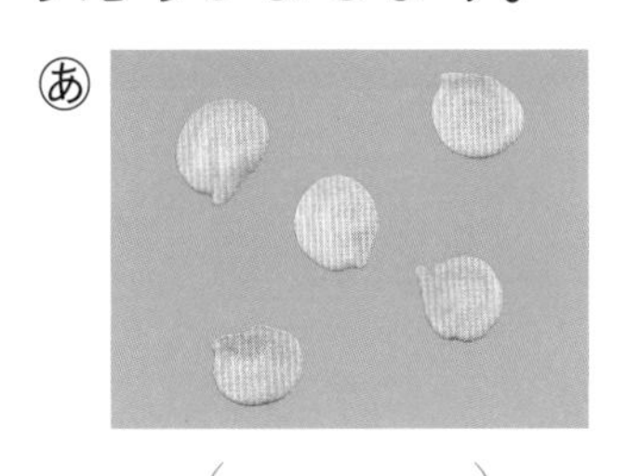　（　　　）

い 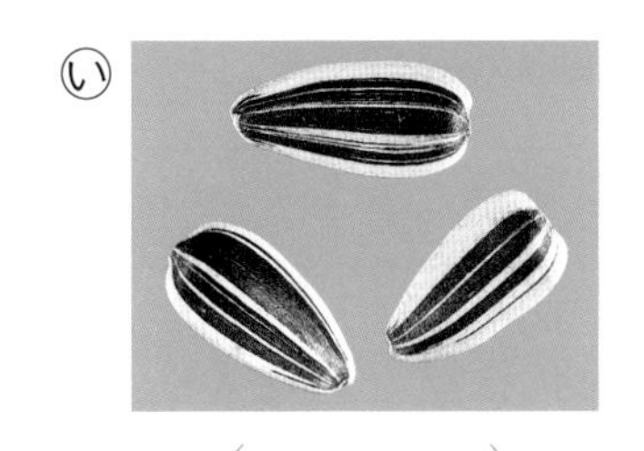　（　　　）

う 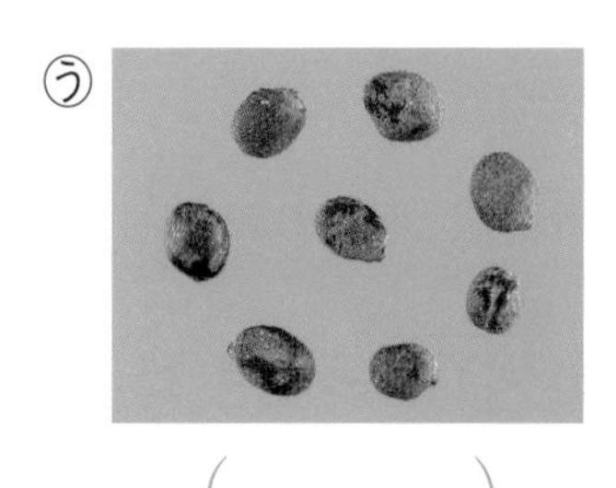　（　　　）

(2) ホウセンカとピーマンとヒマワリのたねをくらべました。次の文のうち、正しいものには○、まちがっているものには×をつけましょう。

①（　　　）どれもたねの形や色が同じ。

②（　　　）どれもたねの形や色がちがう。

③（　　　）どれもたねのもようや大きさが同じ。

④（　　　）どれもたねのもようや大きさがちがう。

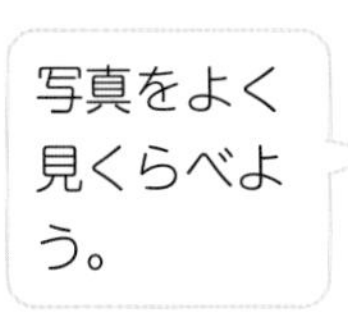

2　ホウセンカ、ヒマワリ、オクラ、ピーマンのたねのまき方について、次の文のうち、正しいものには○、まちがっているものには×をつけましょう。

①（　　　）ホウセンカとピーマンのたねは、指で土にあなをあけてまき、土をかける。

②（　　　）ヒマワリとオクラのたねは、土の上にたねをまいて、その上に土を少しかける。

③（　　　）ホウセンカとピーマンのたねは、土の上にたねをまいて、その上に土を少しかける。

④（　　　）ヒマワリとオクラのたねは、指で土にあなをあけてまき、土をかける。

勉強した日　　月　　日

1　たねをまこう②

きほんのワーク

もくひょう
子葉のとくちょうや、植物の高さの調べ方について学ぼう。

おわったらシールをはろう

教科書 18～21、163ページ　答え 1ページ

図を見て、あとの問いに答えましょう。

1 めが出た後のようす

① [　　]　② [　　]　③ [　　]

①の形は④（ 同じ　ちがう ）。数はどちらも⑤（ 1まい　2まい ）。

(1) たねからはじめに出てくる葉を何といいますか。①の[　]にかきましょう。
(2) 上の写真は、ホウセンカとヒマワリのめが出た後のようすです。②、③の[　]にホウセンカかヒマワリかをかきましょう。
(3) ④、⑤の（　）のうち、正しいほうを◯でかこみましょう。

2 植物の高さの調べ方

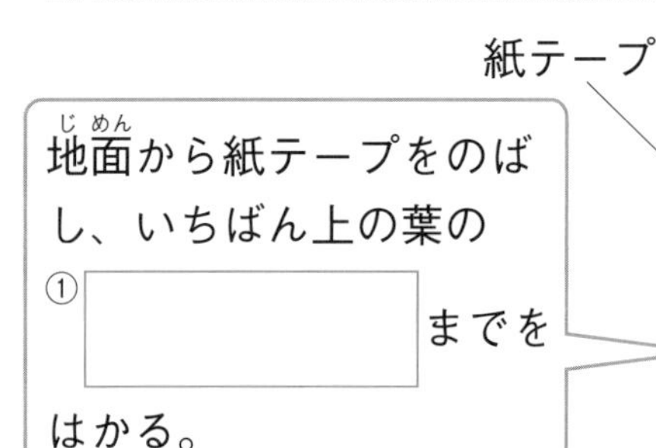

地面（じめん）から紙テープをのばし、いちばん上の葉の①[　　]までをはかる。

はかった紙テープを大きな紙にならべてはると、植物の高さのかわり方がわかるね。

● 植物の高さは、どのように調べますか。①の[　]にかきましょう。

まとめ　〔 子葉（しよう）　大きさ　2 〕からえらんで（　）にかきましょう。

●たねからはじめに出てくる葉を、①（　　　）という。ホウセンカやヒマワリの子葉の数は②（　　　）まいである。植物によって、子葉の形や③（　　　）はちがう。

かんさつするときに大切なことは、植物のにているところや、ちがっているところがどこかをかんさつすることです。かんさつしたことは、記ろくカードにまとめておきましょう。

1 次の図を見て、あとの問いに答えましょう。

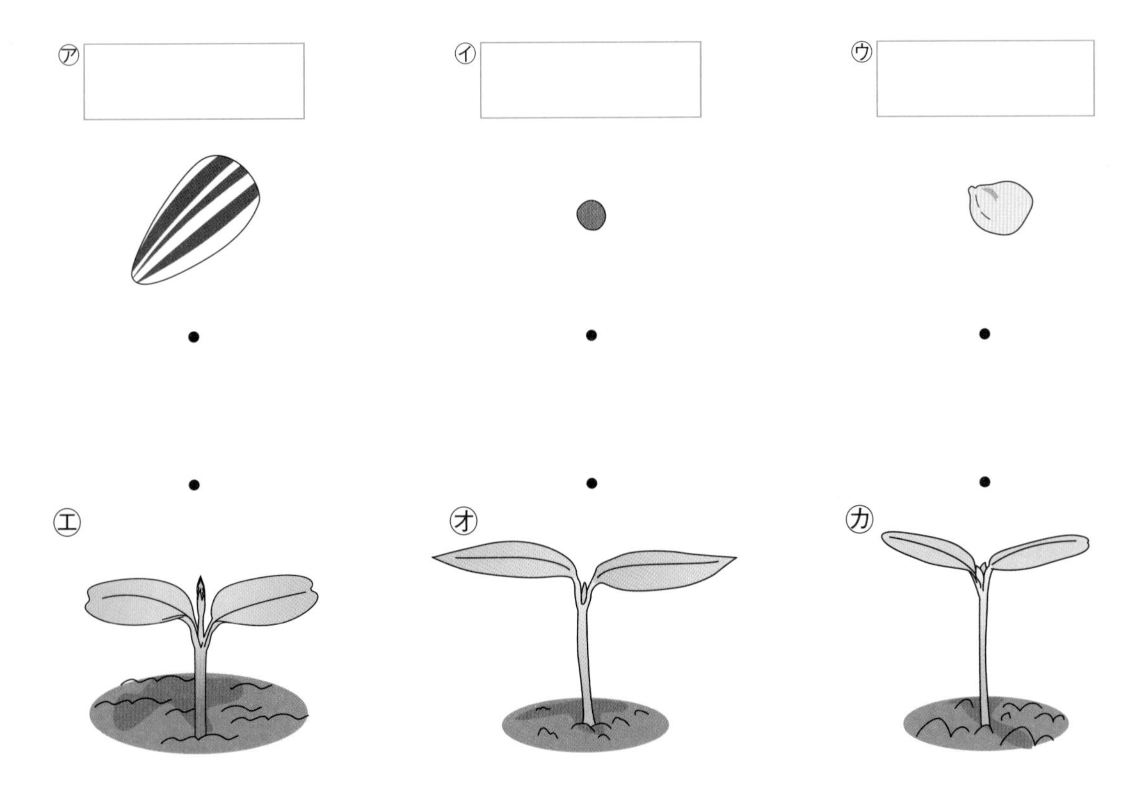

(1) 上の図㋐～㋒は、ホウセンカ、ヒマワリ、ピーマンのたねのようすです。それぞれどの植物のたねですか。名前を㋐～㋒の□にかきましょう。

(2) 上の図のホウセンカ、ヒマワリ、ピーマンのたねと子葉のようすについて、同じ植物どうしを線でむすびましょう。

(3) 次の文のうち、正しいものには○、まちがっているものには×をつけましょう。

①（　　　）ホウセンカ、ヒマワリ、ピーマンの子葉は、どれも2まいである。
②（　　　）子葉の形は、どの植物も同じである。
③（　　　）子葉の形は、植物によってちがう。
④（　　　）子葉の大きさは、どの植物も同じである。
⑤（　　　）子葉の大きさは、植物によってちがう。

2 次の文は、植物の高さの調べ方についてかいたものです。正しいものに○をつけましょう。

①（　　　）紙テープなどで、地面からいちばん上の葉の先までの長さをはかる。
②（　　　）紙テープなどで、地面からいちばん上の葉のつけ根(ね)までの長さをはかる。
③（　　　）紙テープなどで、子葉からいちばん上の葉のつけ根までの長さをはかる。

まとめのテスト

1　春の生き物
2　たねまき

とく点　/100点

おわったらシールをはろう

時間20分

教科書 6〜21、163〜167ページ　答え 2ページ

1 しぜんのかんさつ　春の公園で、右の図のような生き物を見つけ、かんさつしました。次の問いに答えましょう。

1つ5〔15点〕

㋐

㋑

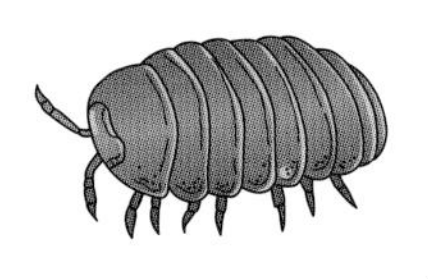

(1)　㋐の生き物を何といいますか。（　　　　）

(2)　㋑の生き物を何といいますか。（　　　　）

(3)　㋐の花や㋑のからだを虫めがねを使ってかんさつしました。虫めがねを使わないときとくらべて、どのように見えますか。
（　　　　）

2 記ろくカード　右の図は、ホウセンカのたねをかんさつしたときの記ろくカードです。カードには、このほかにどんなことをかきますか。次のうち、正しいものに3つ○をつけましょう。

1つ5〔15点〕

ホウセンカのたね

①（　　）色、形、大きさやわかったこと

②（　　）えん筆（ぴつ）の長さ

③（　　）感想やぎもん

④（　　）かんさつした月日、天気や名前

⑤（　　）朝に食べた物

よく出る

3 植物の育ち方　次の図は、ホウセンカの育（そだ）つようすを表（あらわ）しています。あとの問いに答えましょう。

1つ5〔10点〕

㋐

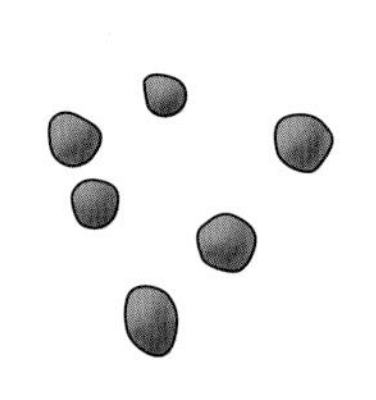

㋑

あ

㋒

(1)　ホウセンカが育つじゅんに、㋐〜㋒をならべましょう。

（　　→　　→　　）

(2)　あの葉を何といいますか。（　　　　）

4 植物のすがた 次の写真は、いろいろな植物のたね、子葉、花のようすです。あとの問いに答えましょう。

1つ6〔60点〕

①

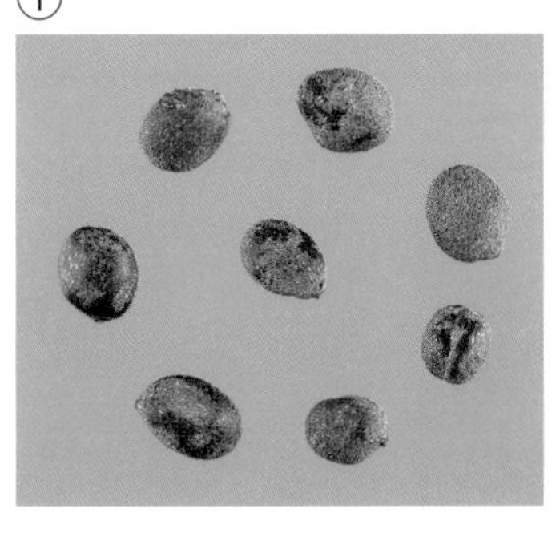

②

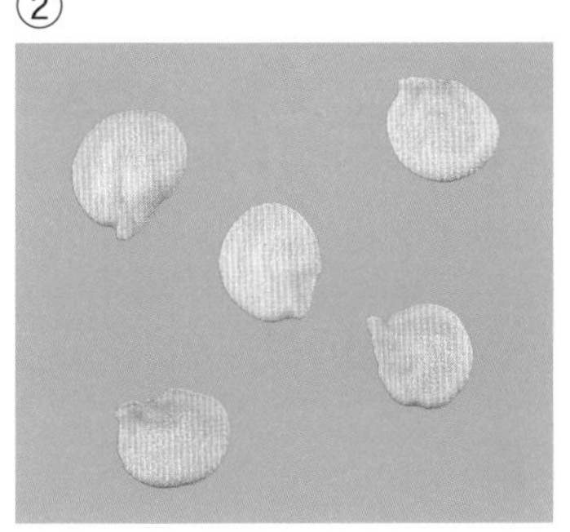

③

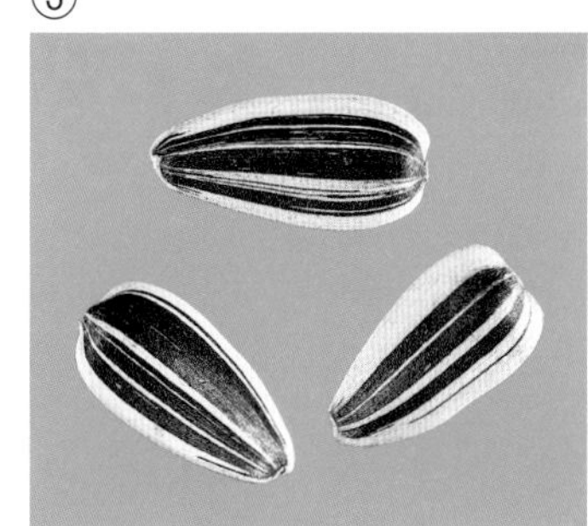

あ

い

う

ア

イ

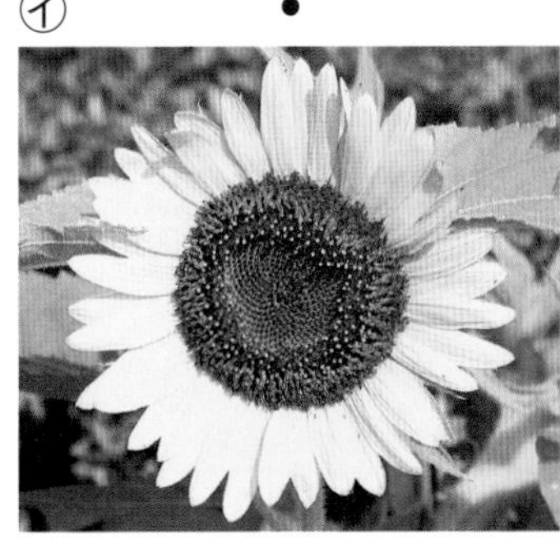

ウ

(1) 上の写真の①～③は、何の植物のたねですか。下の〔 〕からえらんでかきましょう。

①（　　　　） ②（　　　　） ③（　　　　）

〔 ヒマワリ　ホウセンカ　ピーマン　オクラ 〕

(2) 上の写真のそれぞれについて、同じ植物どうしを線でむすびましょう。

(3) 次の文のうち、正しいものには○、まちがっているものには×をつけましょう。

①（　　）たねの大きさは、植物のしゅるいによってちがう。

②（　　）たねの色は、どの植物もにている。

③（　　）植物のしゅるいがちがっても、子葉の形はどれも同じである。

④（　　）育てる植物によって、たねのまき方がちがう。

勉強した日　月　日

もくひょう
モンシロチョウのたまごやよう虫の育ち方について学ぼう。

おわったらシールをはろう

1　チョウの育ち方①

きほんのワーク

教科書 22～27ページ　答え 2ページ

図を見て、あとの問いに答えましょう。

1 モンシロチョウのたまご

モンシロチョウは、①（ キャベツ　ミカン ）の葉にたまごをうむ。

モンシロチョウのたまご

④

大きさ

大きさは、およそ②（ 1mm　10mm ）。

形は、③（ まるい　細長い ）。

(1) モンシロチョウのたまごについて、①～③の（　）のうち、正しいほうを◯でかこみましょう。

(2) ④のたまごの色は何色ですか。色えん筆で色をぬりましょう。

2 モンシロチョウのよう虫（ちゅう）の育ち方

よう虫のからだは、①［　　］色から②［　　］色にかわり、③［　　］をぬいで大きくなっていく。

④

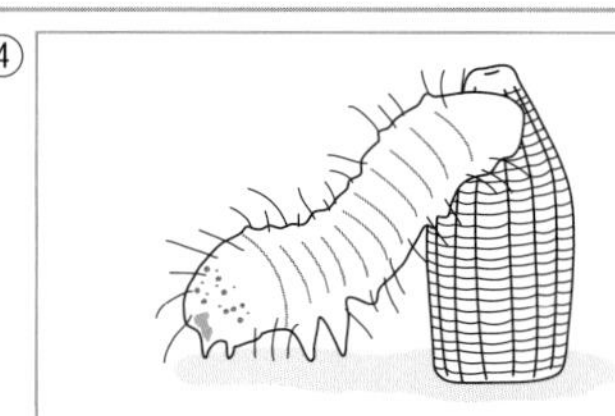

⑤

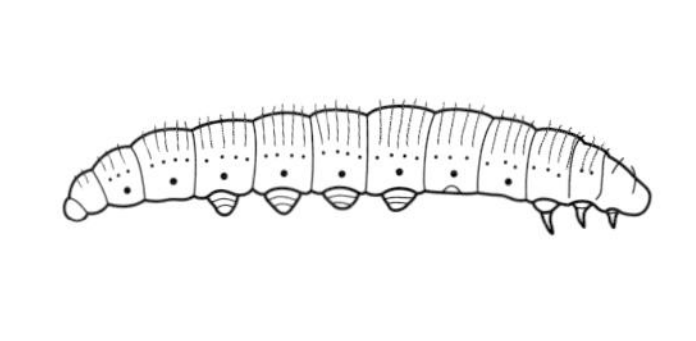

葉を食べるようになったら、色がかわったよ。

(1) ①～③の［　］にあてはまる言葉をかきましょう。

(2) ④、⑤のよう虫の色は何色ですか。色えん筆で色をぬりましょう。

まとめ　〔 たまご　皮（かわ）　よう虫 〕からえらんで（　）にかきましょう。

- モンシロチョウは、キャベツの葉などに黄色い①（　　　）をうむ。
- ②（　　　）のからだは黄色から緑色にかわり、③（　　　）をぬいで育つ。

わくわくたんてい団
アゲハのよう虫は、ミカンやサンショウの葉を食べます。カイコガのよう虫は、クワの葉を食べます。このように、しゅるいによって、よう虫の食べ物はちがいます。

できた数
/7問中
おわったら
シールを
はろう

1 次の図や写真は、モンシロチョウや、モンシロチョウのよう虫を表しています。あとの問いに答えましょう。

㋐
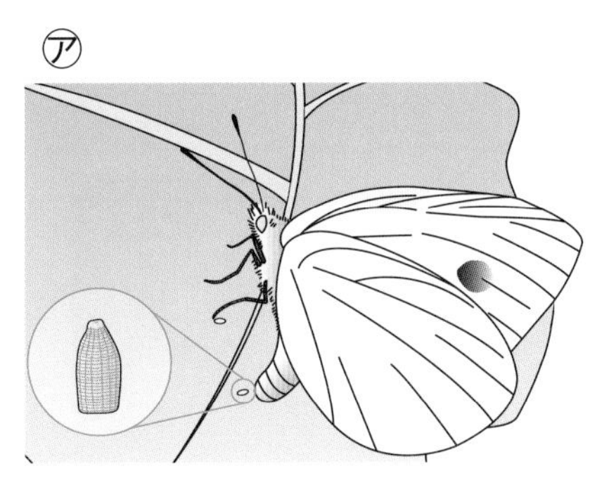

㋑

㋒

(1) ㋐のチョウは、何をしていますか。次の文のうち、正しいものに○をつけましょう。
① (　　　)キャベツの葉を食べている。
② (　　　)キャベツの葉にとまって、休んでいる。
③ (　　　)キャベツの葉に、たまごをうんでいる。

(2) ㋑のよう虫は、何を食べていますか。 (　　　　　　)

(3) ㋒のころのよう虫は、何を食べますか。次のア～ウからえらびましょう。 (　　　)

ア 花のみつ　イ キャベツの葉　ウ ミカンの葉

2 右の図は、モンシロチョウのよう虫のからだのようすです。次の問いに答えましょう。

(1) よう虫の口(くち)は、どれですか。㋐～㋓からえらびましょう。 (　　　)

(2) よう虫の口の形は、どれですか。㋔、㋕からえらびましょう。 (　　　)

(3) よう虫は、どこからふんをしますか。㋐～㋓からえらびましょう。 (　　　)

(4) 皮をぬぐことによって、よう虫のからだの大きさはどうなりますか。 (　　　　　　)

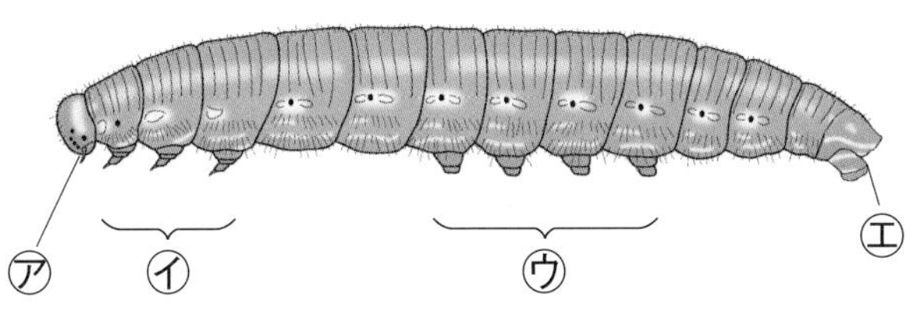

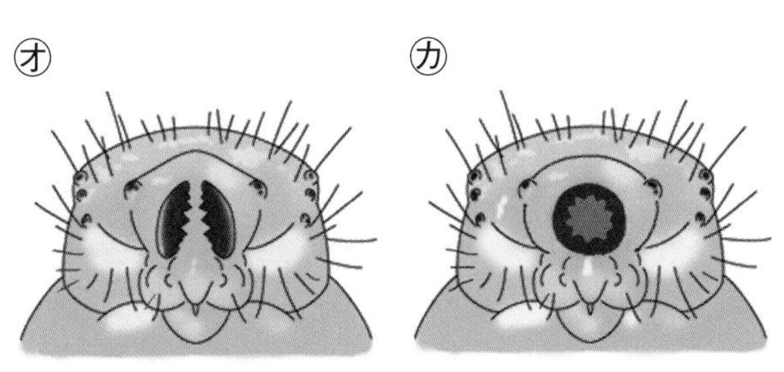

勉強した日 月 日

1 チョウの育ち方②

もくひょう
モンシロチョウの育ち方のとくちょうについてかくにんしよう。

おわったらシールをはろう

きほんのワーク

教科書 28～30ページ　答え 2ページ

図を見て、あとの問いに答えましょう。

1 モンシロチョウのさなぎ

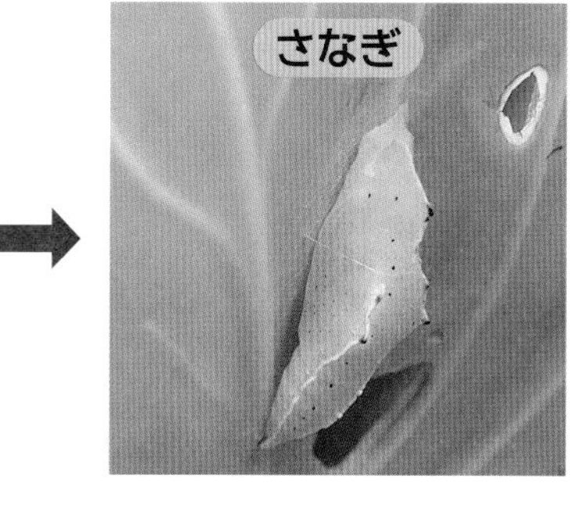

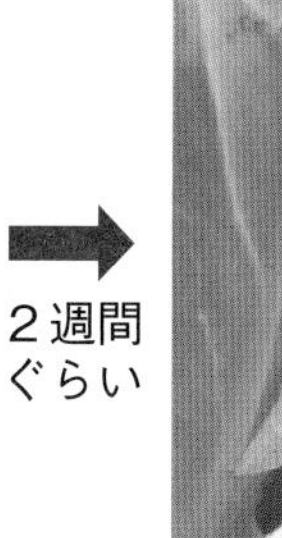

2週間ぐらい

からだに① ☐ をかけ、皮をぬいでさなぎになる。

・②（キャベツの葉を食べる　何も食べない）。
・③（動く　動かない）。

④ ☐ がさなぎから出てくる。

(1) よう虫はさなぎになる前に何をしますか。①の☐にかきましょう。
(2) さなぎについて②、③の（　）のうち、正しいほうを◯でかこみましょう。
(3) さなぎから何が出てきますか。④の☐にかきましょう。

2 モンシロチョウの育ち方

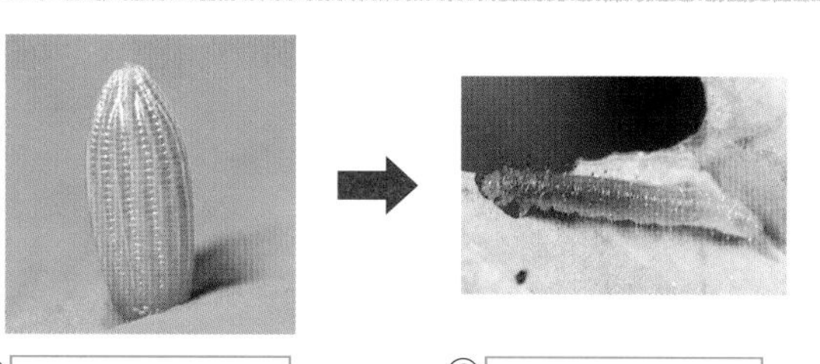

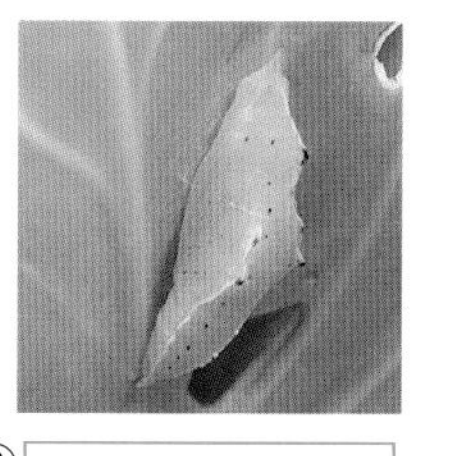

① ☐　② ☐　③ ☐　④ ☐

● 上の写真は、モンシロチョウの育ち方を表しています。それぞれのすがたを何といいますか。①～④の☐にかきましょう。

まとめ ［ さなぎ　成虫（せいちゅう）　よう虫 ］からえらんで（　）にかきましょう。

● モンシロチョウは、たまご→①（　　）→②（　　）→③（　　）のじゅんに育つ。

わくわくたんてい団
さなぎになって2週間ぐらいたつと、中からチョウが出てきます。さなぎから出たばかりのチョウのはねは、しわしわでぬれていて、しばらくするとのびてきます。

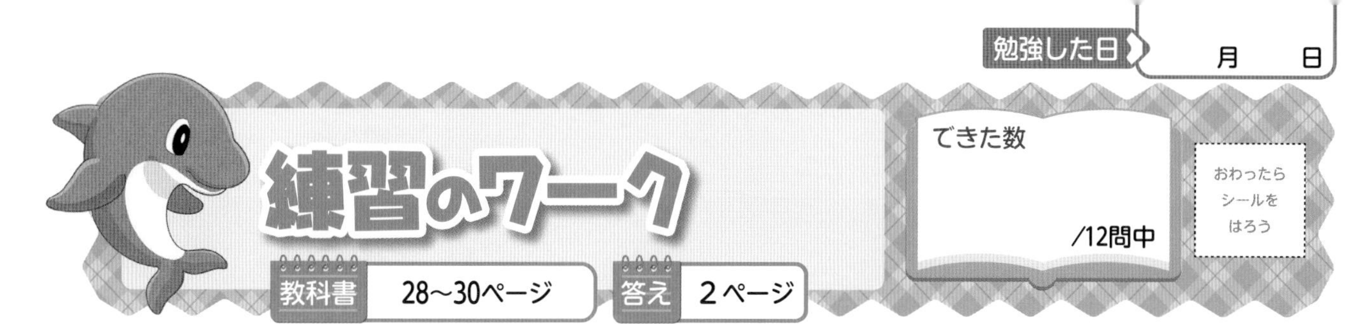

1 大きくなったモンシロチョウのよう虫は、次の図のようにすがたをかえました。あとの問いに答えましょう。

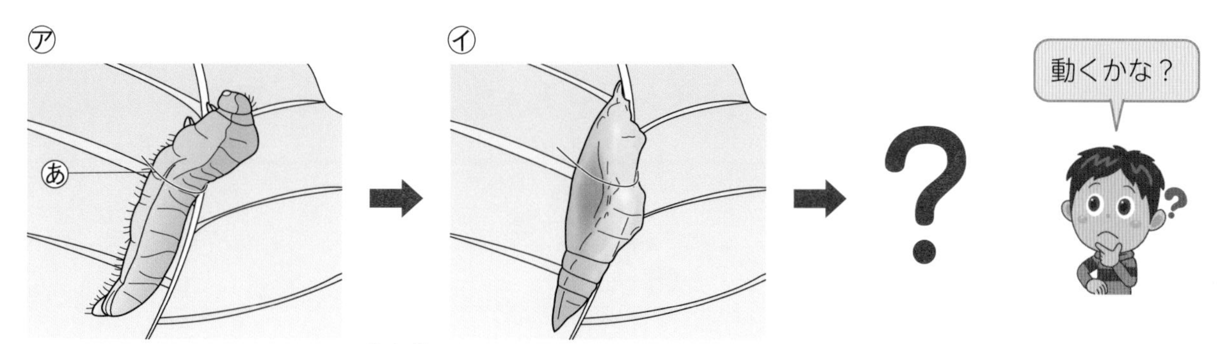

(1) あは何をするのに役立(やくだ)っていますか。正しいほうに○をつけましょう。

①(　　)キャベツの葉などから、水をすいとるのに役立つ。

②(　　)からだが動かないようにとめておくのに役立つ。

(2) あをかけた後、イになる前に何をしますか。(　　　　)

(3) イのすがたを何といいますか。(　　　　)

(4) イは何か食べますか、何も食べませんか。(　　　　)

(5) イはやがてどうなりますか。正しいほうに○をつけましょう。

①(　　)色が白っぽくなり、中から成虫が出てくる。

②(　　)色が白っぽくなり、あしやはねがはえてくる。

2 次の図は、アゲハの育つようすです。あとの問いに答えましょう。

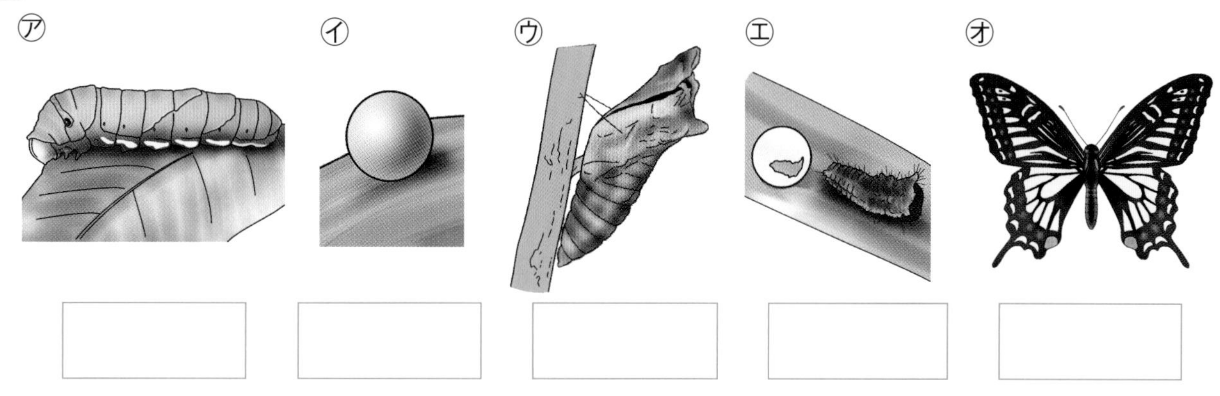

(1) 図のア~オのすがたを、それぞれ何といいますか。□にかきましょう。

(2) アは、何を食べますか。正しいものに○をつけましょう。

①(　　)キャベツの葉　②(　　)ミカンの葉　③(　　)クワの葉

(3) イをさいしょにして、ア、ウ~オをアゲハが育つじゅんにならべましょう。

(イ →　　→　　→　　→　　)

まとめのテスト①

3 チョウのかんさつ

とく点 /100点

おわったら シールを はろう

時間 20分

教科書 22～30ページ　答え 3ページ

1 チョウがたまごをうむところ モンシロチョウやアゲハのたまごは、次の㋐～㋒のうち、どの植物で見つけることができますか。記号(きごう)で答えましょう。 1つ5〔10点〕

モンシロチョウ(　　　) アゲハ(　　　)

㋐サンショウ

㋑タンポポ

㋒キャベツ

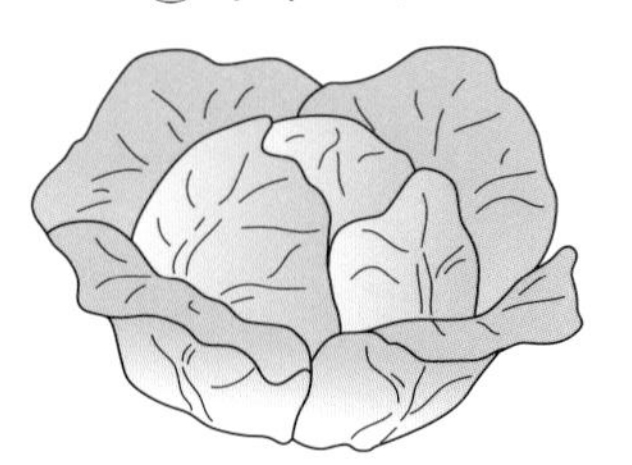

2 モンシロチョウの育ち方 次の写真は、モンシロチョウの４つのすがたです。あとの問いに答えましょう。 1つ5〔25点〕

㋐たまご

㋒

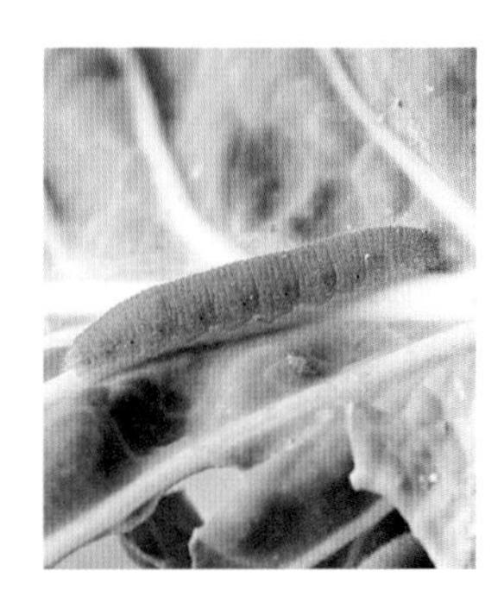

(1) ㋑～㋓のすがたを、それぞれ何といいますか。

㋑(　　　　　) ㋒(　　　　　)

㋓(　　　　　)

(2) ㋐をさいしょにして、㋑～㋓はどのようなじゅんに育ちますか。正しいものに○をつけましょう。

①(　　)㋐たまご→㋑→㋒→㋓

②(　　)㋐たまご→㋓→㋑→㋒

③(　　)㋐たまご→㋒→㋓→㋑

④(　　)㋐たまご→㋓→㋒→㋑

記述 (3) モンシロチョウがキャベツの葉にたまごをうむのはなぜですか。「食べ物」という言葉を使ってかきましょう。

(　　　　　　　　　　　　　　　　)

3 よう虫のかい方 右の図のようにして、モンシロチョウのよう虫をかいます。次の問いに答えましょう。 1つ5〔15点〕

(1) よう虫を新しい葉の入ったべつの入れ物にうつすのは、毎日ですか。葉をすべて食べ終わってからですか。

（　　　　　　　　）

キャベツの葉

(2) よう虫をべつの入れ物にうつすとき、どのようにしてうつしますか。正しいほうに○をつけましょう。

①（　　）よう虫をピンセットでつまんでうつす。

②（　　）よう虫がついた葉をピンセットでつまんでうつす。

(3) 図の□にあてはまるものを、次のア～ウからえらびましょう。

（　　）

ア　しめらせた紙　　イ　かわいた紙　　ウ　かわいたぬの

4 アゲハの育ち方 次の図は、アゲハの育っていくようすを表したものです。あとの問いに答えましょう。 1つ5〔50点〕

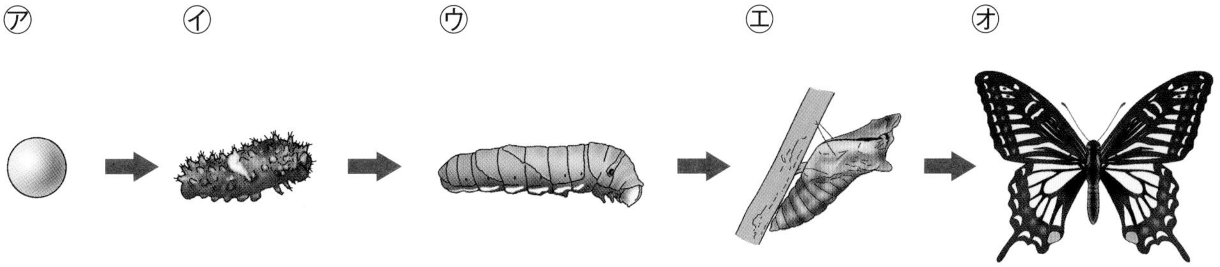

㋐ → ㋑ → ㋒ → ㋓ → ㋔

(1) ㋑～㋓のすがたを、それぞれ何といいますか。

㋑（　　　　）　㋒（　　　　）　㋓（　　　　）

(2) 次の①～⑤の文は、上の図の㋐～㋔のどのときのようすについてかいたものですか。記号をかきましょう。

① 何回か皮をぬいで、緑色のからだをしている。（　　）

② はねをひろげて空をとぶ。（　　）

③ 大きさが1mmぐらいで、黄色い色をしている。（　　）

④ からだに糸をかけて、植物などにからだをとめて動かない。（　　）

⑤ 黒っぽい色で、皮をぬぎながら大きくなる。（　　）

(3) アゲハは、図の㋑、㋔のとき、何を食べますか。次のア～エからそれぞれえらびましょう。

㋑（　　）　㋔（　　）

ア　花のみつ　　イ　木の実　　ウ　ミカンの葉　　エ　キャベツの葉

勉強した日　月　日

2　成虫のからだのつくり

もくひょう

こん虫のからだのつくりはどうなっているかかくにんしよう。

おわったらシールをはろう

きほんのワーク

教科書 31～35ページ　答え 3ページ

図を見て、あとの問いに答えましょう。

1 モンシロチョウの成虫のからだのつくり

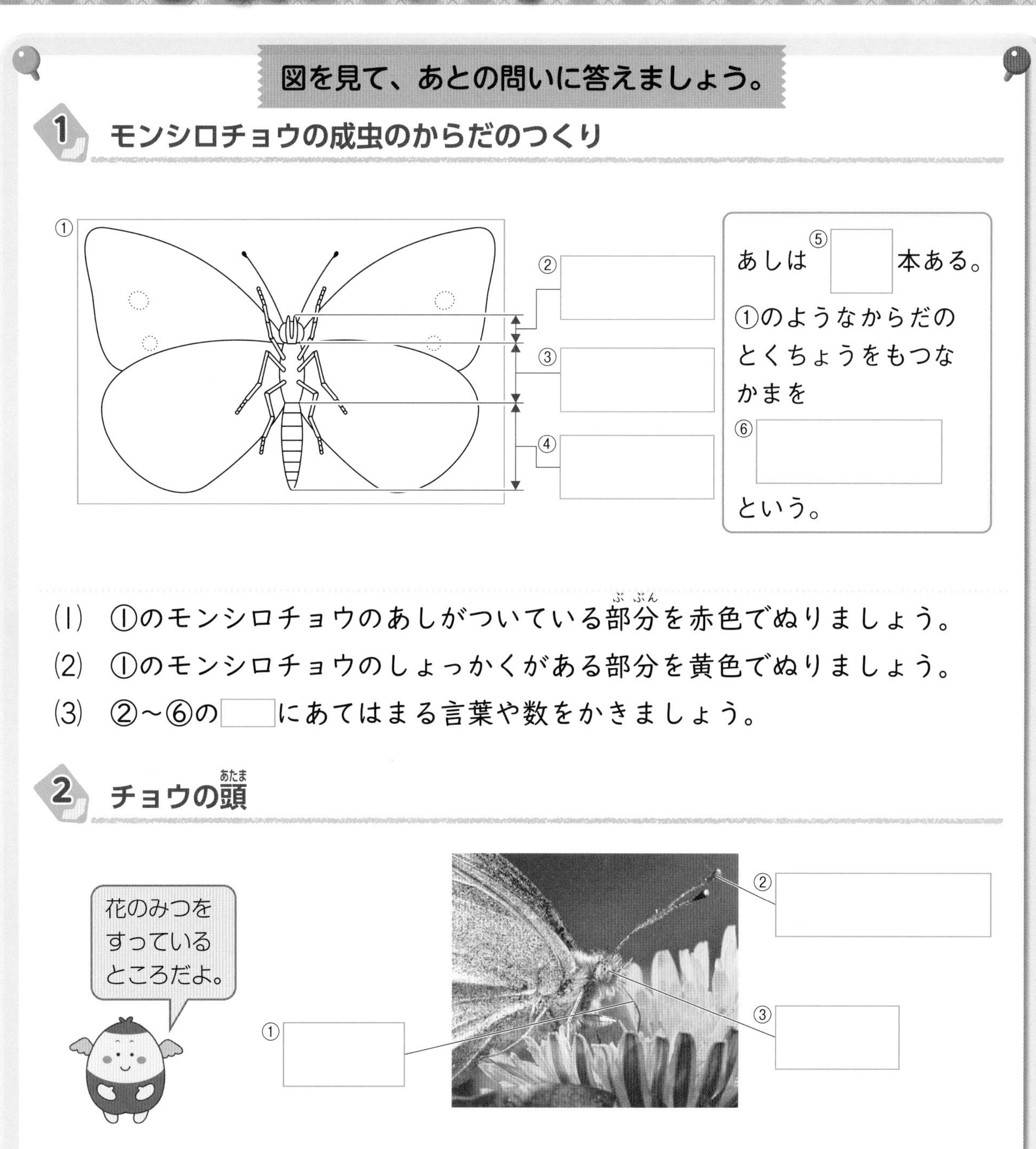

①
②
③
④
あしは⑤　本ある。
①のようなからだのとくちょうをもつなかまを
⑥
という。
花のみつをすっているところだよ。

(1)　①のモンシロチョウのあしがついている部分(ぶぶん)を赤色でぬりましょう。

(2)　①のモンシロチョウのしょっかくがある部分を黄色でぬりましょう。

(3)　②～⑥の□にあてはまる言葉や数をかきましょう。

2 チョウの頭(あたま)

●　チョウの頭で、①～③の□にあてはまる言葉をかきましょう。

まとめ　〔　はら　頭　こん虫(ちゅう)　むね　〕からえらんで（　）にかきましょう。

●チョウの成虫のからだは、①（　　　）、②（　　　）、③（　　　）からできていて、あしがむねに６本ある。このようななかまを、④（　　　）という。

こん虫のからだは、頭、むね、はらの３つの部分からできていて、むねには６本のあしがあります。頭には２本のしょっかく、２つの目、１つの口があります。

1 次の図は、モンシロチョウやアゲハの成虫のからだのつくりです。あとの問いに答えましょう。

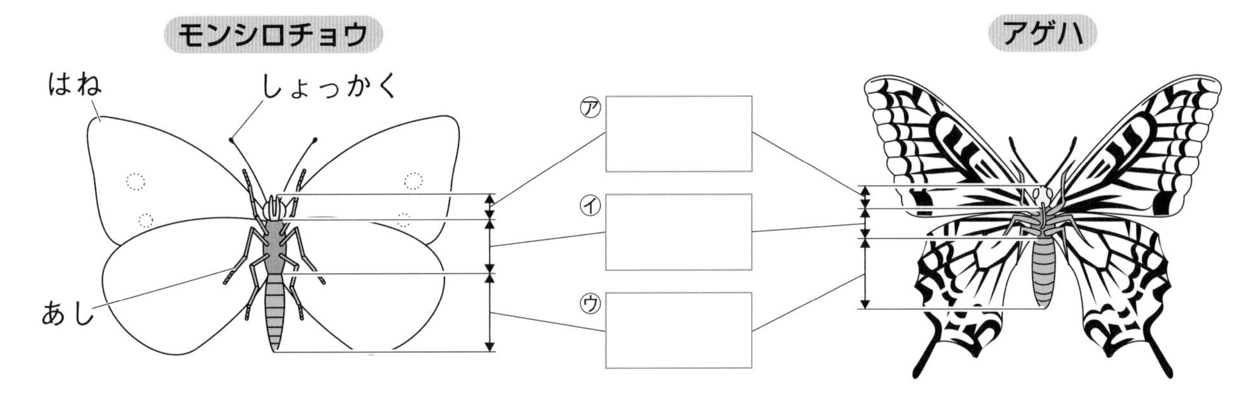

(1) 図の㋐～㋒の□に、それぞれの部分の名前をかきましょう。

(2) 次の文の（ ）にあてはまる言葉や数をかきましょう。

モンシロチョウのからだは①（ ）、②（ ）、③（ ）の3つの部分からできていて、④（ ）本のあしが⑤（ ）の部分にある。このようななかまを⑥（ ）という。

(3) しょっかく、はねはそれぞれ㋐～㋒のどこにありますか。

しょっかく（ ） はね（ ）

(4) トンボとカブトムシは、からだが3つの部分からできてますか、できていませんか。 （ ）

(5) 上の図より、モンシロチョウとアゲハのからだのつくりをくらべると、同じといえますか、いえませんか。 （ ）

2 右の図は、モンシロチョウの成虫のようすです。次の問いに答えましょう。

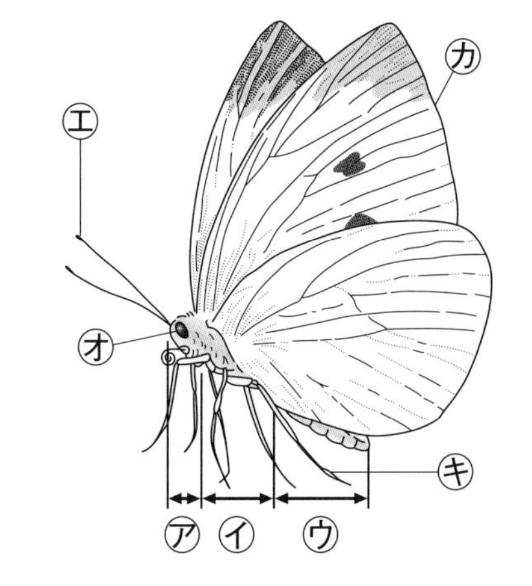

(1) ㋐～㋒の部分を、それぞれ何といいますか。

㋐（ ） ㋑（ ）
㋒（ ）

(2) ㋓～㋖の部分を、それぞれ何といいますか。

㋓（ ） ㋔（ ）
㋕（ ） ㋖（ ）

(3) ㋓～㋖のうち、㋑の部分にあるものはどれですか。すべてえらびましょう。

（ ）

勉強した日　　月　　日

まとめのテスト②

3　チョウのかんさつ

教科書　31～35ページ　答え　4ページ

よく出る

1　モンシロチョウのからだのつくり　右の図は、モンシロチョウの成虫のからだのつくりです。次の問いに答えましょう。　1つ4〔48点〕

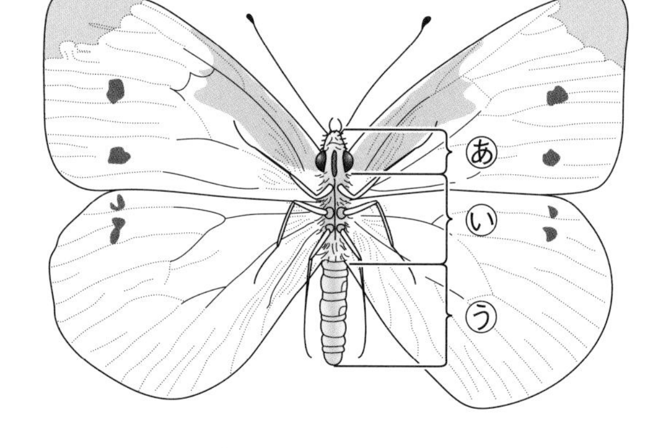

(1)　モンシロチョウのからだは、頭、むね、はらの3つの部分からできています。それぞれあ～うのどれですか。

頭(　　　)
むね(　　　)
はら(　　　)

(2)　モンシロチョウのあしとはねは、からだの何という部分にありますか。言葉でかきましょう。　あし(　　　　)　はね(　　　　)

(3)　モンシロチョウのあしは、何本ありますか。(　　　　)

(4)　モンシロチョウのはらが曲(ま)がるのは、何というつくりになっているためですか。
(　　　　)

(5)　(1)、(3)のようなとくちょうがあるなかまを何といいますか。(　　　　)

(6)　右の図は、モンシロチョウの頭です。え～かを、それぞれ何といいますか。

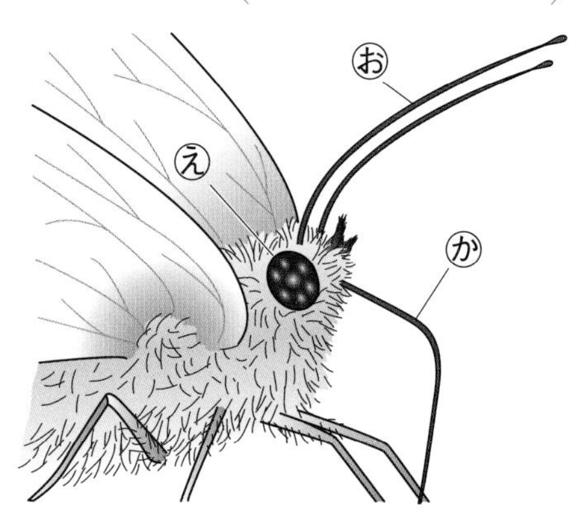

え(　　　　)
お(　　　　)
か(　　　　)

(7)　花のみつをすうのはどこですか。え～かからえらびましょう。(　　　)

2　こん虫のからだ　次の文のうち、こん虫のからだについてかいたもの2つに○をつけましょう。　1つ4〔8点〕

①(　　　)からだが、頭、むね、はらの3つの部分からできている。
②(　　　)からだが、頭、はらの2つの部分からできている。
③(　　　)あしが、はらに4本ある。
④(　　　)あしが、はらに6本ある。
⑤(　　　)あしが、むねに6本ある。

3 **アゲハのからだのつくり** **右の図は、アゲハの成虫のからだのつくりです。次の問いに答えましょう。**

1つ4〔28点〕

(1) アゲハとモンシロチョウの成虫のからだの大きさをくらべると、大きいのはどちらですか。

（　　　　　　）

(2) アゲハの成虫のからだは、右の図の㋐～㋒の３つの部分からできています。それぞれ何といいますか。

㋐（　　　　　　）
㋑（　　　　　　）
㋒（　　　　　　）

(3) アゲハのあしとはねは、それぞれからだの何という部分にありますか。言葉でかきましょう。

あし（　　　　　　）
はね（　　　　　　）

(4) (2)、(3)のようなからだのとくちょうから、アゲハはこん虫のなかまであるといえますか、いえませんか。

（　　　　　　）

4 **チョウのからだのつくり** **右の図は、チョウのからだのつくりです。次の問いに答えましょう。**

1つ4〔16点〕

作図 (1) あしは、からだのどの部分に何本ありますか。右の図にあしをすべてかきましょう。

作図 (2) 右の図のはらの部分を赤色にぬりましょう。

(3) 口は、頭、むね、はらのうち、どの部分にありますか。

（　　　　　　）

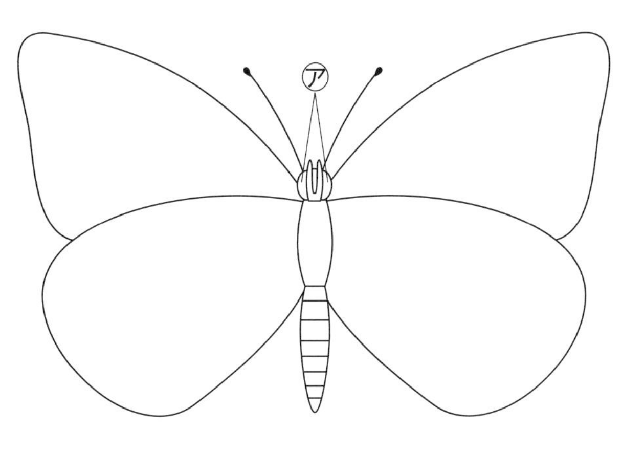

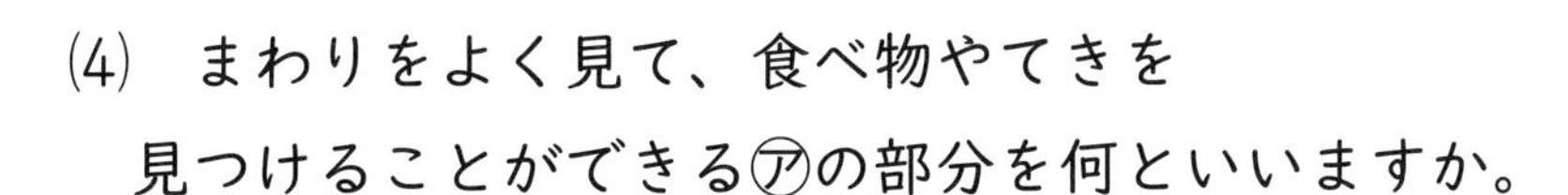

(4) まわりをよく見て、食べ物やてきを見つけることができる㋐の部分を何といいますか。

（　　　　　　）

勉強した日　月　日

1　植物の育ち方
2　植物のからだのつくり

きほんのワーク

もくひょう
植物のからだは、葉、くき、根からできていることを学ぼう。

おわったらシールをはろう

教科書　36～41ページ　答え　5ページ

図を見て、あとの問いに答えましょう。

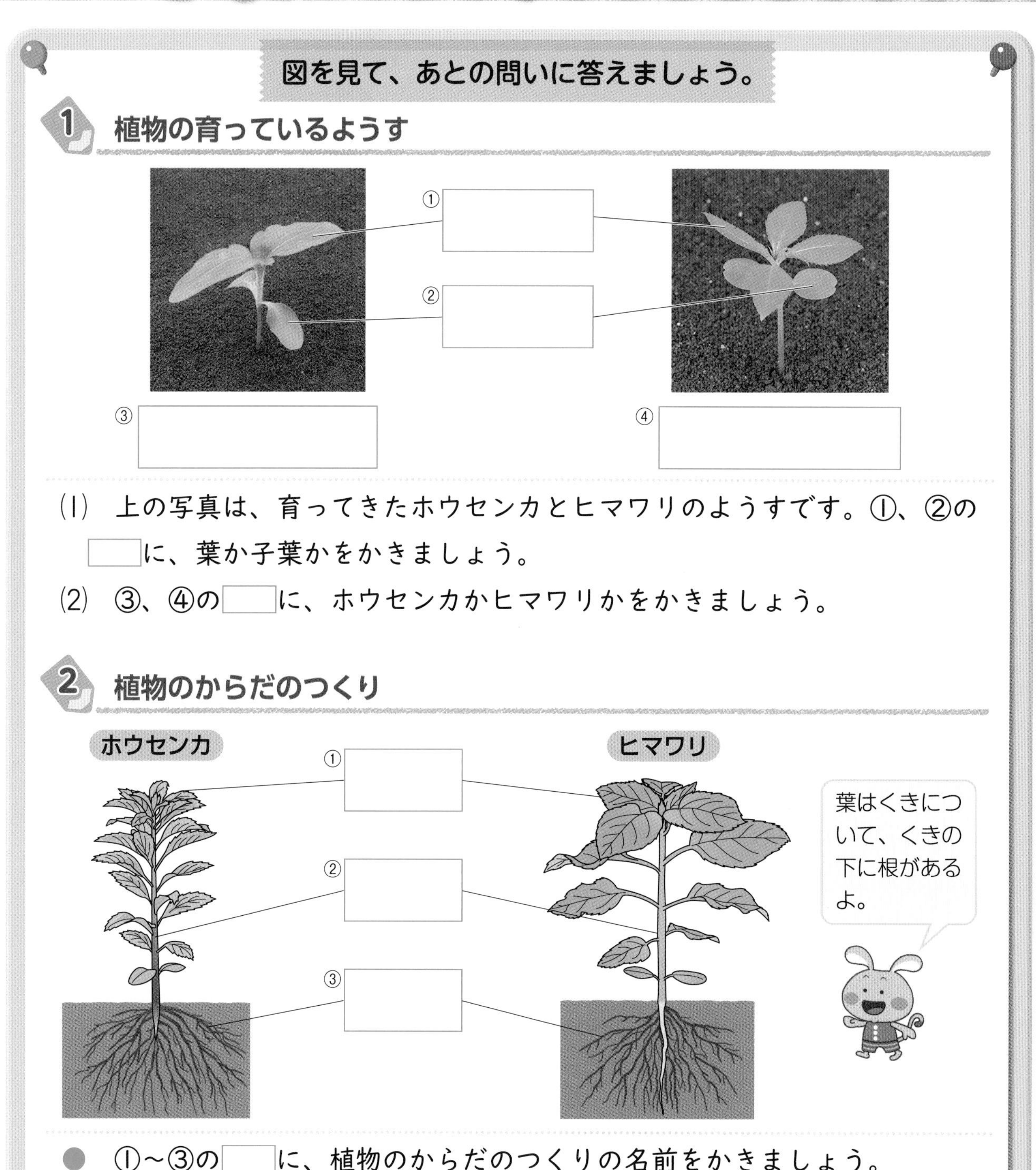

(1)　上の写真は、育ってきたホウセンカとヒマワリのようすです。①、②の□に、葉か子葉かをかきましょう。

(2)　③、④の□に、ホウセンカかヒマワリかをかきましょう。

●　①～③の□に、植物のからだのつくりの名前をかきましょう。

まとめ　〔 根 葉 高く くき 〕からえらんで（　）にかきましょう。

●育ってきた植物は葉がふえて、植物の高さが①（　　　）なっている。

●植物のからだは、②（　　　）、③（　　　）、④（　　　）からできている。

植物によって、葉、くき、根の形はちがっています。たとえば、タンポポのようにくきがとても短いもの、ナズナのようにくきが根もとから何本も出ているものがあります。

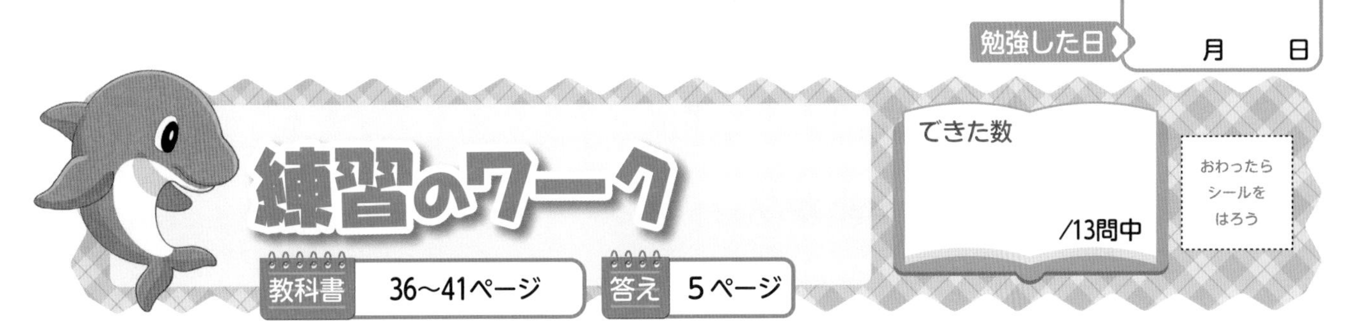

1 次の図は、オクラとピーマンのからだのつくりです。あとの問いに答えましょう。

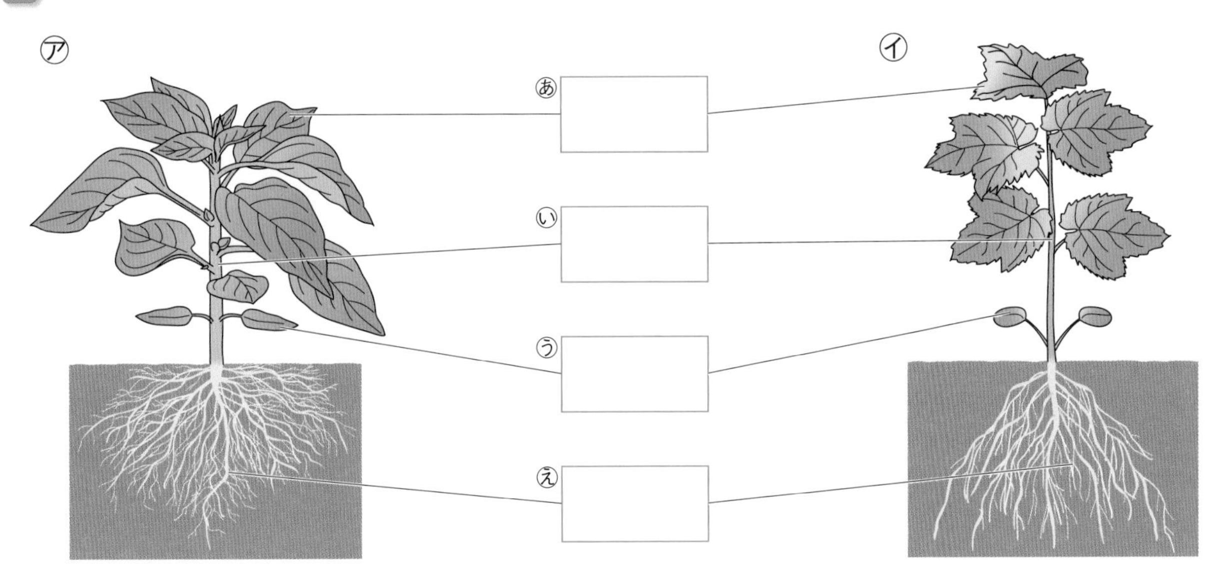

(1) 図のア、イは、それぞれオクラとピーマンのどちらのようすですか。

ア（　　　　） イ（　　　　）

(2) 図のあ、いの部分を何といいますか。□にかきましょう。

(3) 図のうの部分を何といいますか。□にかきましょう。

(4) 土の中にあるえの部分を何といいますか。□にかきましょう。

(5) アやイは、6月ごろのようすです。5月ごろのオクラやピーマンとくらべると、高さや葉の数はどうなりましたか。

高さ（　　　　）

葉の数（　　　　）

2 右の図は、野原で見つけた植物のからだを調べたものです。次の問いに答えましょう。

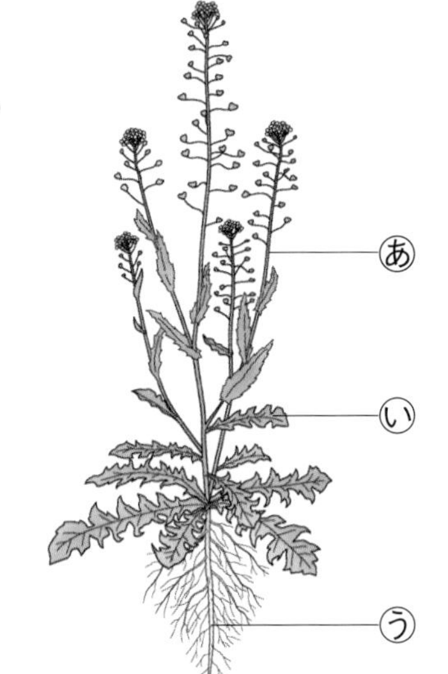

(1) 右の図の植物の名前を、下の〔　〕からえらびましょう。

（　　　　）

(2) あ～うのつくりを何といいますか。

あ（　　　　） い（　　　　）

う（　　　　）

(3) あ～うのうち、土の中にあるものはどれですか。

（　　　　）

まとめのテスト

どれぐらい育ったかな

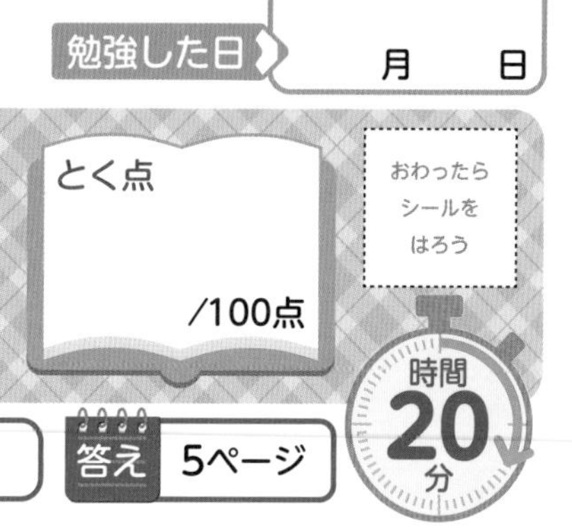

教科書 36～41ページ　答え 5ページ

1 植物のからだのつくり 次の図は、ホウセンカ、ヒマワリのからだのつくりです。あとの問いに答えましょう。

1つ4〔24点〕

㋐

㋑

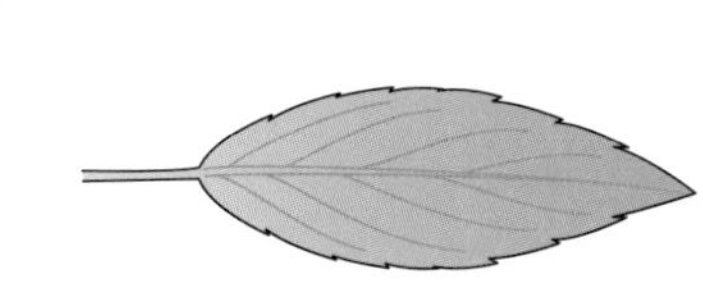

㋒

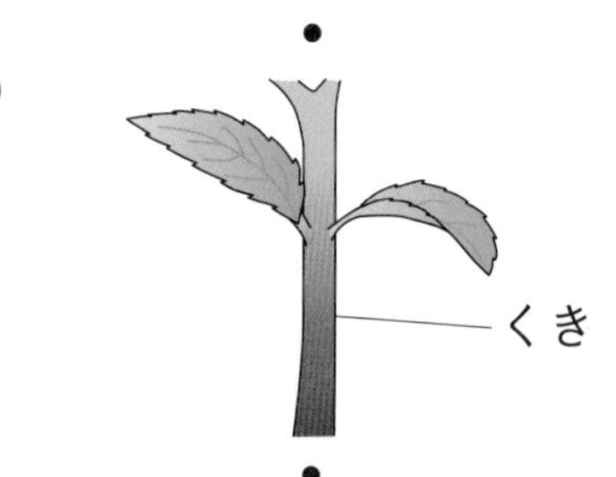

㋓

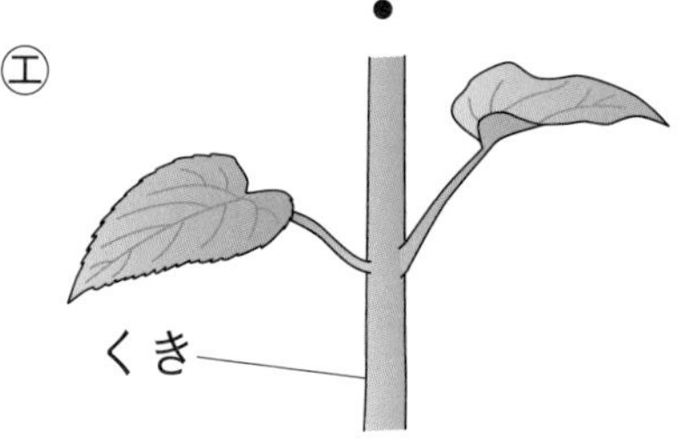

㋔

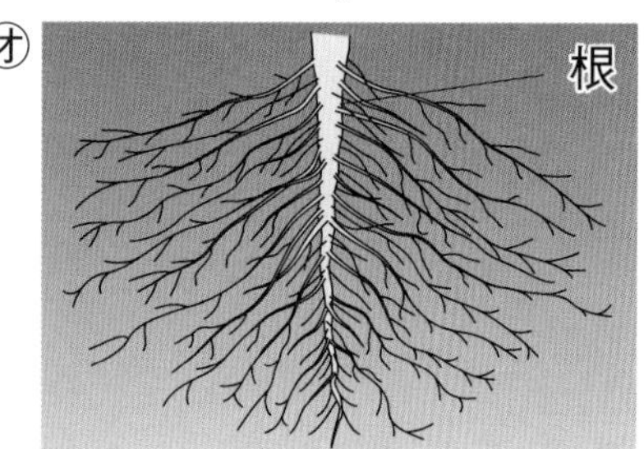

㋕

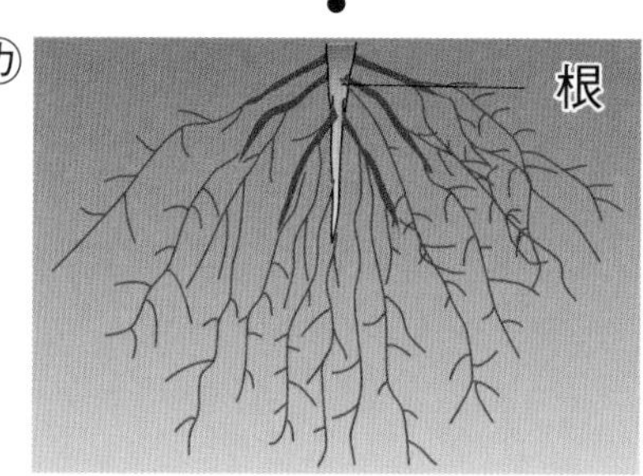

⑴　㋐、㋑は、それぞれホウセンカ、ヒマワリのどちらの葉ですか。

㋐（　　　　　　　）　㋑（　　　　　　　）

⑵　ホウセンカ、ヒマワリの葉、くき、根は、それぞれどれですか。上の図の同じ植物どうしを線でむすびましょう。

⑶　どんな植物にも、葉、くき、根はありますか、ありませんか。

（　　　　　　　）

⑷　植物のしゅるいがちがうと、葉、くき、根の形は同じですか、ちがいますか。

（　　　　　　　）

よく出る

2 **ホウセンカの育ち方** **右の図は、6月ごろのホウセンカのようすです。次の問いに答えましょう。**

1つ5〔40点〕

(1) たねからはじめに出てきたのは、㋐、㋑のうち、どちらの葉ですか。（　　　）

(2) (1)の葉のことを何といいますか。（　　　）

(3) ㋐、㋑のうち、育っていくと数がふえてきたのはどちらですか。（　　　）

(4) ㋒を何といいますか。（　　　）

(5) ㋒は、ホウセンカが育つとともに太くなりますか、細くなりますか。（　　　）

(6) ㋐～㋓のうち、土の中にある部分はどれですか。また、その名前を何といいますか。

記号（　　　）　名前（　　　）

(7) 植物の高さをはかるとき、図のあ、いのどちらをはかればよいですか。（　　　）

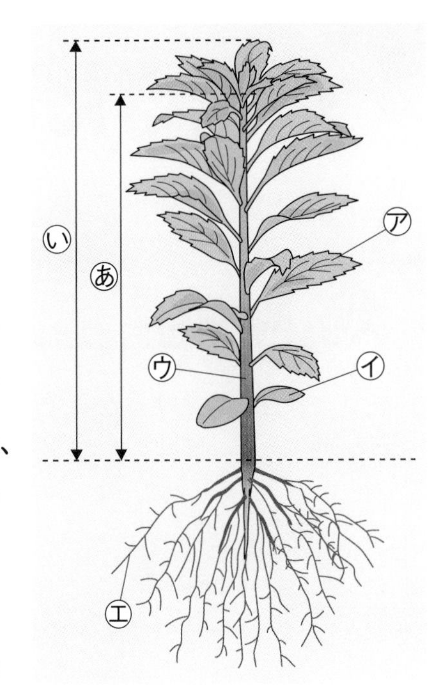

3 **植物のからだ** **次の文のうち、正しいものには○、まちがっているものには×をつけましょう。**

1つ4〔20点〕

①（　　　）植物の葉は、根から出ている。

②（　　　）どんな植物でも、葉、くき、根の形は同じである。

③（　　　）根は、くきの下からのびて、土の中に広がっている。

④（　　　）植物が育つにしたがって、くきは太くなり、葉はふえる。

⑤（　　　）植物によっては、根もとから何本もくきが出ているものもある。

4 **いろいろな植物のからだ** **右の図は、エノコログサとナズナのようすです。次の問いに答えましょう。**

1つ4〔16点〕

(1) 図の㋐、㋑は、エノコログサとナズナのどちらですか。

㋐（　　　）

㋑（　　　）

(2) くきはどれですか。あ～かからすべてえらびましょう。（　　　）

(3) 根はどれですか。あ～かからすべてえらびましょう。（　　　）

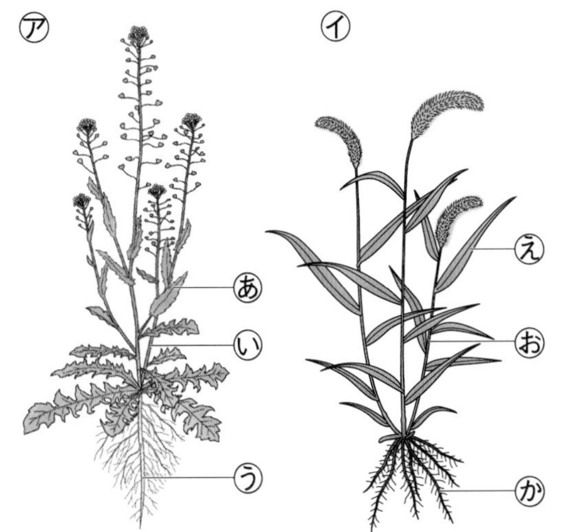

勉強した日　　月　　日

1　風のはたらき

もくひょう
風の力で、物を動かすことができることを学ぼう。

おわったらシールをはろう

きほんのワーク

教科書 42～46、162ページ　答え 5ページ

図を見て、あとの問いに答えましょう。

1 風で動く車

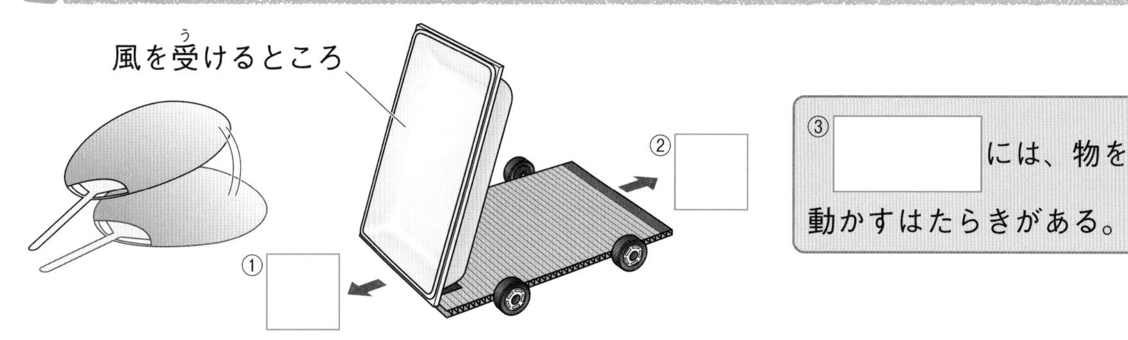

③［　　］には、物を動かすはたらきがある。

(1) 図のようにしてうちわで車をあおぐと、車はどちらに進みますか。①、②のうち、正しいほうの□に○をつけましょう。

(2) 車が動くことから、どんなことがわかりますか。③の□にかきましょう。

2 風のはたらき

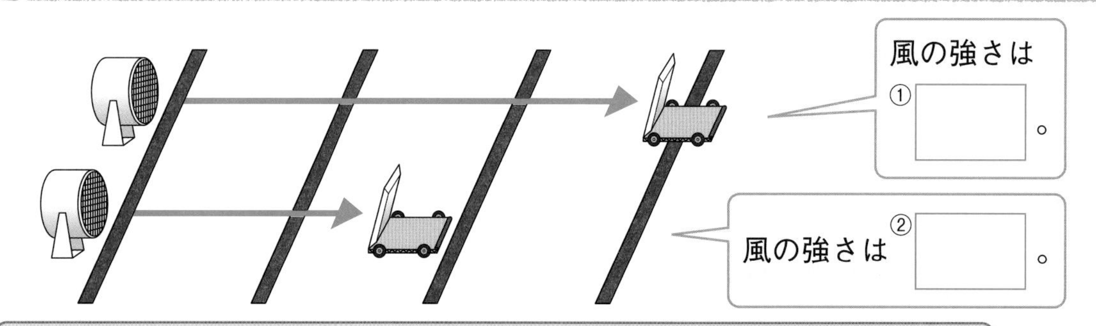

風の強さは①［　　］。

風の強さは②［　　］。

風が物を動かすはたらきは、風が強いほど③（ 大きくなる　小さくなる ）。

(1) 送風きで風の強さをかえて、車の動くきょりを調べました。①、②の□に、風の強さについて「強」か「弱」かをかきましょう。

(2) 風が物を動かすはたらきは、風が強いほどどうなりますか。③の（　）のうち、正しいほうを◯でかこみましょう。

まとめ　〔 大きく　動かす 〕からえらんで（　）にかきましょう。

- 風には物を①（　　　　）はたらきがある。
- 風が強くなるほど、物を動かすはたらきは②（　　　　）なる。

せん風きを使って風を当てることもできますが、風が広がってしまいます。送風きは、1つの方向に風を当てることができるので、風のはたらきを調べるのにべんりです。

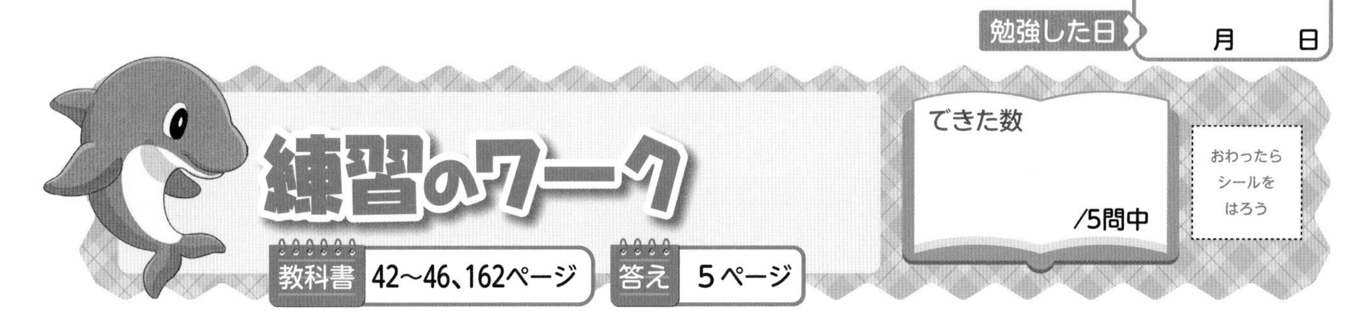

1 次の図のように、送風きの風の強さをかえて、車の動くきょりを調べました。あとの問いに答えましょう。

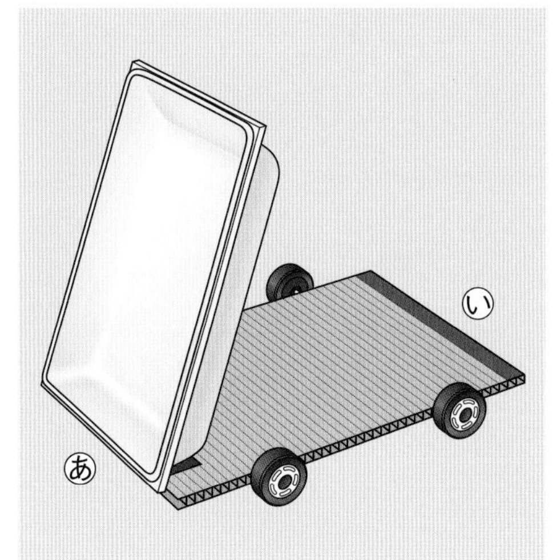

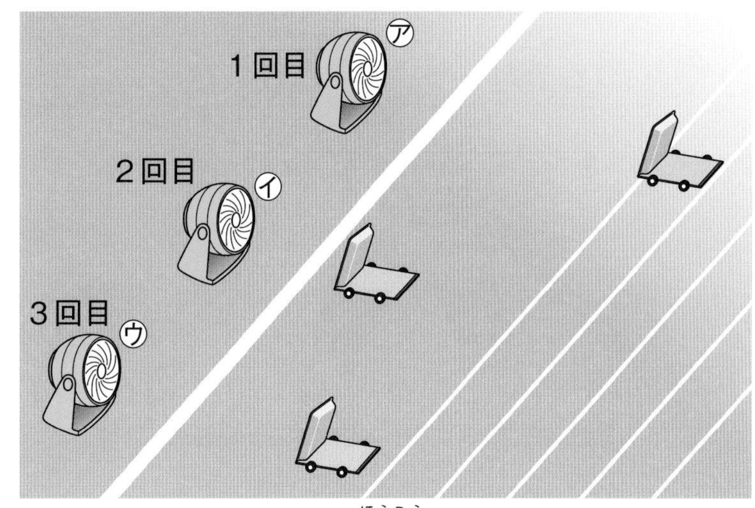

(1) 車に同じ強さの風を当てたとき、あ、いのどちらの方向(ほうこう)から風を当てたほうが遠くまで動きますか。　（　　）

(2) 上の図は、送風きの風の強さをかえて、車に風を3回当てたときの車の動いたきょりを表しています。いちばん遠くまで動いたのは、ア〜ウのうちどれですか。　（　　）

(3) 送風きの風が強いじゅんに、ア〜ウをならべましょう。　（　　→　　→　　）

(4) 車が遠くまで進むのは、風の強さをどのようにしたときですか。　（　　）

SDGs **2** わたしたちのまわりには、風をりようした物がたくさんあります。次のうち、風をりようした物をすべてえらび、□に○をつけましょう。

ア □　イ □　ウ □　エ □

たこ　ボール　ヨット　風力発電所(ふうりょくはつでんしょ)

勉強した日　　月　日

2　ゴムのはたらき

もくひょう
ゴムの力で、物を動かすことができることを学ぼう。

おわったらシールをはろう

きほんのワーク

教科書 47～53ページ　答え 6ページ

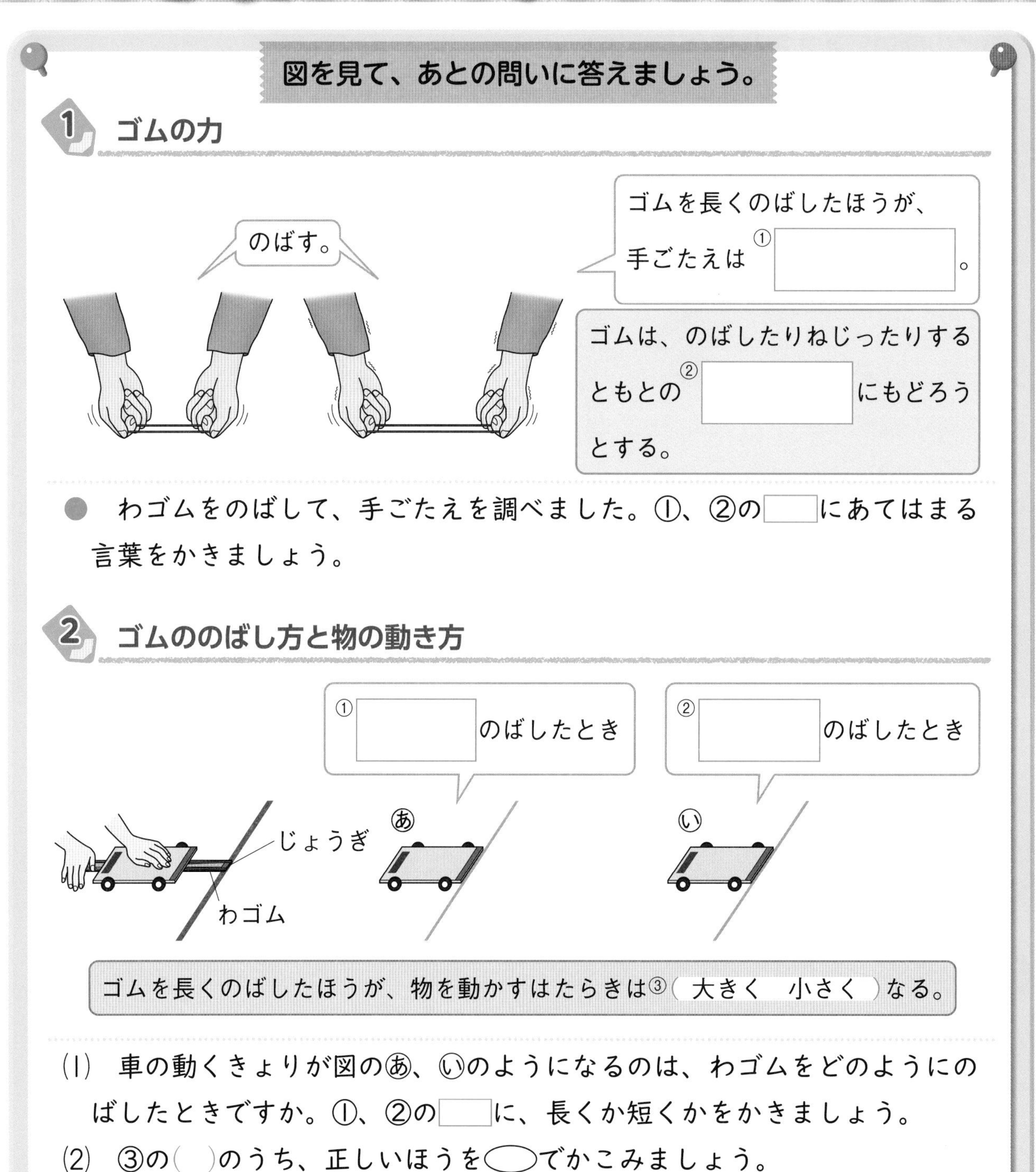

図を見て、あとの問いに答えましょう。
1 ゴムの力
のばす。
ゴムを長くのばしたほうが、
手ごたえは①　　。
ゴムは、のばしたりねじったりするともとの②　　にもどろうとする。
2 ゴムののばし方と物の動き方
①　　のばしたとき
②　　のばしたとき
じょうぎ
わゴム
あ
い
ゴムを長くのばしたほうが、物を動かすはたらきは③（ 大きく　小さく ）なる。

● わゴムをのばして、手ごたえを調べました。①、②の□にあてはまる言葉をかきましょう。

(1) 車の動くきょりが図のあ、いのようになるのは、わゴムをどのようにのばしたときですか。①、②の□に、長くか短くかをかきましょう。

(2) ③の（ ）のうち、正しいほうを◯でかこみましょう。

まとめ　〔 ある　大きく　動かす 〕からえらんで（ ）にかきましょう。

● ゴムには物を①（　　　）はたらきが②（　　　）。

● ゴムを長くのばしたほうが、物を動かすはたらきは③（　　　）なる。

わゴムは、何本もたばねると、のばすときの手ごたえが強くなり、のびにくくなります。わゴムを何本もつなぐと、手ごたえは弱くなり、のびやすくなります。

できた数　/10問中

おわったらシールをはろう

1 次の文は、ゴムの力についてかいたものです。正しいものには○、まちがっているものには×をつけましょう。

①(　　　)わゴムには、のばすともっとのびようとするせいしつがある。

②(　　　)わゴムには、のばすともとの形にもどろうとするせいしつがある。

③(　　　)わゴムを長くのばすと、手ごたえは弱くなる。

④(　　　)わゴムを長くのばすと、手ごたえは強くなる。

⑤(　　　)わゴムには物を動かすはたらきはない。

⑥(　　　)わゴムには物を動かすはたらきがある。

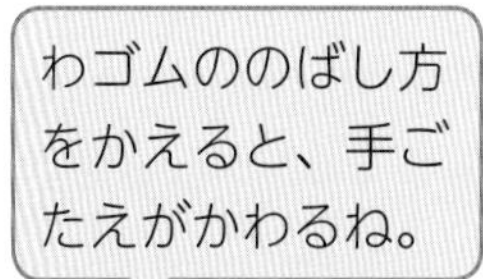

わゴムののばし方をかえると、手ごたえがかわるね。

2 次の図のように、わゴムとじょうぎを使って、ゴムで動く車の動くきょりを調べました。あとの問いに答えましょう。

けっか

ゴムののばし方	動いたきょり
10cm	2m15cm
15cm	4m
20cm	5m55cm

(1) 上の図で、車を引く方向は、あ、いのどちらですか。また、車が進む方向は、あ、いのどちらですか。

車を引く方向(　　　)　車が進む方向(　　　)

(2) このじっけんをするとき、どのようなことに気をつけたらよいですか。正しいものに○をつけましょう。

①(　　　)とちゅうで長さのちがうわゴムにかえてじっけんをしてもよい。

②(　　　)わゴムののばし方をかえずに3回走らせて、もっとも遠くまで動いたときのきょりを記ろくする。

③(　　　)じょうぎのかわりに何もかいていない木のぼうを使ってもよい。

(3) じっけんのけっかから、ゴムののばし方と車を動かすはたらきについて、どんなことがわかりますか。次の文の(　)にあてはまる言葉をかきましょう。

ゴムを長くのばすほど、車を動かすはたらきは、(　　　　)なる。

4　風やゴムのはたらき

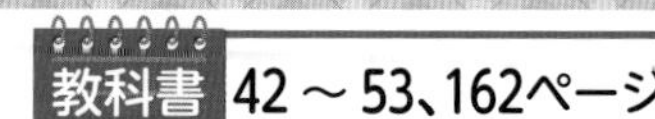

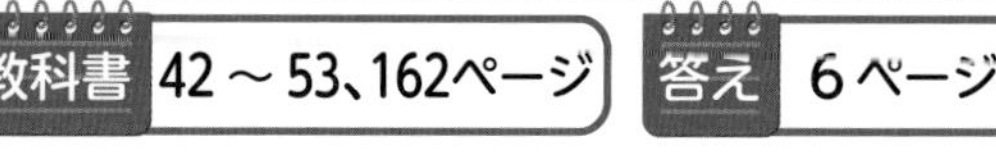

よく出る **1** **風のはたらき** **強い風、中ぐらいの風、弱い風を出すことのできる送風きを使って、同じ車を風の強さをかえて動かすじっけんを3回おこないました。次の図はそのけっかをまとめたものです。あとの問いに答えましょう。** 1つ8〔40点〕

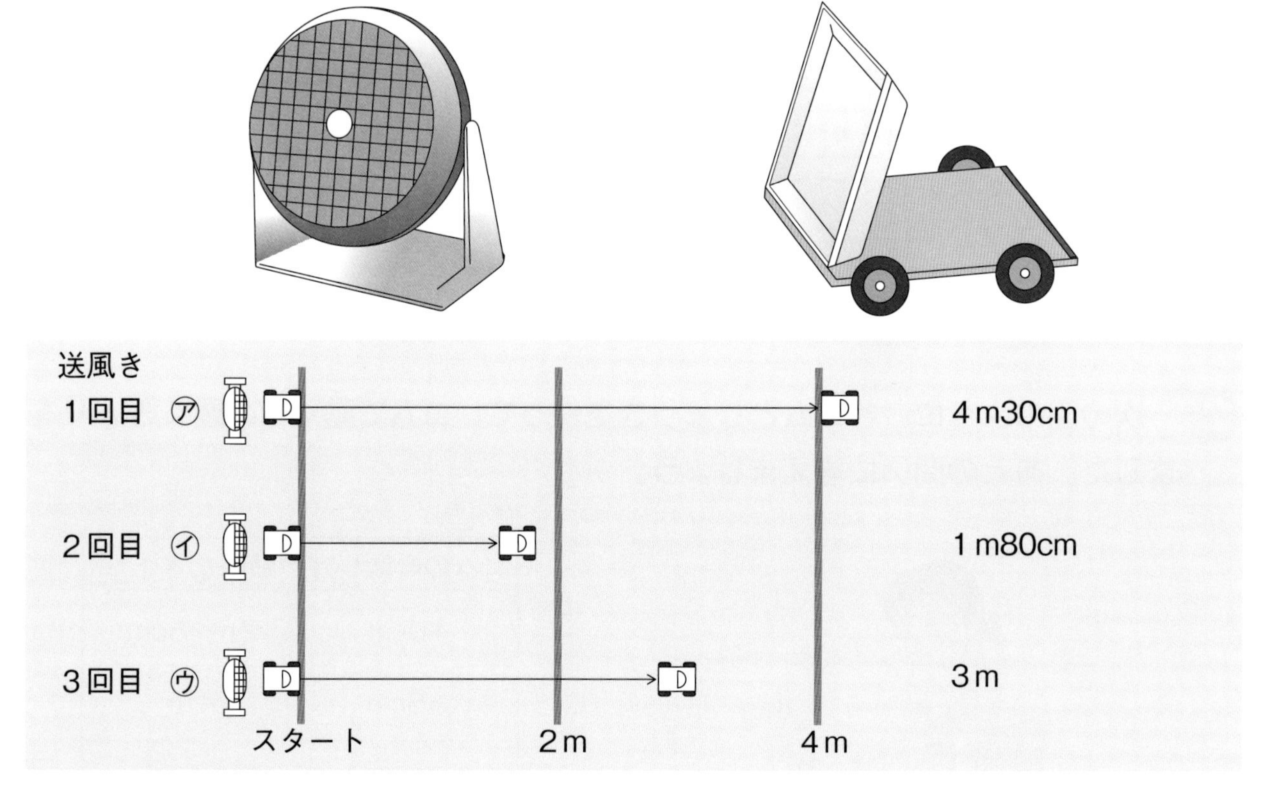

⑴　車が動いたきょりが長いじゅんにならべるとどうなりますか。正しいものに○をつけましょう。

①(　　　)㋐→㋒→㋑
②(　　　)㋑→㋒→㋐
③(　　　)㋒→㋑→㋐

⑵　風がいちばん強かったのは、何回目のじっけんですか。㋐～㋒からえらびましょう。 (　　　)

⑶　風がいちばん弱かったのは、何回目のじっけんですか。㋐～㋒からえらびましょう。 (　　　)

⑷　風にはどのようなはたらきがあることがわかりますか。

(　　　　　　　　　　　　)

⑸　風を強くすると、⑷のはたらきはどうなりますか。

(　　　　　　　　　　　　)

よく出る 2 ゴムのはたらき 次の図のように、ゴムののばす長さをかえると、車の動くきょりがかわるかを調べました。あとの問いに答えましょう。

1つ6〔24点〕

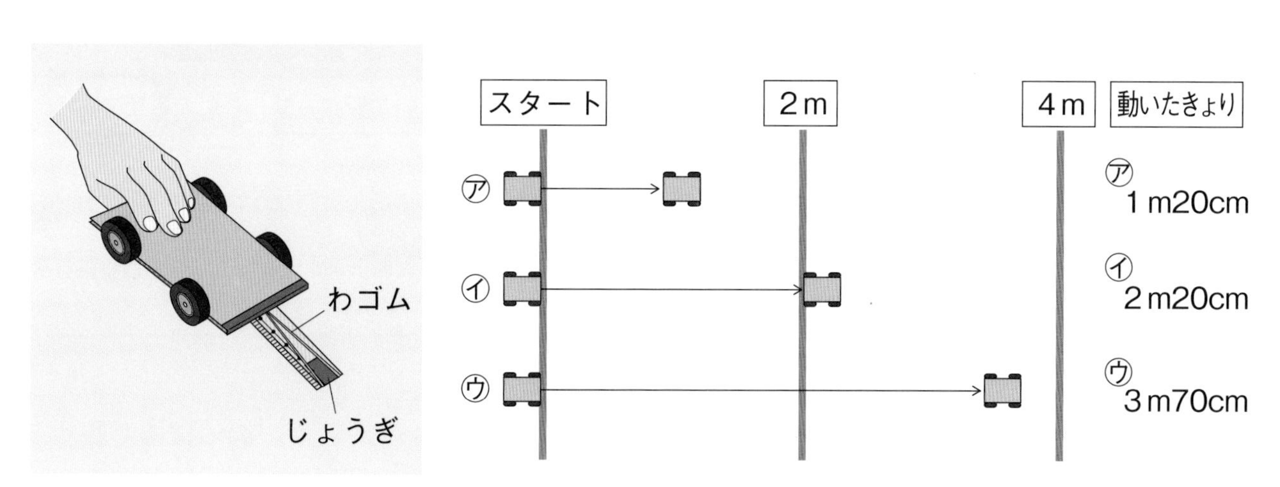

(1) 動いたきょりが長いじゅんに、㋐～㋒をならべましょう。

（　　→　　→　　）

(2) ゴムののばし方が短いじゅんに、㋐～㋒をならべましょう。

（　　→　　→　　）

(3) のばしたゴムには、どのようなせいしつがありますか。

（　　　　　　　　）

(4) ゴムを長くのばすほど、物を動かすはたらきはどうなりますか。

（　　　　　　　　）

SDGs 3 風やゴムのりよう 次のいろいろな物のうち、風のはたらきをりようした物には○、ゴムのはたらきをりようした物には△を□にかきましょう。

1つ6〔36点〕

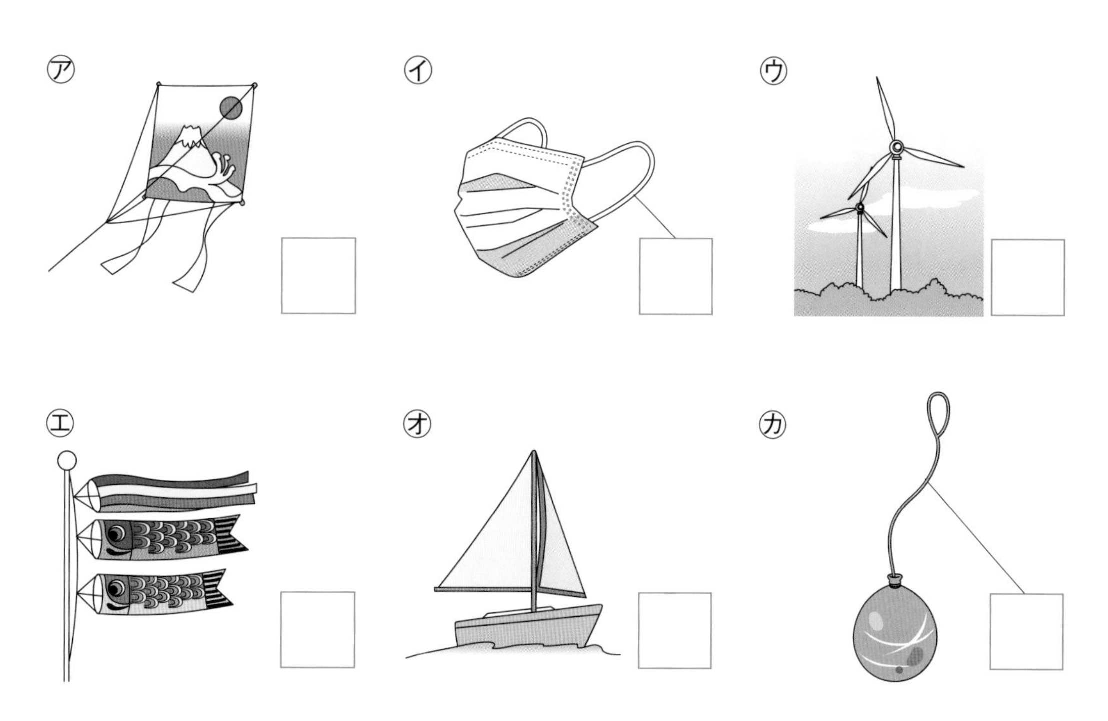

勉強した日　月　日

花がさいたよ

きほんのワーク

もくひょう

植物は、くきがのびて葉がしげると、花がさくことを学ぼう。

おわったらシールをはろう

教科書 54～57ページ　答え 6ページ

図を見て、あとの問いに答えましょう。

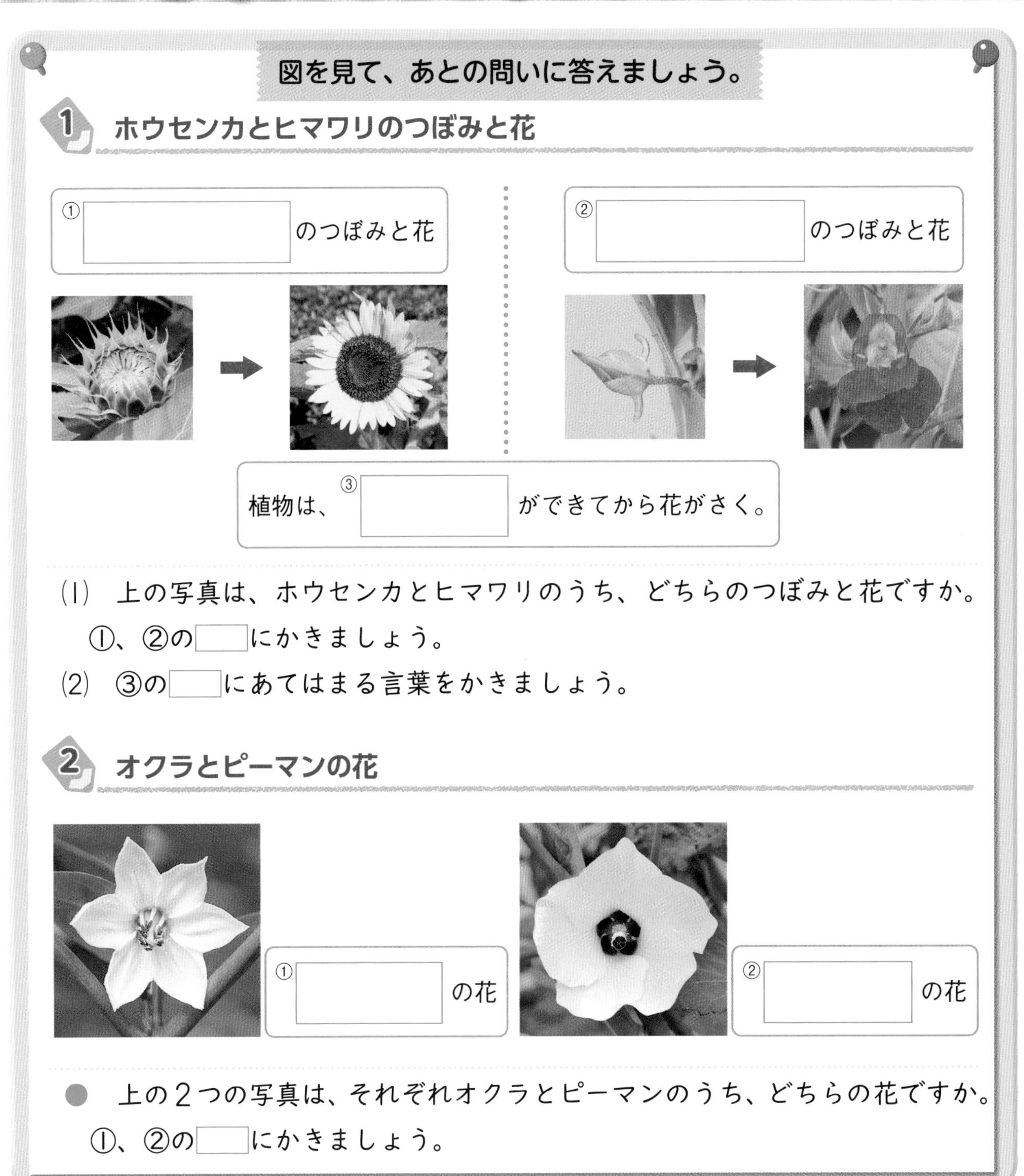

1 ホウセンカとヒマワリのつぼみと花
① のつぼみと花
② のつぼみと花
植物は、③ ができてから花がさく。

(1) 上の写真は、ホウセンカとヒマワリのうち、どちらのつぼみと花ですか。①、②の□にかきましょう。

(2) ③の□にあてはまる言葉をかきましょう。

2 オクラとピーマンの花

① □の花

② □の花

● 上の2つの写真は、それぞれオクラとピーマンのうち、どちらの花ですか。①、②の□にかきましょう。

まとめ

〔 ちがう　つぼみ 〕からえらんで（　）にかきましょう。

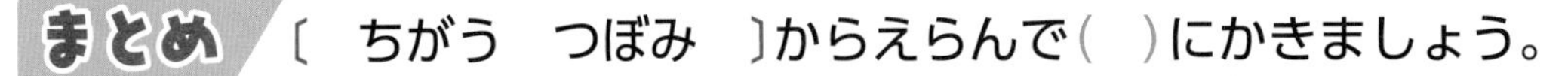

●植物は、くきがのびて葉がしげり、①（　　　）ができると花がさく。

●植物は、しゅるいによって、花の色や形が②（　　　）。

いろいろな植物の花がどこにさくかを調べると、ヒマワリやタンポポのように、くきの先にさくものと、ホウセンカやピーマンのように、くきのとちゅうにさくものがあります。

1 次の写真と記ろくは、ホウセンカとヒマワリをかんさつしたときのものです。あとの問いに答えましょう。

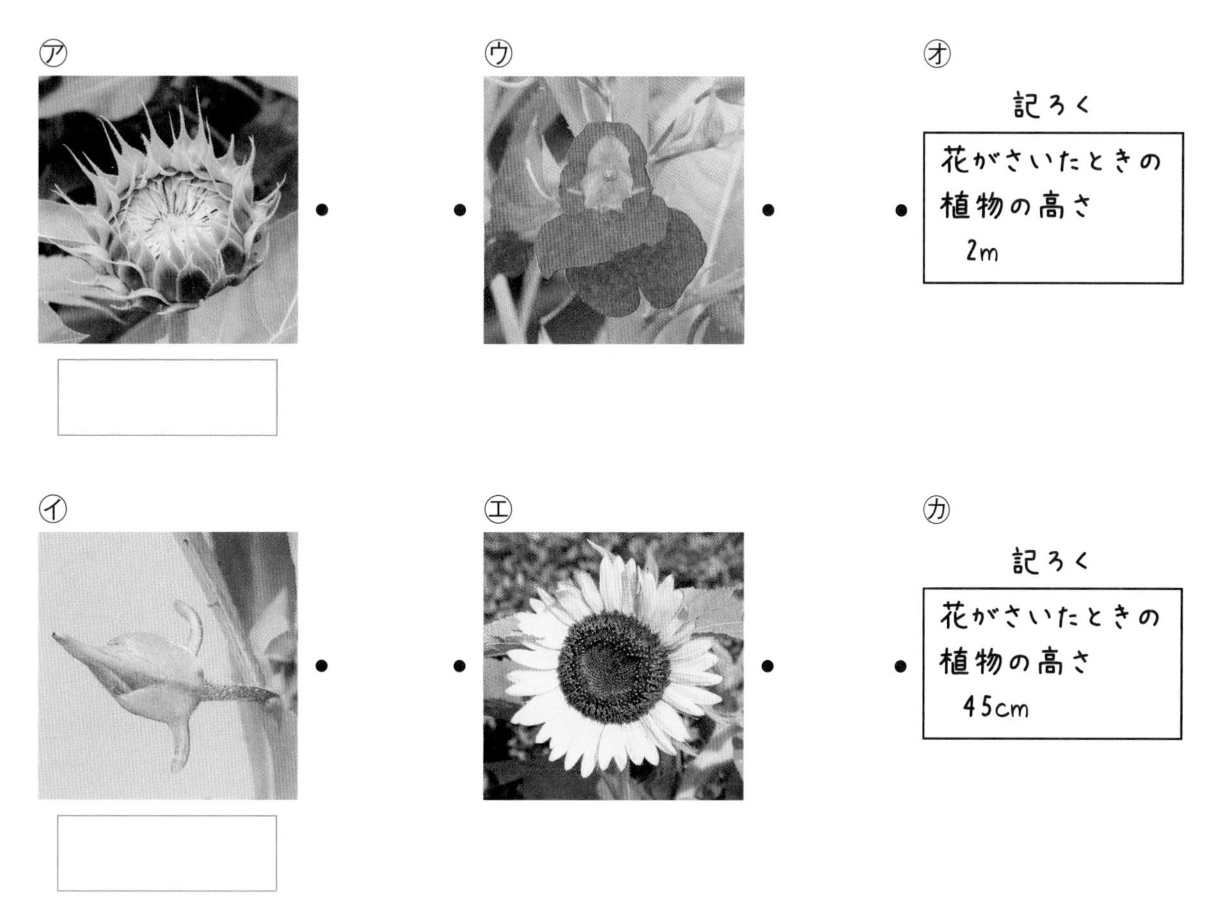

(1) 上の写真の㋐、㋑は、ホウセンカとヒマワリのうち、どちらのつぼみですか。□にかきましょう。

(2) 上の写真と記ろくの㋐～㋕のうち、同じ植物どうしを線でむすびましょう。

2 次の文は、いろいろな植物の花がさいているようすについてかいたものです。正しいものには○、まちがっているものには×をつけましょう。

①(　　　)ヒマワリの花は、くきの先にさいている。
②(　　　)ヒマワリとホウセンカの花の形は、よくにている。
③(　　　)ホウセンカは、くきからたくさんのつぼみができて、花がさいている。
④(　　　)オクラとピーマンの花の形は、よくにている。
⑤(　　　)植物の花の形は、植物によってそれぞれちがっている。
⑥(　　　)花がさくときの植物の高さは、どの植物も同じである。
⑦(　　　)どの植物も、つぼみができてから花がさく。

月　日

実ができたよ

もくひょう
植物は、花がさいた後、実ができ、やがてかれることを学ぼう。

おわったらシールをはろう

きほんのワーク

教科書 60～67ページ　答え 6ページ

図を見て、あとの問いに答えましょう。

1 ホウセンカとピーマンの実

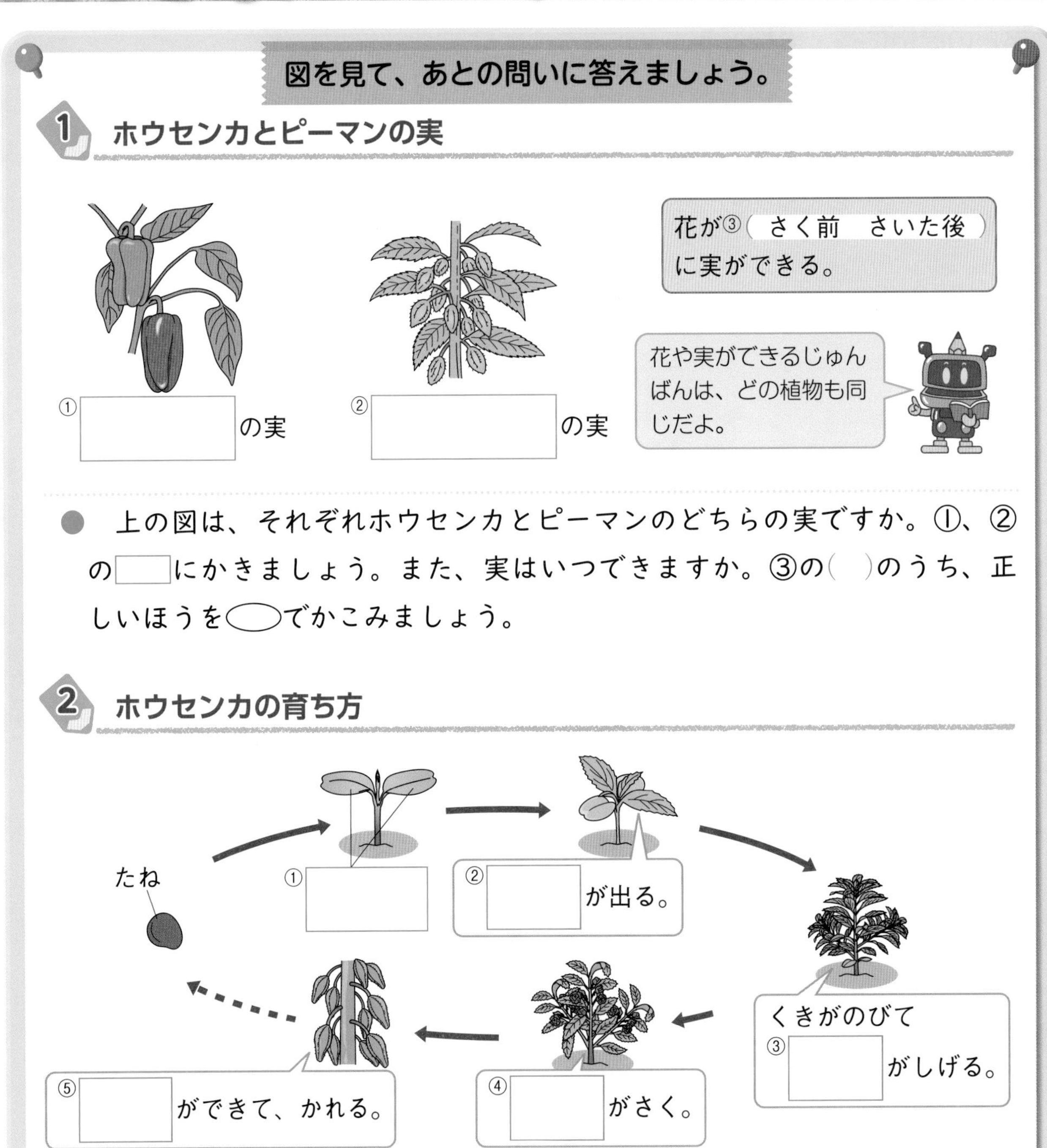

①□の実
②□の実
花が③（さく前　さいた後）に実ができる。
花や実ができるじゅんばんは、どの植物も同じだよ。
たね
①□
②□が出る。
くきがのびて③□がしげる。
④□がさく。
⑤□ができて、かれる。

● 上の図は、それぞれホウセンカとピーマンのどちらの実ですか。①、②の□にかきましょう。また、実はいつできますか。③の（　）のうち、正しいほうを◯でかこみましょう。

2 ホウセンカの育ち方

● ①～⑤の□にあてはまる言葉をかきましょう。

まとめ〔 かれる　実　たね 〕からえらんで（　）にかきましょう。

●植物は、花がさいた後に①（　　　　）ができ、実の中には②（　　　　）ができる。
●植物は、実ができた後、やがて③（　　　　）。

わくわくたんてい団
オクラの実は、花がさいて一週間ほどで食べられるようになります。実が赤むらさき色になるしゅるいもあります。ピーマンの実は、じゅくすと赤くなります。

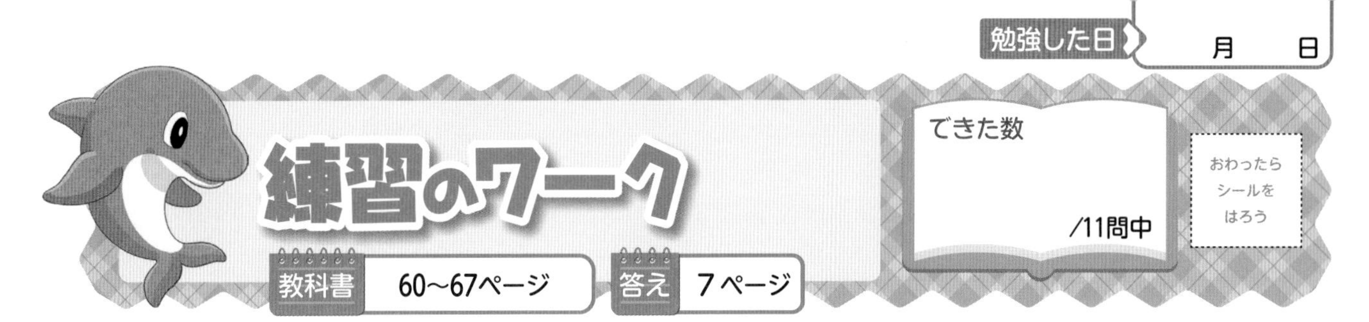

1　次の図は、ホウセンカのつぼみ、花、実のようすを表しています。あとの問いに答えましょう。

(1)　上の図の㋐〜㋒は、つぼみ、花、実のうち、どれを表していますか。□に、それぞれあてはまる言葉をかきましょう。

(2)　花がさいた後、花がさいていたところには何ができますか。

（　　　　　　）

(3)　たねは、どこにできますか。正しいものに○をつけましょう。

①（　　　）葉のいちばん先
②（　　　）くきの中
③（　　　）根の中
④（　　　）実の中

ホウセンカは、いちどにたくさんのたねができるよ！

(4)　ホウセンカの育つじゅんに、㋐〜㋒をならべましょう。

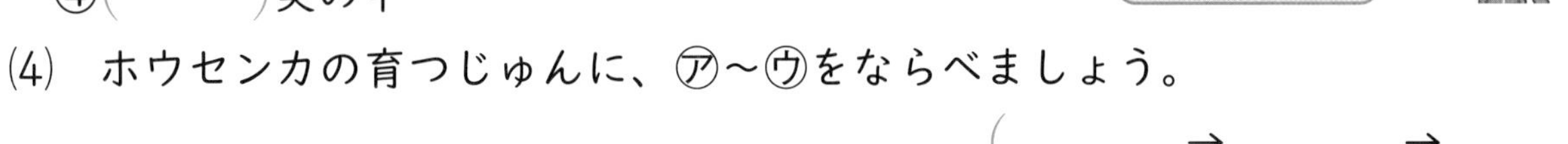

2　次の図は、ホウセンカのたねから実ができるまでをかいたものです。ホウセンカの育つじゅんに、図の□に１〜５の番号をかきましょう。

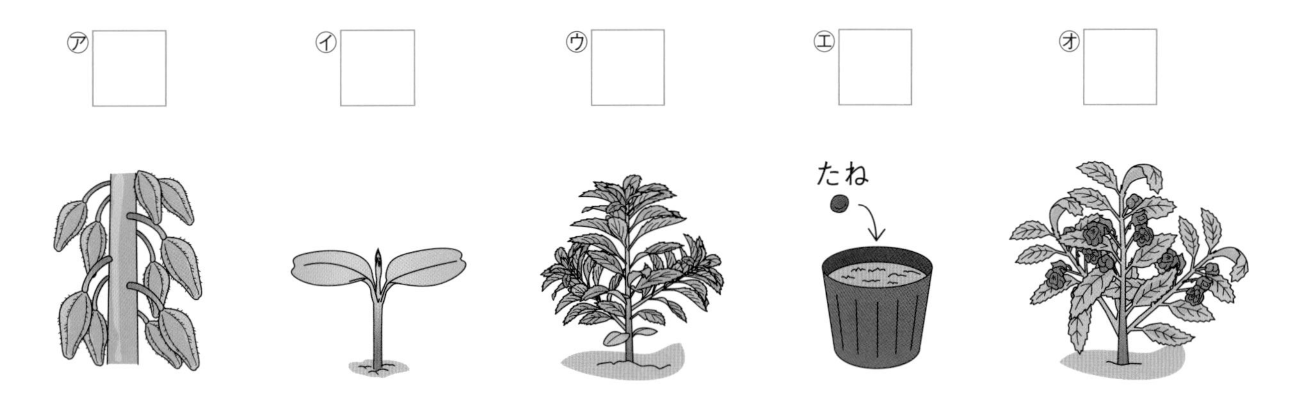

勉強した日　月　日

まとめのテスト

実がてきたよ

とく点　/100点

時間 20分

教科書 60～67ページ　答え 7ページ

1 植物の育ち方 次の写真は、いろいろな植物のつぼみ、花、実、たねをばらばらにならべたものです。あとの問いに答えましょう。　1つ4〔44点〕

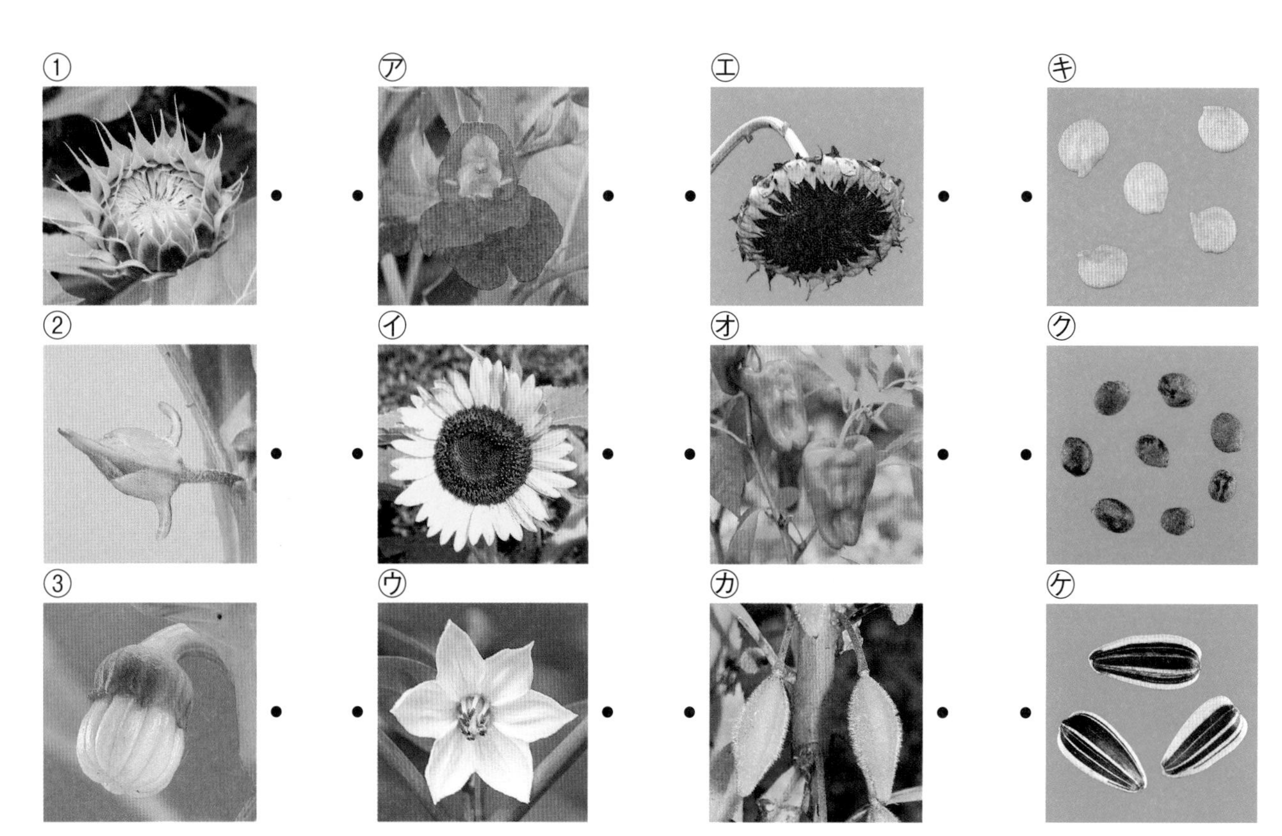

(1) 上の写真の①～③は、何という植物のつぼみですか。下の〔　〕からえらんで、名前をかきましょう。

①(　　　　)　②(　　　　)　③(　　　　)

〔 オクラ　ピーマン　ヒマワリ　アサガオ　ホウセンカ 〕

(2) 上の写真の①～③、㋐～㋘で、同じ植物どうしを線でむすびましょう。

(3) 上の写真で、実にさわると、たねがはじけて出てくる植物はどれですか。名前をかきましょう。　(　　　　)

(4) 花がさくときの高さが1m～2mにもなる植物はどれですか。名前をかきましょう。　(　　　　)

(5) 次の文の(　)にあてはまる言葉をかきましょう。

どの植物も、つぼみができて、①(　　　　)がさいた後、①がさいていたところに②(　　　　)ができた。やがて、②の中にたくさんの③(　　　　)ができていた。

よく出る 2 ホウセンカの育ち方 次の図は、ホウセンカの育ち方を表したものです。あとの問いに答えましょう。

1つ4〔44点〕

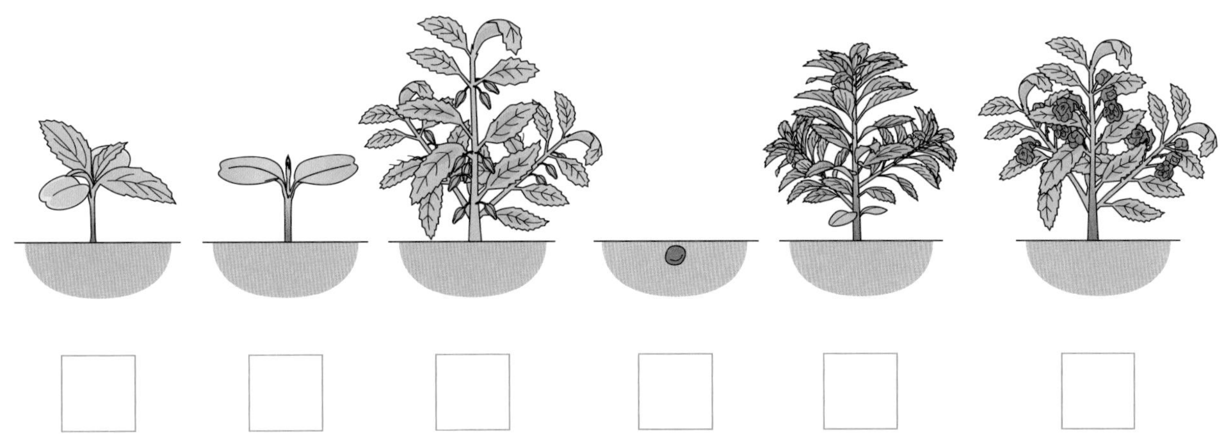

(1) 上の図の□に、ホウセンカの育つじゅんに1～6の番号をかきましょう。

(2) 次の文にあてはまるものを、上の図の㋐～㋕からえらびましょう。

① たねをまいて1週間ぐらいしたら、めが出た。（　　）

② 葉の数がふえ、くきものびて太くなった。（　　）

③ 花がさいた後、緑色の実ができた。（　　）

(3) 緑色の実ができた後、葉や実はどのようにかわりますか。次のア、イからえらびましょう。（　　）

ア 葉は茶色くなり、かれて、実も黄色っぽくなる。

イ 葉も実も緑色のままで、くきがさらにのびて、葉もふえる。

(4) 実の中にはたねができます。1つの実の中にできるたねの数について正しいものを、次のア、イからえらびましょう。（　　）

ア 1つの実の中に1つのたねができる。

イ 1つの実の中にたくさんのたねができる。

3 植物の一生 次の文は、植物の一生についてかいたものです。正しいものには○、まちがっているものには×をつけましょう。

1つ2〔12点〕

①（　　）たねをまいてはじめに出てくる子葉は、どの植物も同じ形をしている。

②（　　）子葉の後に出てくる葉は、子葉とはちがう形をしている。

③（　　）植物が育ってくると、葉の数はふえるが、葉の大きさは大きくならない。

④（　　）つぼみや花の形や色は、植物のしゅるいによってちがう。

⑤（　　）実ができるのは、花がさいていたところとはかぎらない。

⑥（　　）花がさいた後にできたたねは、春にまいたたねと色や形がよくにている。

勉強した日 月 日

1 こん虫などのすみか
2 こん虫のからだ

きほんのワーク

もくひょう
こん虫などのすみかやからだのつくりについて学ぼう。

おわったらシールをはろう

教科書 68～74、167ページ　答え 7ページ

図を見て、あとの問いに答えましょう。

1 動物の食べ物とすみか

名前	ショウリョウバッタ	アオスジアゲハ	ダンゴムシ	ノコギリクワガタ
すがた				
食べ物	①	②	③	④
すみか	⑤	草むら	⑥	⑦

● 上の動物の食べ物とすみかを下の〔 〕からえらんで、表の①～⑦にかきましょう。

〔 かれた葉　木のしる　花のみつ　草の葉
木のそば　石の下　草むら 〕

2 こん虫のからだ

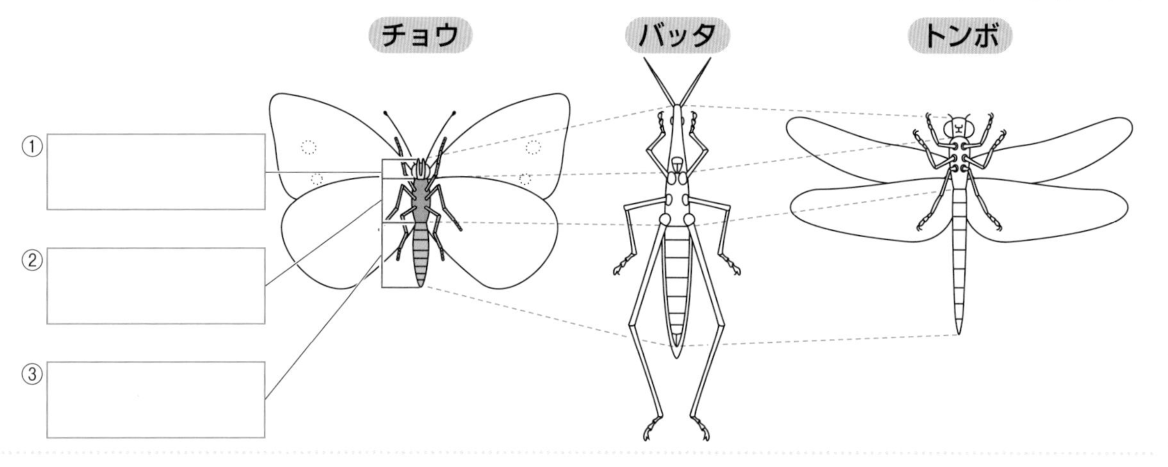

(1) からだのつくりで、①～③の□にあてはまる言葉をかきましょう。

(2) チョウの①～③の部分と同じ色でバッタとトンボのからだをぬりましょう。

まとめ 〔 むね　食べ物　頭 〕からえらんで（ ）にかきましょう。

● こん虫などは、①（　　　）やかくれ場所があるところをすみかにしている。

● こん虫の成虫のからだは、②（　　　）、③（　　　）、はらからできている。

からだが頭、むね、はらの3つの部分からできていない虫や、あしが6本でない虫は、こん虫ではありません。ダンゴムシのあしは14本、クモのあしは8本なのでこん虫ではありません。

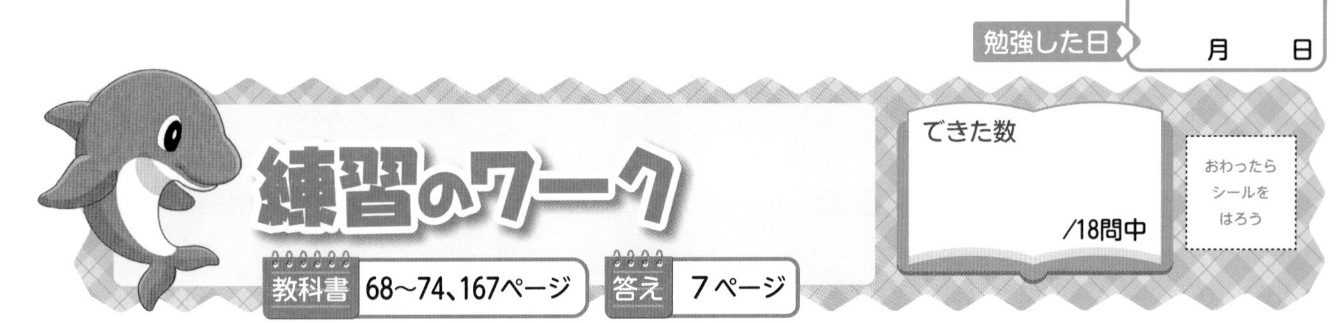

1 こん虫などの動物のすみかを調べました。次の表の①〜⑥に、あてはまる言葉を、下の〔 〕からえらんでかきましょう。ただし、同じ言葉を2回えらんでもよいものとします。

動物	見つけたところ	食べ物
ダンゴムシ	①	②
アオスジアゲハ	③	④
ショウリョウバッタ	⑤	⑥

〔 ミカンの木　草むら　木のそば　石の下
木のしる　かれた葉　花のみつ　草の葉 〕

2 次の図は、アキアカネとカブトムシのからだのつくりを表したものです。あとの問いに答えましょう。

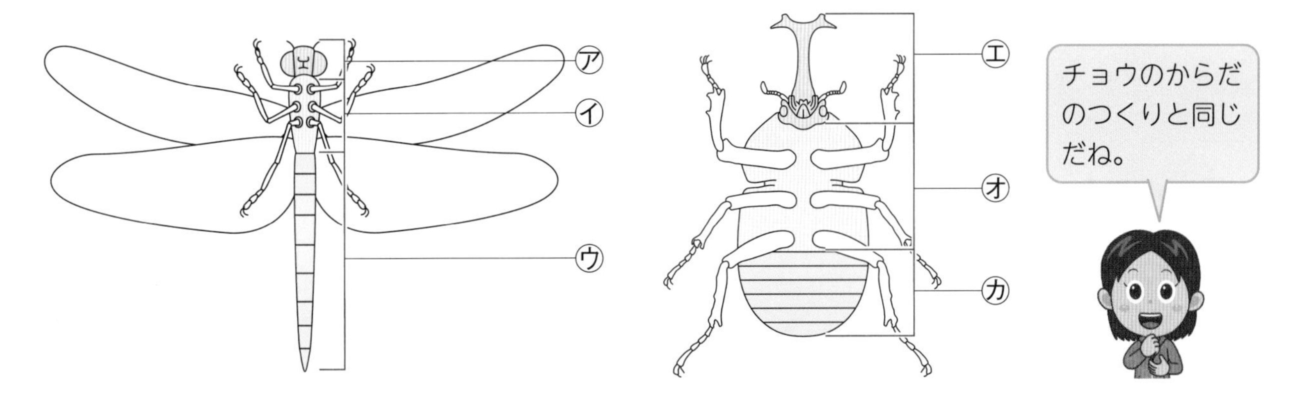

(1) アキアカネとカブトムシのからだのつくりは、どのようになっていますか。㋐〜㋕の部分の名前をかきましょう。

㋐(　　　) ㋑(　　　) ㋒(　　　)
㋓(　　　) ㋔(　　　) ㋕(　　　)

(2) 次の文の(　)にあてはまる言葉や数を、下の〔 〕からえらんでかきましょう。ただし、同じものを2回えらんでもよいものとします。

アキアカネやカブトムシのからだも、モンシロチョウと同じように、①(　　　)、②(　　　)、③(　　　)の④(　　　)つからできていて、⑤(　　　)には⑥(　　　)本のあしがある。

〔 口　はら　頭　むね　2　3　6　8 〕

3　こん虫の育ち方

きほんのワーク

もくひょう
こん虫の育ち方には、さなぎにならないものがあることを学ぼう。

おわったらシールをはろう

教科書 34、75～81ページ　答え 8ページ

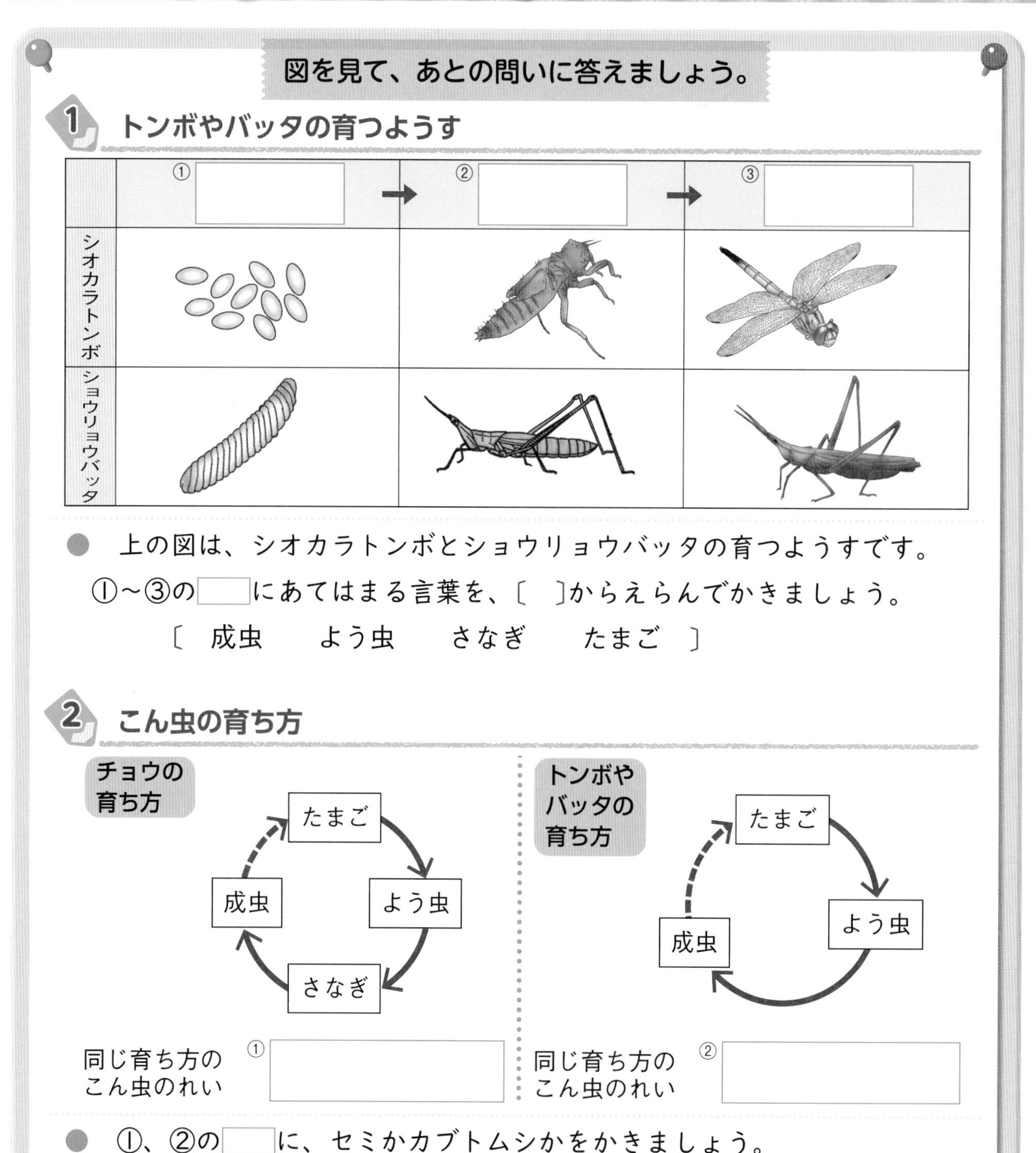

まとめ　〔 成虫　よう虫　たまご 〕からえらんで（　）にかきましょう。

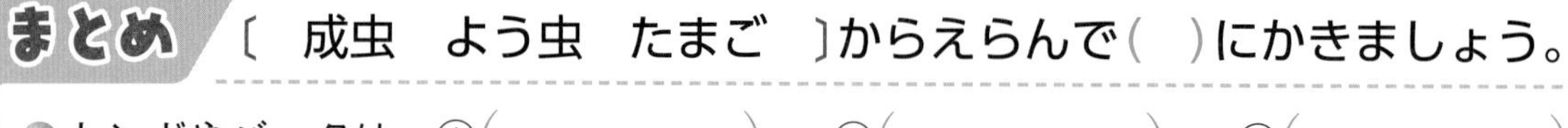

●トンボやバッタは、①（　　　）→②（　　　）→③（　　　）のじゅんに育つ。

わくわくたんてい団　こん虫をかうときは、そのこん虫を見つけた場所と同じようにしてあげるとよいです。こん虫のしゅるいによってかい方がちがうので、よく調べましょう。

1 次の図は、ショウリョウバッタが育つようすです。あとの問いに答えましょう。

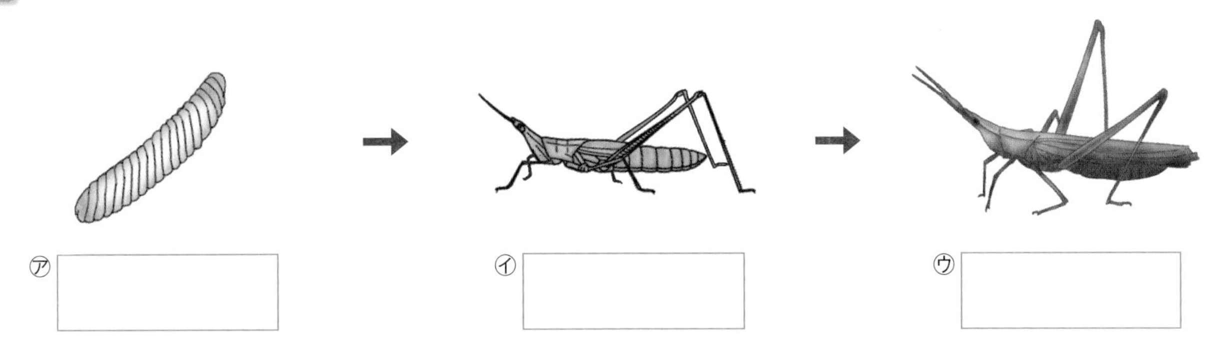

㋐　㋑　㋒

(1) 図の㋐〜㋒のすがたを何といいますか。□にかきましょう。

(2) ショウリョウバッタのたまごのじっさいの大きさはどれぐらいですか。次のあ〜うのうち、いちばんよいものの□に○をつけましょう。

あ　い　う

(3) ㋑と㋒の食べ物について、正しいものに○をつけましょう。

①(　　)㋑はエノコログサなどの草を食べるが、㋒は花のみつをすう。
②(　　)㋑も㋒も花のみつをすう。
③(　　)㋑も㋒もエノコログサなどの草を食べる。
④(　　)㋑は木のしるをすうが、㋒は小さい虫を食べる。

2 次の図は、トンボの育つようすです。あとの問いに答えましょう。

㋐　㋑　㋒

(1) トンボの育つじゅんになるように、たまごをさいしょとして、㋐〜㋒をならべましょう。

(　　→　　→　　)

(2) トンボの育ち方は、チョウの育ち方と同じですか、ちがいますか。

(　　　　)

まとめのテスト①

5 こん虫のかんさつ

教科書 34、68～81、167ページ　答え 8ページ

よく出る 1 こん虫のからだ 次の図は、トンボとバッタのからだのつくりを表したものです。あとの問いに答えましょう。

1つ6〔30点〕

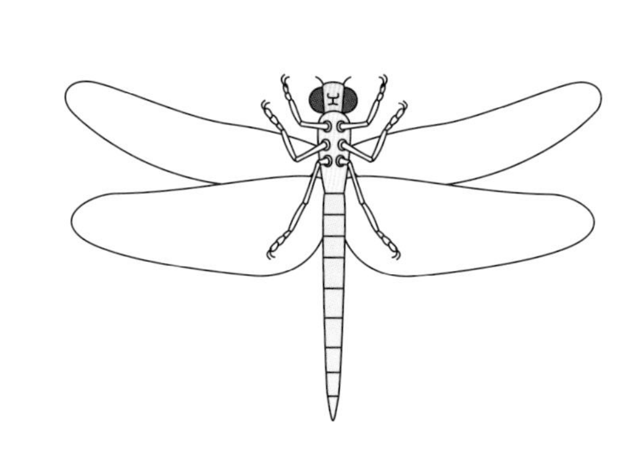

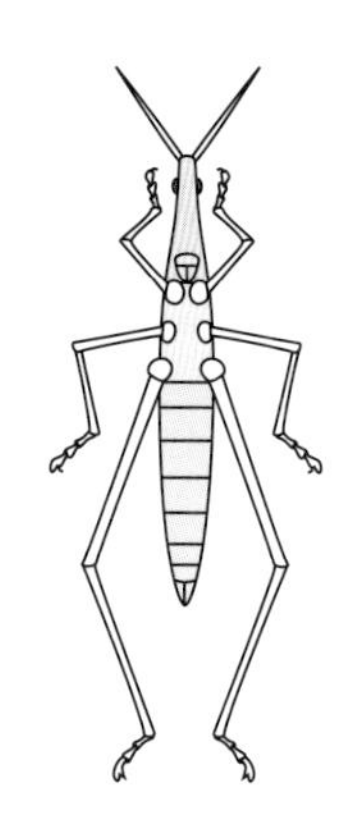

(1) トンボやバッタのからだは、いくつの部分に分かれていますか。

（　　　　　）

(2) トンボやバッタのあしは、何本ですか。（　　　　　）

(3) トンボやバッタのあしは、からだのどの部分にありますか。

（　　　　　）

(4) 次の文のうち、バッタの成虫の動き方にあてはまるものに○をつけましょう。

①（　　）うすいはねを動かしてとぶ。

②（　　）後ろのあしを使ってはねたり、はねを広げてとんだりする。

③（　　）たくさんのあしを使って動く。さわるとまるくなる。

(5) からだの形や動き方は、こん虫のしゅるいによって同じですか、ちがいますか。

（　　　　　　　　）

2 虫のすみか 次の㋐～㋒の動物は、どこにすんで、何を食べていますか。合うものどうしを線でむすびましょう。

1つ5〔15点〕

	すんでいるところ	食べ物
㋐ ナナホシテントウ ・	・ ㋿ 木のそば ・	・ ㋓ かれた葉
㋑ ダンゴムシ ・	・ ㋑ 草むら ・	・ ㋔ 木のしる
㋒ ノコギリクワガタ ・	・ ㋒ 石の下 ・	・ ㋕ 小さな虫

3 いろいろな動物 右の図は、クモとダンゴムシのからだのつくりを表したものです。次の問いに答えましょう。

1つ5〔20点〕

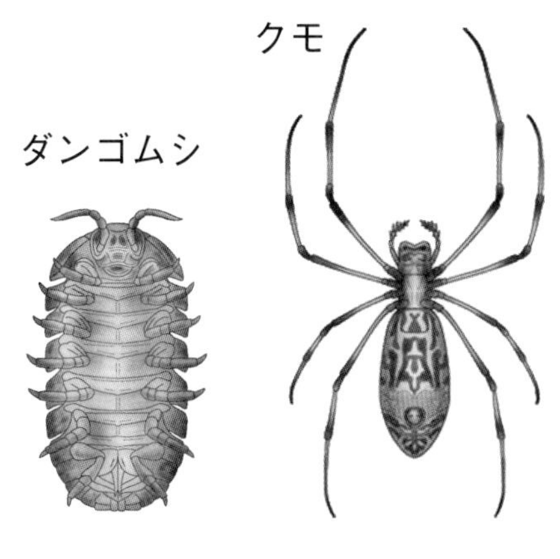

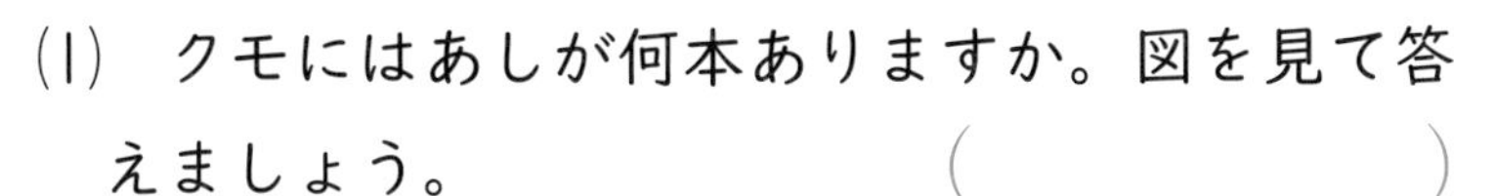

(1) クモにはあしが何本ありますか。図を見て答えましょう。 (　　　　)

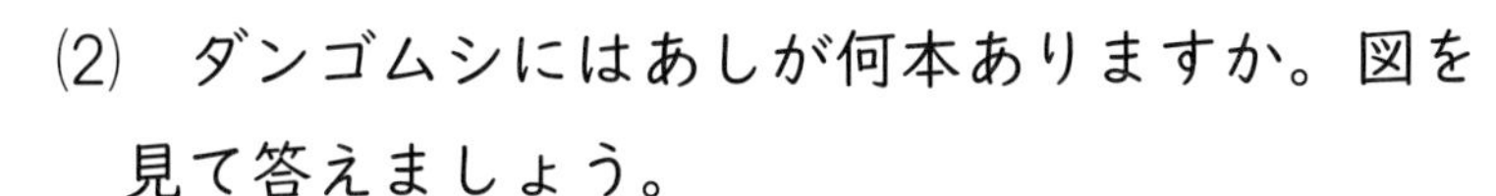

(2) ダンゴムシにはあしが何本ありますか。図を見て答えましょう。

(　　　　)

(3) 次の文のうち、正しいものに〇をつけましょう。

①(　　　)クモはこん虫のなかまだが、ダンゴムシはこん虫のなかまではない。

②(　　　)クモはこん虫のなかまではないが、ダンゴムシはこん虫のなかまである。

③(　　　)クモもダンゴムシも、こん虫のなかまである。

④(　　　)クモもダンゴムシも、こん虫のなかまではない。

記述 (4) (3)のように答えた理由(りゆう)をかきましょう。

(　　　　　　　　　　　　　　　　　　　　　　　　　　)

4 動物の食べ物とすみか 次の図のこん虫について、あとの問いに答えましょう。

1つ5〔35点〕

㋐

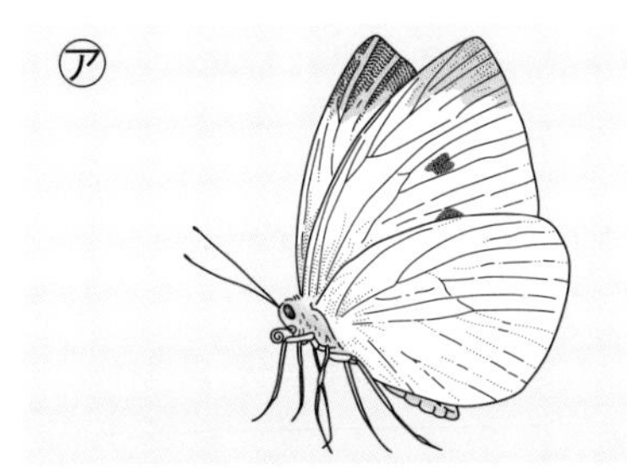

㋑

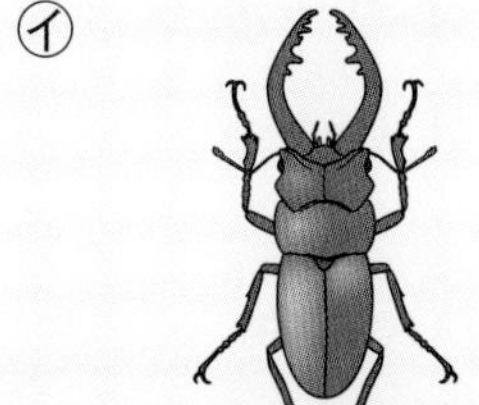

㋒

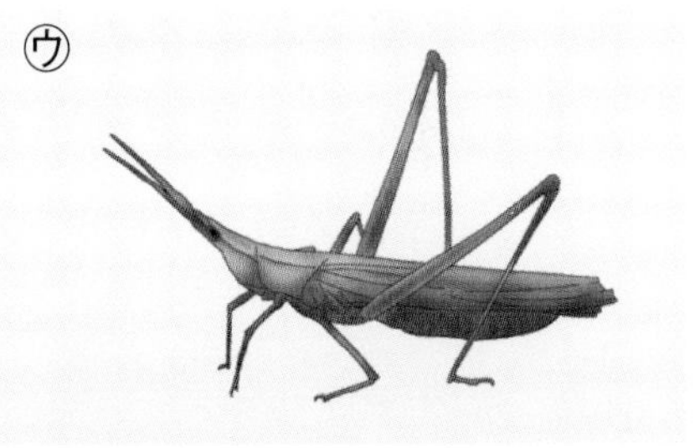

(1) 図の㋐～㋒のこん虫の名前を、下の〔　〕からえらんでかきましょう。

㋐(　　　　　　) ㋑(　　　　　　) ㋒(　　　　　　)

〔ノコギリクワガタ　ショウリョウバッタ　アキアカネ　アゲハ
トノサマバッタ　アブラゼミ　モンシロチョウ　シャクガ〕

(2) ㋐～㋒のこん虫の成虫は、それぞれ何を食べますか。下の〔　〕からえらんでかきましょう。

㋐(　　　　　　) ㋑(　　　　　　) ㋒(　　　　　　)

〔花のみつ　草の葉　木のしる　かれた葉　ほかの虫　土〕

(3) 次の文の(　)にあてはまる言葉をかきましょう。

こん虫などの動物は、(　　　　　　)があるところやかくれ場所があるところをすみかにしている。

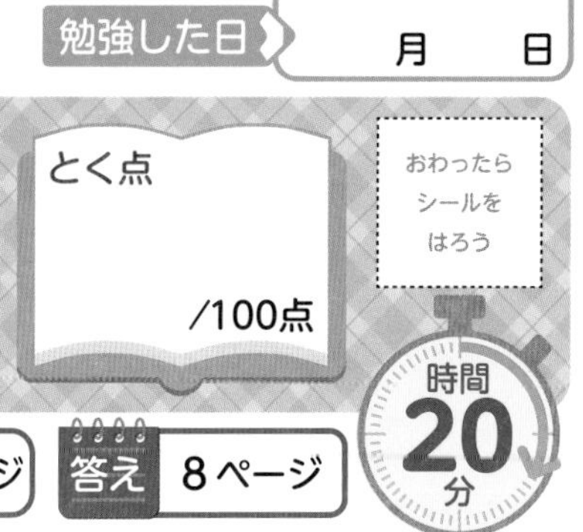

まとめのテスト②

5　こん虫のかんさつ

教科書 34、68～81、167ページ　答え 8ページ

チャレンジ! **1** こん虫の育ち方　次の図は、トノサマバッタとシオカラトンボの育つようすです。あとの問いに答えましょう。　1つ4〔36点〕

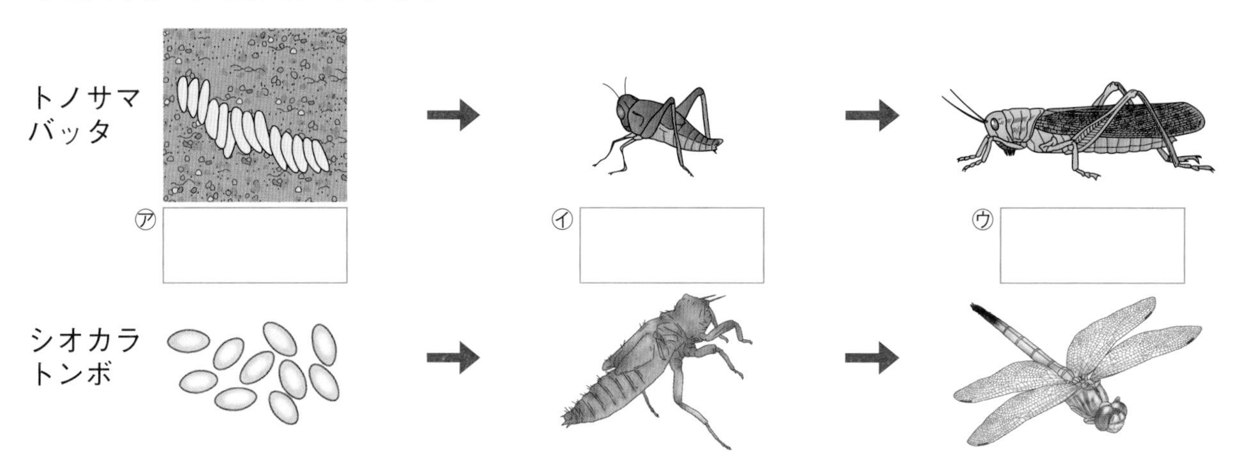

(1)　図の㋐～㋒のすがたを何といいますか。□にかきましょう。

記述 (2)　バッタやトンボの育ち方をチョウの育ち方とくらべると、ちがうところはどんなところですか。「さなぎ」という言葉を使ってかきましょう。

(　　　　　　　　　　)

(3)　トノサマバッタのよう虫とシオカラトンボのよう虫のかい方として正しいものを、あ～うからそれぞれえらびましょう。

トノサマバッタのよう虫(　　　)　シオカラトンボのよう虫(　　　)

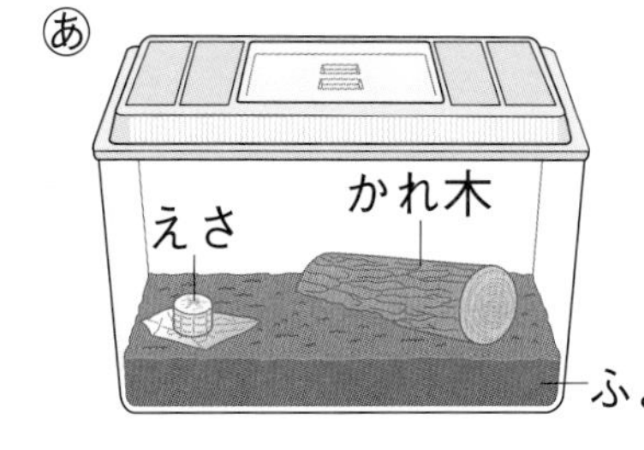

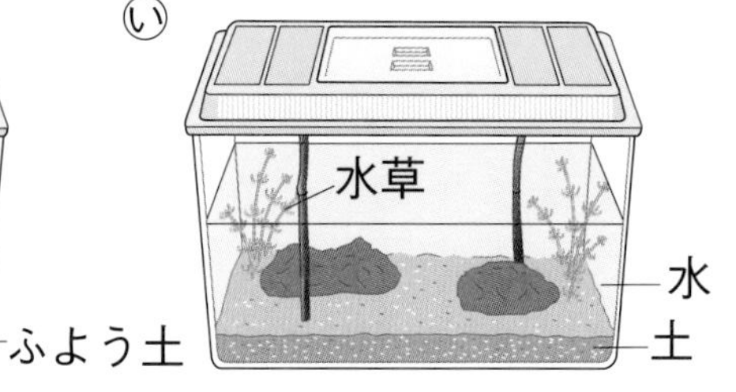

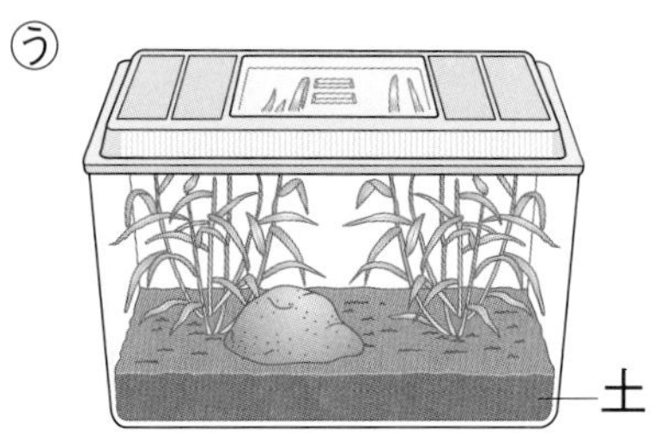

(4)　次の文は、トノサマバッタとシオカラトンボのかい方や育ち方についてかいたものです。トノサマバッタについてかいたもの3つに○をつけましょう。

①(　　　)よう虫をかうときは、入れ物の中の植物にときどききりふきで水をかける。

②(　　　)よう虫は、水の中にすんでいる。

③(　　　)よう虫は土の中から出てくる。

④(　　　)よう虫は、成虫とからだのようすがにているが、はねが短い。

⑤(　　　)よう虫が水の中から出てきて、皮をやぶって成虫が出てくる。

よく出る **2** **こん虫を調べよう** 次の図は、いろいろなこん虫の成虫です。あとの問いに答えましょう。

1つ4〔64点〕

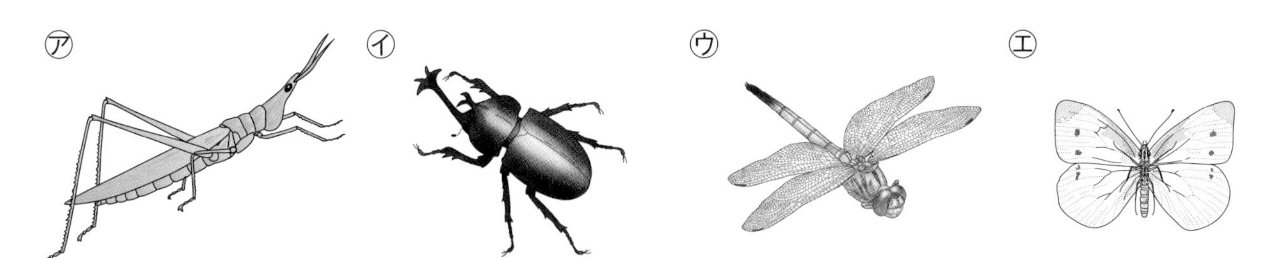

(1) 図の㋐～㋓のこん虫の名前を、下の〔　〕からえらんでかきましょう。

㋐(　　　　　　) ㋑(　　　　　　)
㋒(　　　　　　) ㋓(　　　　　　)

〔 シオカラトンボ　ベニシジミ　モンシロチョウ
トノサマバッタ　カブトムシ　ショウリョウバッタ 〕

(2) たまご→よう虫→成虫　というじゅんに育つこん虫はどれですか。㋐～㋓からすべてえらびましょう。(　　　　　　)

(3) たまご→よう虫→さなぎ→成虫　というじゅんに育つこん虫はどれですか。㋐～㋓からすべてえらびましょう。

(　　　　　　)

(4) 次の図のあ～えは、どのこん虫のよう虫ですか。上の図の㋐～㋓からえらびましょう。

あ(　　　) い(　　　) う(　　　) え(　　　)

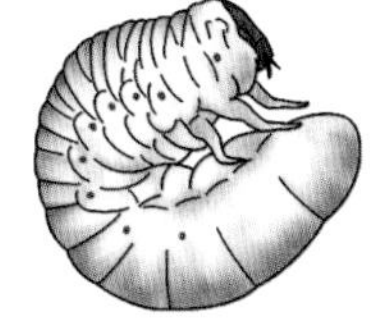
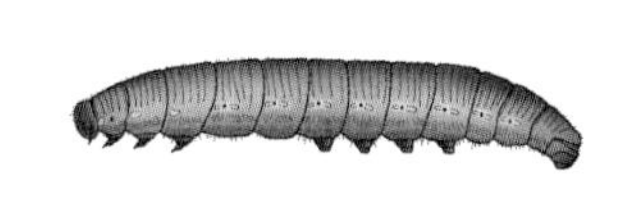
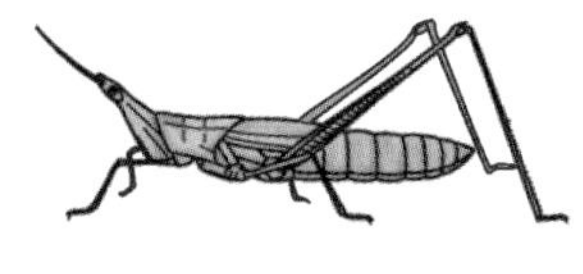

(5) トンボのよう虫を、何といいますか。(　　　　　　)

(6) 次の文のうち、正しいものには○、まちがっているものには×をつけましょう。

①(　　　)アゲハのよう虫は、成虫とよくにたすがたをしている。

②(　　　)カブトムシのよう虫は、成虫とちがうすがたをしている。

③(　　　)ショウリョウバッタもモンシロチョウもこん虫なので、同じ育ち方をする。

④(　　　)シオカラトンボとショウリョウバッタは同じ育ち方をし、カブトムシとモンシロチョウは同じ育ち方をする。

⑤(　　　)トンボのよう虫は水の中でくらし、成虫になるときは水の中から出てくる。

勉強した日 月 日

1 太陽とかげのようす

もくひょう
太陽のいちとかげの向き、方位じしんの使い方をかくにんしよう。

おわったらシールをはろう

きほんのワーク

教科書 82～89、169ページ 答え 9ページ

図を見て、あとの問いに答えましょう。

1 かげができるときの太陽の向き

かげは、太陽の②（ 同じ 反対 ）がわにできる。

かげはどれも③（ 同じ ちがう ）向きにできる。

(1) 上の図で、目にあてている道具の名前を、①の□にかきましょう。

(2) ②、③の（ ）のうち、正しいほうを〇でかこみましょう。

(3) ぼうのかげは㋐～㋒のどこにできますか。正しい□をぬりましょう。

2 太陽のいちとかげの向き

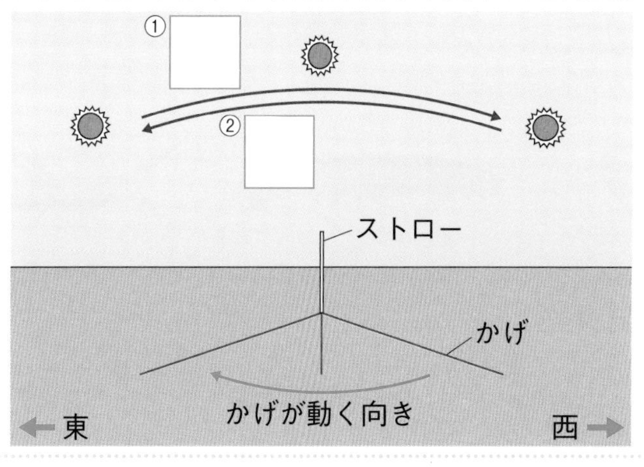

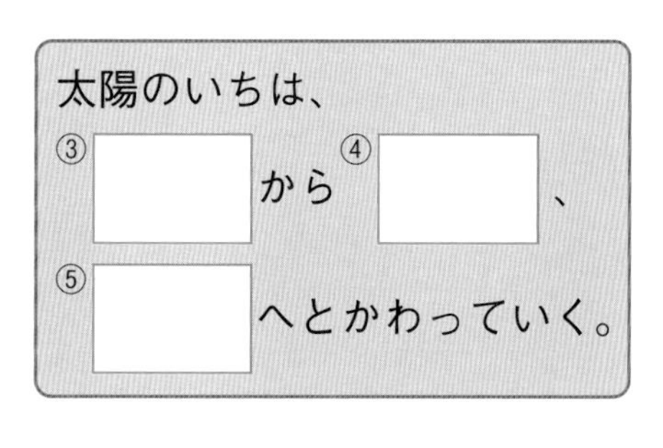

(1) 上の図のようにかげの向きがかわるとき、太陽のいちは①、②のうち、どちらの向きにかわりますか。正しいほうの□に〇をつけましょう。

(2) 太陽のいちについて、③～⑤の□にあてはまる方位をかきましょう。

まとめ 〔 南 西 日光 東 反対 〕からえらんで（ ）にかきましょう。

- ①（ ）をさえぎる物があると、かげは太陽の②（ ）がわにできる。
- 太陽のいちは③（ ）から④（ ）、⑤（ ）へとかわる。

わくわくたんてい団
太陽をかんさつするときは、目をいためないようにかならずしゃ光プレートを使います。
方位を調べるときは、方位じしんの色のついたはりを北に合わせて使います。

1 かげのでき方について、あとの問いに答えましょう。

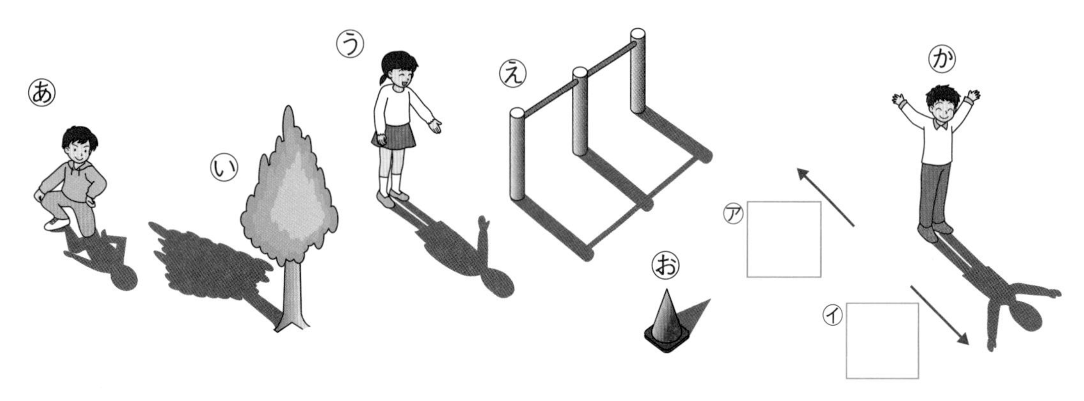

(1) かげは、どんなときにできますか。次の文の(　)にあてはまる言葉を、下の〔　〕からえらんでかきましょう。

日光を①(　　　　)物があると、太陽の②(　　　　)がわにかげができる。

〔 反対　　すきとおる　　同じ　　さえぎる 〕

(2) 上の図のあ～かには、かげのでき方がまちがっているものが2つあります。その2つをさがし、記号をかきましょう。(　　　)(　　　)

(3) 太陽は、ア、イのうち、どちらのほうにありますか。□に○をつけましょう。

2 右の図のようにして、太陽のいちとかげの向きを、午前、正午ごろ、午後の3回調べました。次の問いに答えましょう。

ア　イ　ウ
ストロー
エ　オ
あ　い　う

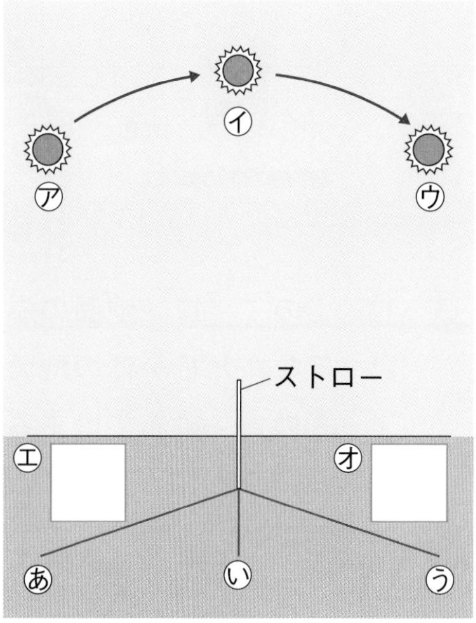

(1) 太陽がアのいちにあるときのかげを、あ～うからえらびましょう。(　　　)

(2) かげの向きがいのときの太陽のいちを、ア～ウからえらびましょう。(　　　)

(3) 太陽のいちが図のようにかわるとき、ぼうのかげは、どのようにかわりますか。あ～うをならべましょう。(　　→　　→　　)

(4) 方位じしんを使って、方位を調べました。図のエ、オの方位を□にかきましょう。

(5) 次の文の(　)にあてはまる方位をかきましょう。

太陽をつづけてかんさつすると、①(　　　　)から出て②(　　　　)を通り、③(　　　　)にしずむように見える。

勉強した日　月　日

もくひょう
日なたと日かげの地面の温度のちがいをかくにんしよう。

おわったらシールをはろう

2　日なたと日かげの地面

教科書 90～95、168、171ページ　答え 9ページ

図を見て、あとの問いに答えましょう。

1 日なたと日かげの地面のちがい

	日なたの地面	日かげの地面
明るさ	①	②
あたたかさ	③	④
しめりぐあい	かわいている。	しめっている。

(1)　日なたと日かげの地面の明るさは、どうなっていますか。表の①、②に明るいか暗(くら)いかをかきましょう。

(2)　日なたと日かげの地面のあたたかさは、どうなっていますか。表の③、④にあたたかいかつめたいかをかきましょう。

2 地面の温度(おんど)のちがい

地面の温度のはかり方

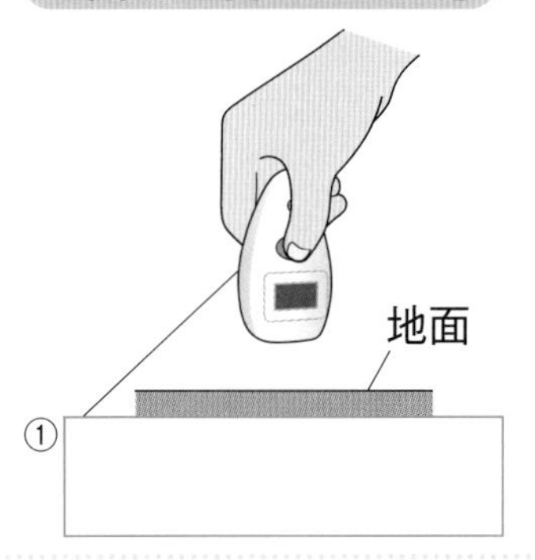

	午前９時	午前１２時
日なたの地面	１５℃	２０℃
日かげの地面	１４℃	１５℃

日なたの地面は、③［　　　］によってあたためられた。

②(℃) 日なたの地面　日かげの地面
20
10
0
午前9時　午前12時　午前9時　午前12時

(1)　①の［　］に、地面の温度をはかる道具の名前をかきましょう。

(2)　日なたと日かげの地面の午前12時の温度を②のグラフに表しましょう。

(3)　③の［　］にあてはまる言葉をかきましょう。

まとめ　〔　日光　つめたく　あたたかく　〕からえらんで（　）にかきましょう。

●日なたの地面は①（　　　　）かわいていて、日かげの地面は②（　　　　）しめっている。

●日なたの地面は、③（　　　　）によってあたためられる。

月の地面の温度は、太陽の光が当たっているところはおよそ120度にもなりますが、太陽の光が当たらないところは0度よりもひくい温度(およそマイナス200度)になります。

教科書 90～95、168、171ページ　答え 9ページ

1 次の①～④の文のうち、日なたのようすについてせつめいしたものには○、日かげのようすについてせつめいしたものには×をつけましょう。

①(　　　)地面に自分のかげができる。
②(　　　)地面をさわると、少ししめっていた。
③(　　　)地面をさわると、かわいていた。
④(　　　)せんたく物がかわきやすい。

2 右の図のように、温度計(おんどけい)を使って地面の温度をはかりました。次の問いに答えましょう。

(1) 地面の温度のはかり方について、次の文の(　)にあてはまる言葉を、下の〔　〕からえらんでかきましょう。

地面を①(　　　　　)ほって、温度計の②(　　　　　)を入れ、土をかぶせる。そして、③(　　　　　)が温度計に直せつ当たらないようにおおいをする。

〔少し　たくさん　土　日光　えきだめ　水〕

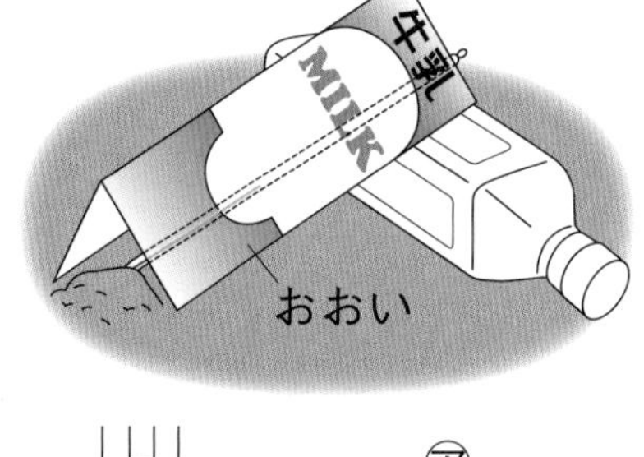

(2) 温度計の目もりを読む正しい目のいちを、右の図の㋐～㋒からえらびましょう。(　　　)

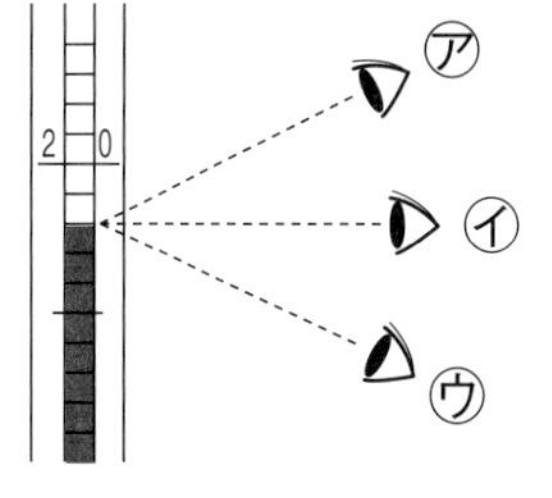

(3) 右の図は、午前9時と午前12時の日なたと日かげの地面の温度を調べたときの温度計の目もりを表しています。午前12時の日なたと日かげの地面の温度を読みましょう。

日なた(　　　　)
日かげ(　　　　)

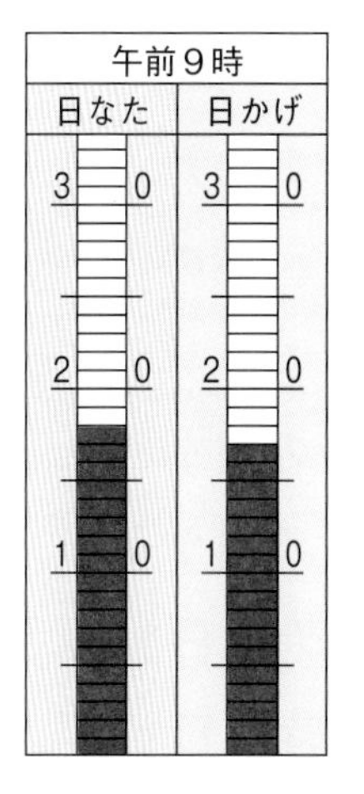

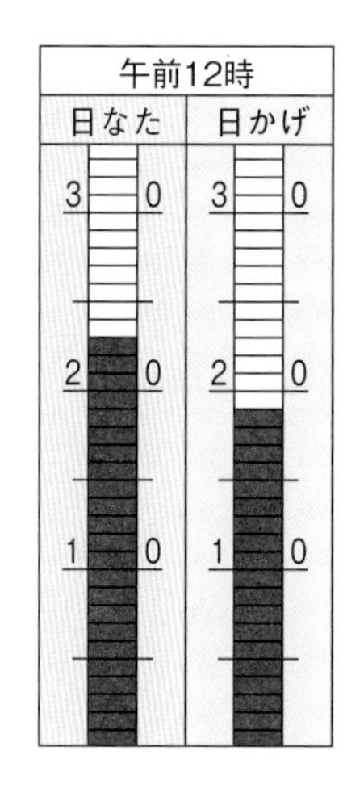

(4) 午前12時に地面の温度が高いのは、日なたと日かげのどちらですか。

(　　　　)

(5) 午前9時と午前12時をくらべて、地面の温度のかわり方が大きいのは、日なたと日かげのどちらですか。(　　　　)

まとめのテスト

6 太陽とかげ

とく点 /100点

おわったらシールをはろう

時間 20分

教科書 82〜95、168、169、171ページ 答え 10ページ

よく出る

1 日なたと日かげ **次の文のうち、日なたのようすには○、日かげのようすには×をつけましょう。**

1つ5〔20点〕

①(　　　)明るくてまぶしい。

②(　　　)地面にさわると、つめたい。

③(　　　)地面にさわると、あたたかい。

④(　　　)地面に自分のかげができない。

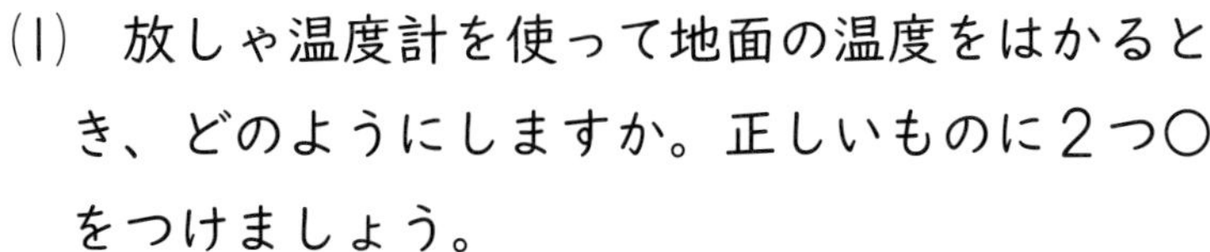

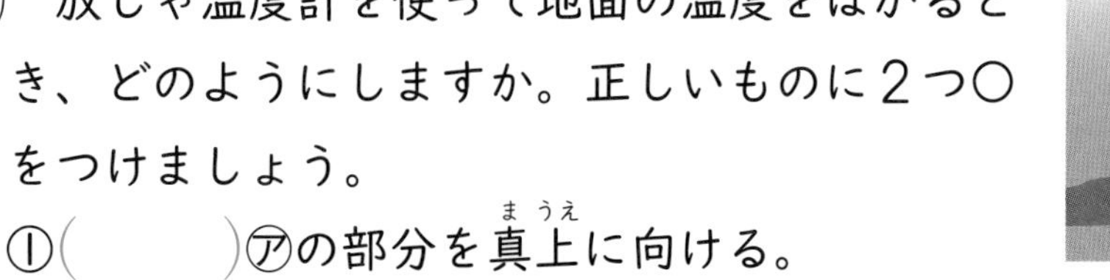

2 地面の温度のはかり方 **右の図のように、放(ほう)しゃ温度計を使って、午前9時と午前12時に、日なたと日かげの地面の温度をはかりました。次の問いに答えましょう。**

1つ5〔35点〕

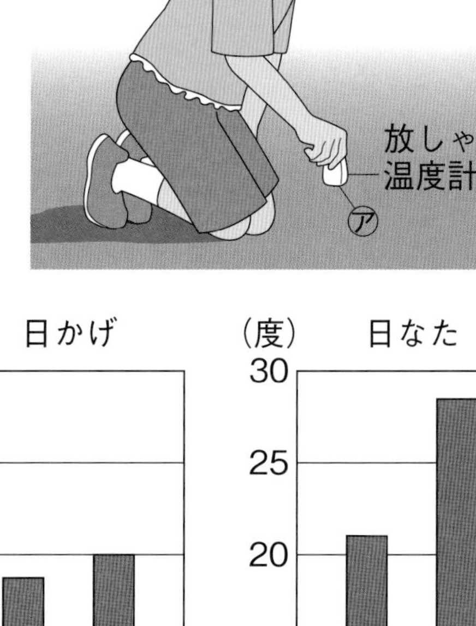

(1) 放しゃ温度計を使って地面の温度をはかるとき、どのようにしますか。正しいものに2つ○をつけましょう。

①(　　　)㋐の部分を真上(まうえ)に向ける。

②(　　　)㋐の部分を真下(ました)に向ける。

③(　　　)㋐の部分を地面につける。

④(　　　)㋐の部分は地面から少しはなす。

(2) 右の図は、このときはかった温度を、ぼうグラフに表したものです。次の①〜④の温度を、図のあ〜えからそれぞれえらびましょう。

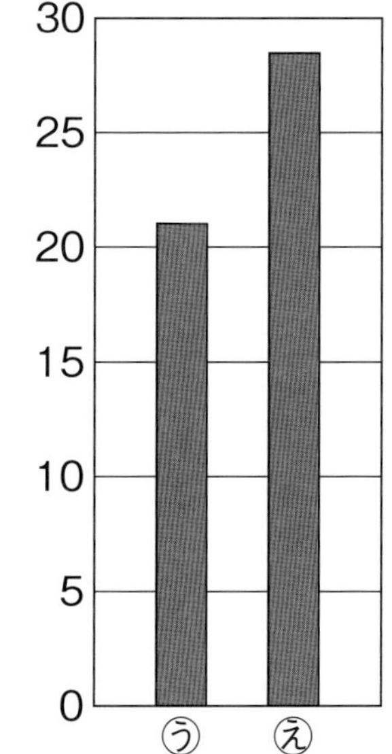

① 午前9時の日なた (　　　)

② 午前9時の日かげ (　　　)

③ 午前12時の日なた (　　　)

④ 午前12時の日かげ (　　　)

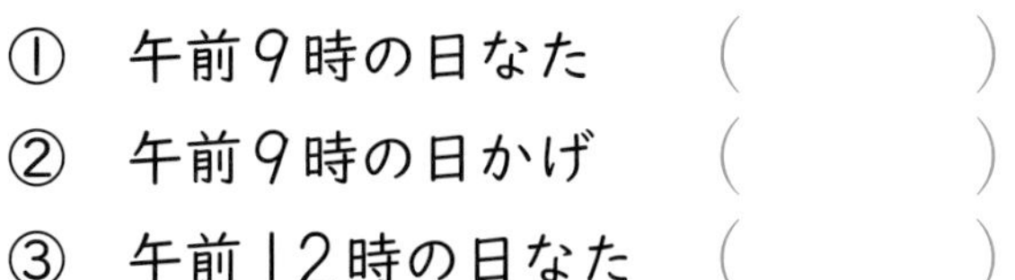

記述 (3) 地面の温度が、日なたと日かげでちがうのはなぜですか。

(　　　　　　　　　　　　　　　　　　　　)

よく出る **3** **かげの向き** 次の図のように、ぼうを立て、そのぼうのかげの向きと太陽のいちを調べました。あとの問いに答えましょう。

1つ5〔45点〕

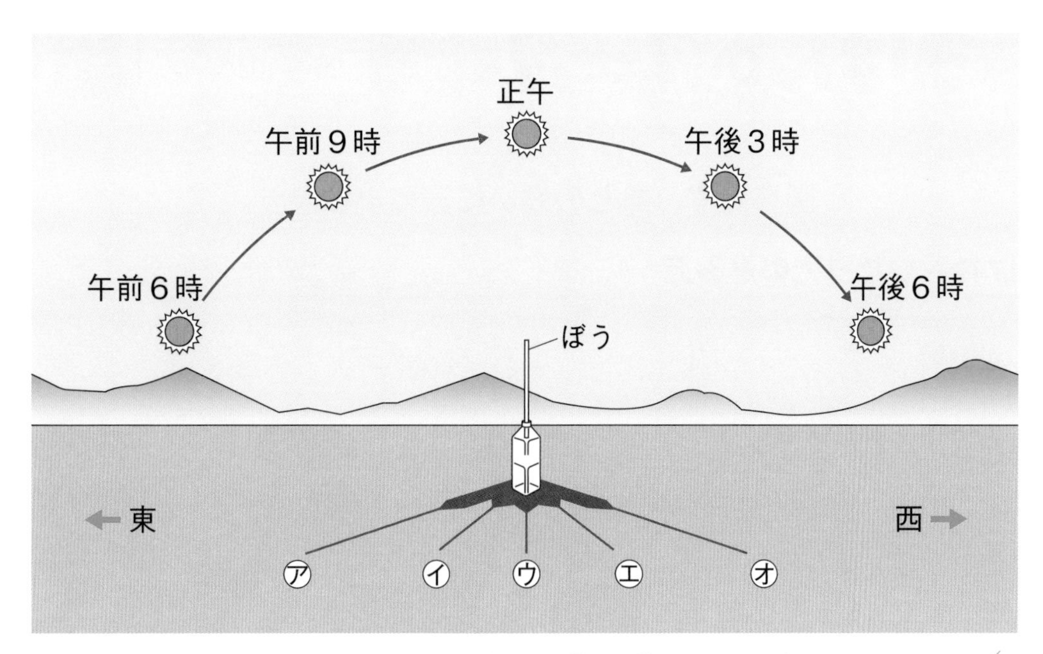

(1) 上の図で、午前６時のときのかげは、㋐～㋔のどれですか。　(　　　　)

(2) ㋑のかげは、何時の太陽によってできたものですか。　(　　　　)

(3) 上の図から、かげの長さや向きについてまとめました。次の文のうち、正しいものに３つ○をつけましょう。

①(　　　)かげは、太陽と反対の向きにできる。

②(　　　)かげの長さは、いつも同じである。

③(　　　)かげの長さは、だんだん短くなり、正午ごろがもっとも短く、その後、だんだん長くなる。

④(　　　)正午のときのかげの向きを方位じしんで調べたら、北の方向をさしていた。

⑤(　　　)かげは、太陽のいちがかわる方向と同じ方向に向きがかわる。

(4) 午前６時から午後６時にかけて、太陽のいちとかげの向きは、それぞれ、どちらからどちらの方位にかわりましたか。東、西、南、北で答えましょう。

太陽(　　　→　　　→　　　)

かげ(　　　→　　　→　　　)

(5) 太陽をかんさつするときに使う道具を何といいますか。

(　　　　)

記述 (6) 太陽をかんさつするときに、目をいためるのでぜったいにやってはいけないことがあります。それはどんなことですか。

(　　　　)

勉強した日 月 日

1 はね返した日光

もくひょう
はね返した日光の進み方や日光を集めたときのようすを調べよう。

おわったらシールをはろう

きほんのワーク

教科書 96～102ページ　答え 10ページ

図を見て、あとの問いに答えましょう。

1 はね返(かえ)した日光の進み方

日光は、①［　　］ではね返すことができる。

はね返した日光は、②（ 曲がって　まっすぐに ）進む。

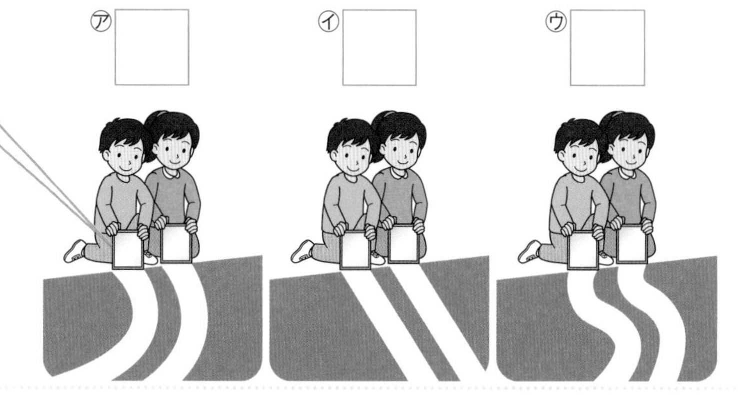

(1) ①の［　］にあてはまる言葉をかきましょう。また、㋐～㋒の日光の進み方のうち、正しいものには○、まちがっているものには×をつけましょう。

(2) ②の（　）のうち、正しいほうを◯でかこみましょう。

2 日光を集(あつ)めたときの明るさとあたたかさ

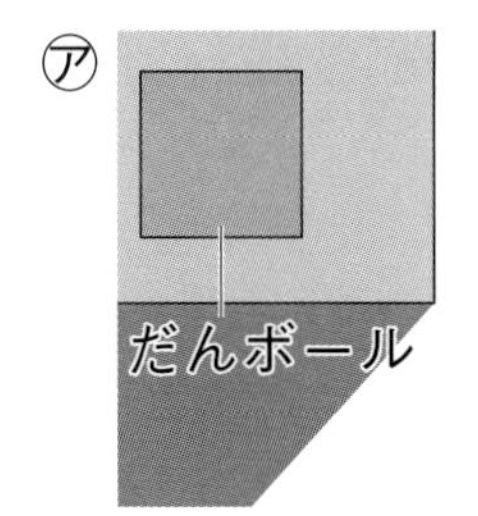

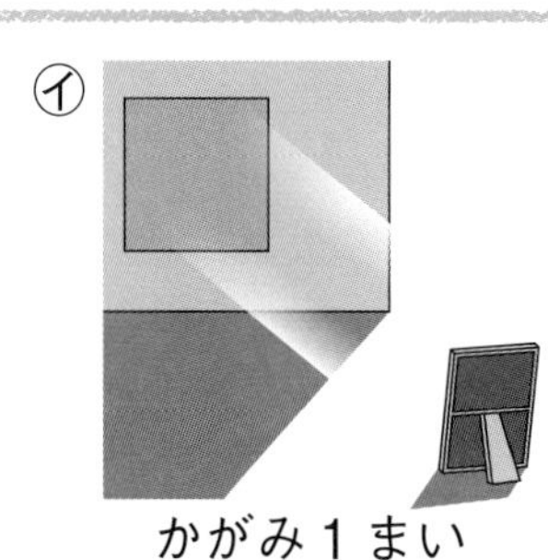

かがみ１まい

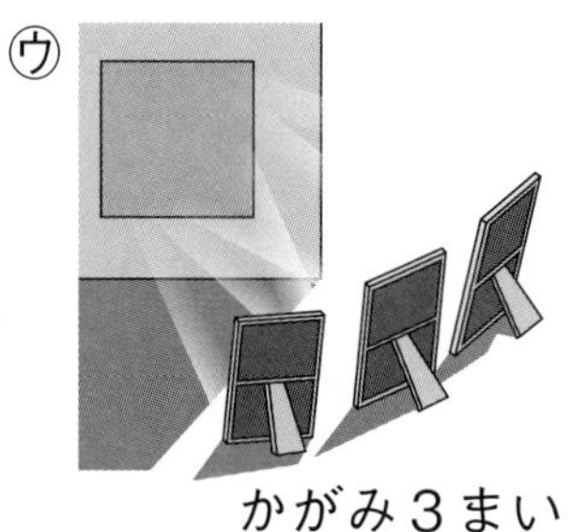

かがみ３まい

① 明るいじゅん
　→　→

② あたたかいじゅん
　→　→

はね返した日光を重(かさ)ねると、③（ 明るく　暗く ）、④（ あたたかく　つめたく ）なる。

(1) ①の［　］に、明るいじゅんに㋐～㋒をならべましょう。

(2) ②の［　］に、あたたかいじゅんに㋐～㋒をならべましょう。

(3) ③、④の（　）のうち、正しいほうを◯でかこみましょう。

まとめ

〔 日光　高く　まっすぐに 〕からえらんで（　）にかきましょう。

●かがみではね返した日光は、①（　　　）進む。はね返した②（　　　）を重ねると、重なったところは、より明るく、温度はより③（　　　）なる。

かげ絵やえい画は光がまっすぐに進むことをりようしたものです。どちらもスクリーンと光の間にうつしたいものを入れてそのかげを見せているのです。

1 かがみではね返した日光について、次の問いに答えましょう。

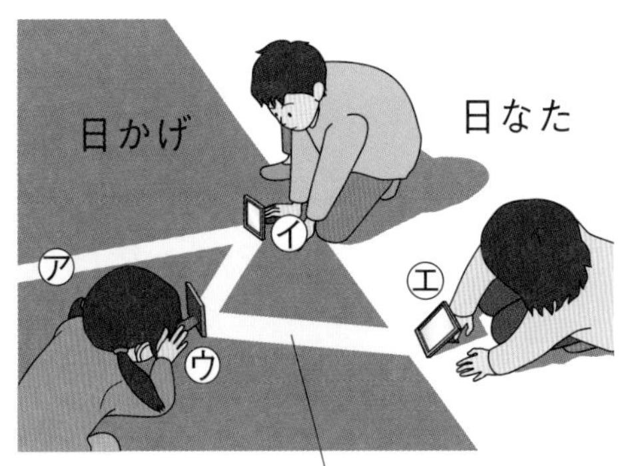

(1) 太陽からとどいた日光が、図のㇵにとどくまでのじゅんに、㋑～㋓をならべましょう。

（ 太陽 →　　→　　→　　→ ㋐ ）

(2) かがみではね返った日光は、次のかがみに当たるまで、どのように進んでいますか。

（　　　　　　）

2 右の図のように、かがみではね返した日光を、日かげにあるかべに当てました。次の問いに答えましょう。

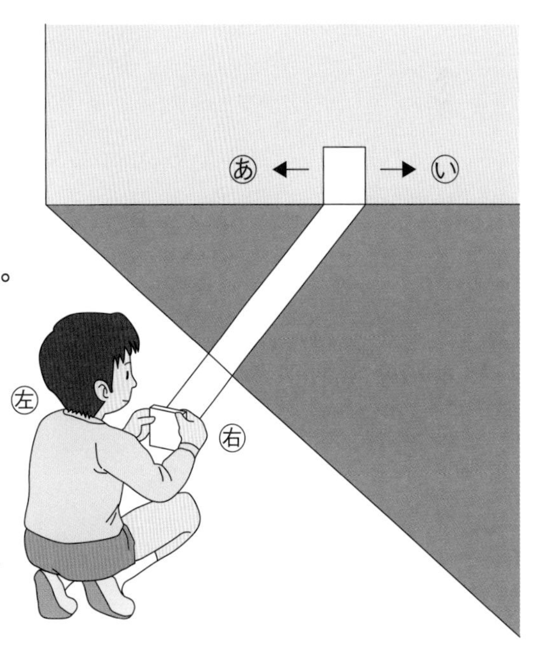

(1) かがみではね返した日光を日かげに当てると、当てた部分の明るさは、どうなりますか。

（　　　　　　）

(2) 図のかがみを右のほうに向けると、かべに当たった日光は、㋐、㋑のどちらに動きますか。（　　　）

(3) かがみではね返した日光は、どのように進みますか。

（　　　　　　）

3 右の図は、3まいのかがみではね返した日光がかべに当たったようすです。次の問いに答えましょう。

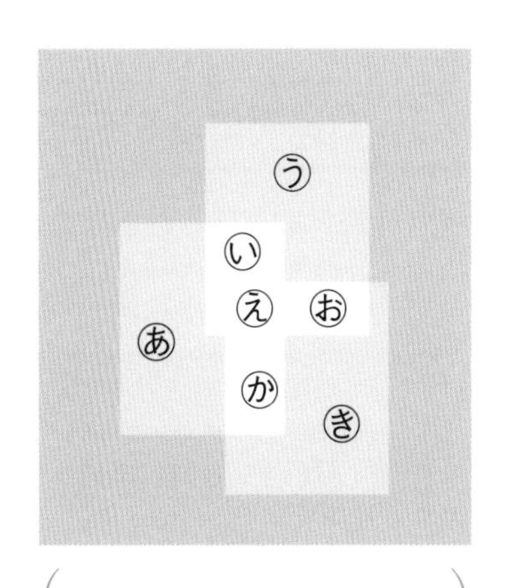

(1) いちばんあたたかいところはどこですか。㋐～㋖からえらびましょう。（　　　）

(2) 日光が当たったところのあたたかさは、何という道具で調べることができますか。（　　　）

(3) ㋑と明るさが同じところはどこですか。㋐、㋒～㋖からすべてえらびましょう。

（　　　　　　）

(4) ㋐と㋔の明るさをくらべると、どちらが明るいですか。（　　　）

勉強した日　月　日

もくひょう
虫めがねで日光を集めたところのようすをたしかめよう。

おわったらシールをはろう

2　集めた日光

きほんのワーク

教科書 103～107ページ　答え 10ページ

図を見て、あとの問いに答えましょう。

1 虫めがねを使った日光の集め方

虫めがねを使うと、日光を①（ 集め　さえぎ ）ることができる。
色のこい紙
虫めがねを紙に近づけたり遠ざけたりすると、②［　　］を集めた部分の大きさをかえることができる。

(1) ①の（　）のうち、正しいほうを〇でかこみましょう。

(2) ②の［　］にあてはまる言葉をかきましょう。

2 日光を集めたときの明るさとあたたかさ

日光を小さく集めていると、色のこい紙が②［　　］。

日光を集めた部分を①（ 大きく　小さく ）するほど、明るくなり、あつくなる。

(1) ①の（　）のうち、正しいほうを〇でかこみましょう。

(2) ②の［　］にあてはまる言葉をかきましょう。

まとめ　〔 小さく　集める　日光　虫めがね 〕からえらんで（　）にかきましょう。

- 虫めがねを使うと、①（　　　　）を②（　　　　）ことができる。
- ③（　　　　）で日光を集めた部分を④（　　　　）するほど、明るく、あつくなる。

大きな虫めがねと小さな虫めがねで光を集めると、大きな虫めがねのほうが多く光を集めることができるので、はやく紙をこがすことができます。

勉強した日　月　日

できた数　/7問中

おわったらシールをはろう

1 虫めがねを通った日光を紙に当てて、明るさなどを調べました。あとの問いに答えましょう。

(1) 上の図で、虫めがねを通った日光はどうなりましたか。正しいほうに○をつけましょう。

①(　　)広がった。

②(　　)集められた。

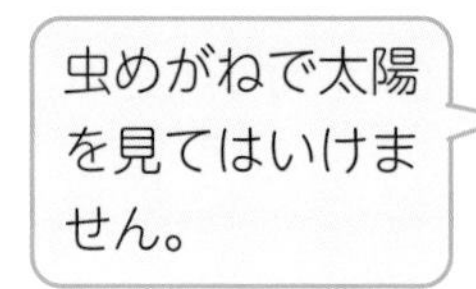

虫めがねで太陽を見てはいけません。

(2) ㋐～㋒のうち、いちばん明るいのはどれですか。図の□に○をつけましょう。

(3) ㋐～㋒のうち、しばらくすると、いちばん早く紙からけむりが出てくるのはどれですか。　(　　)

(4) (3)で、白いけむりが出てきたのはなぜですか。正しいほうに○をつけましょう。

①(　　)日光が広がって、空気中のほこりが見えるようになったから。

②(　　)日光が集められて、紙があつくなってこげはじめたから。

2 右の図のように、虫めがねを通った日光を紙に当てて、その紙を上下に動かしました。次の問いに答えましょう。

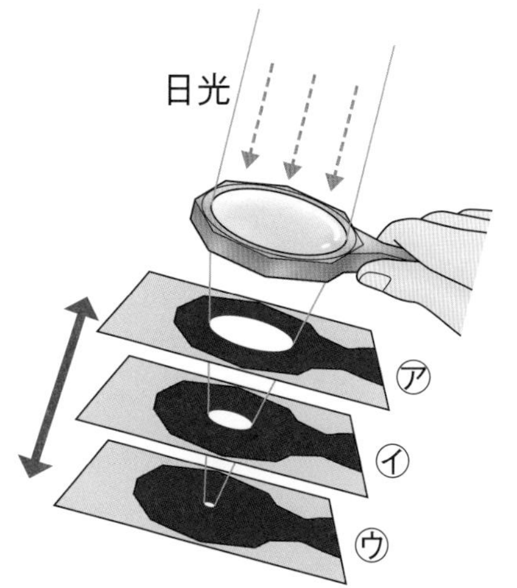

(1) 紙を上下に動かしたとき、明るい部分の大きさはどうなりますか。次の文のうち、正しいほうに○をつけましょう。

①(　　)大きくなったり、小さくなったりする。

②(　　)大きさはかわらない。

(2) ㋐～㋒のうち、明るい部分がいちばん明るいのはどれですか。また、いちばんあついのはどれですか。

いちばん明るい(　　)

いちばんあつい(　　)

勉強した日　　月　　日

まとめのテスト

7　太陽の光

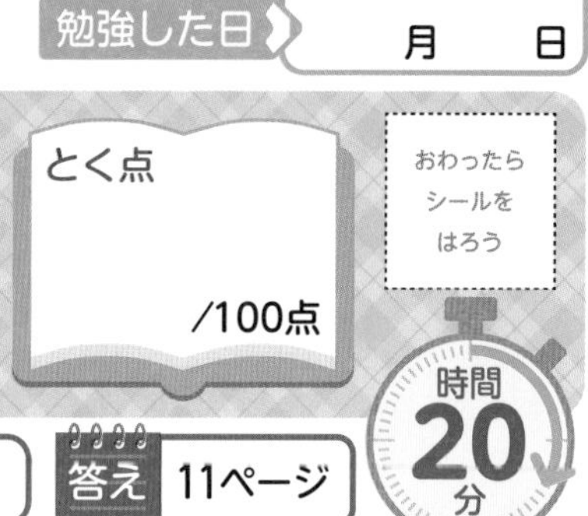

教科書　96～107ページ　答え　11ページ

1 **光の進み方**　**右の図のように、かがみではね返した日光をかべに当てました。次の問いに答えましょう。**　1つ5〔20点〕

(1)　かがみを右のほうに向けると、かべに当てた光は、㋐～㋓のどちらのほうに動きますか。　（　　　）

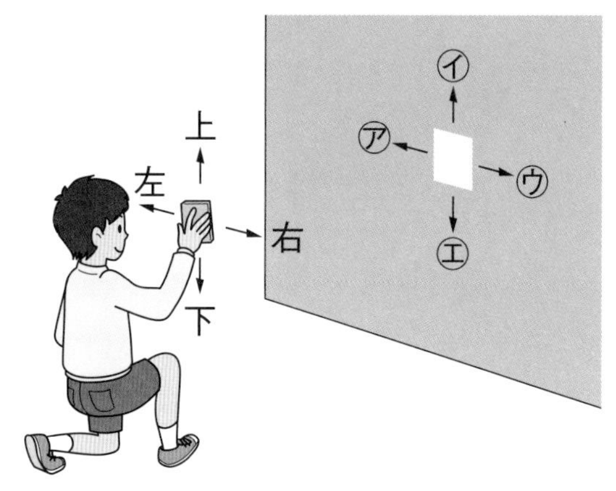

(2)　かべに当てた光を㋓のほうへ動かすには、かがみを上、下、左、右のどちらに向ければよいですか。　（　　　）

(3)　かがみではね返した光とかべの間に、右の図のように、黒い紙を入れて動かしました。黒い紙のようすはどうなりますか。次の文のうち、正しいものに○をつけましょう。

①（　　　）まるい形の明るいところができる。

②（　　　）黒い紙は明るくならない。

③（　　　）かがみと同じ形の明るいところができる。

記述　(4)　(3)のようになるのは、かがみではね返した光がどのように進むからですか。

（　　　　　　　　　　　　　　　　　　　　）

よく出る　**2** **集めた日光**　**虫めがねで集めた日光について、次の問いに答えましょう。**　1つ7〔14点〕

(1)　日光が集まったところがいちばん明るくなるのは、次の㋐～㋒のどのときですか。図の□に○をつけましょう。

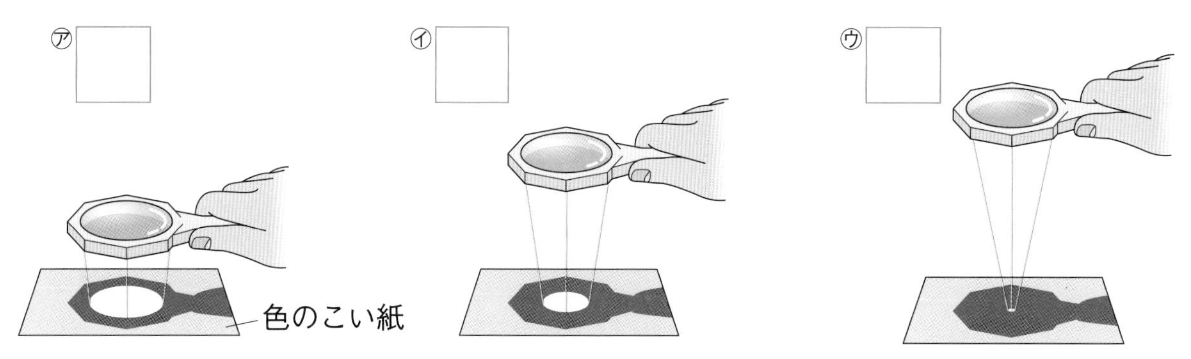

記述　(2)　しばらく(1)で答えたようにしておくと、色のこい紙はどうなりますか。

（　　　　　　　　　　　　　　　　　　　　）

よく出る **3** **はね返した日光** 3まいの同じかがみを使って、はね返した日光を重ねました。あとの問いに答えましょう。 1つ4〔36点〕

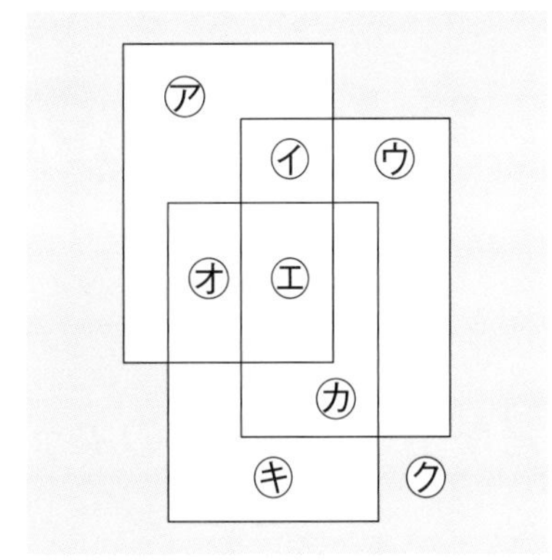

(1) いちばん明るいところを、㋐～㋗からえらびましょう。 (　　)

(2) いちばん暗いところを、㋐～㋗からえらびましょう。 (　　)

(3) ㋒と同じ明るさのところを、㋐、㋑、㋓～㋗からすべてえらびましょう。 (　　　　)

(4) ㋔と同じ明るさのところを、㋐～㋓、㋕～㋗からすべてえらびましょう。 (　　　　)

(5) いちばんあたたかくなるところを、㋐～㋗からえらびましょう。 (　　)

(6) いちばんあたたかくならないところを、㋐～㋗からえらびましょう。 (　　)

(7) ㋐と同じあたたかさのところを、㋑～㋗からすべてえらびましょう。 (　　　　)

(8) ㋑と同じあたたかさのところを、㋐、㋒～㋗からすべてえらびましょう。 (　　　　)

記述 (9) はね返した日光を重ねて集めるほど、明るさやあたたかさはどうなりますか。 (　　　　　　　　)

4 **光のせいしつ** 次の文は、光についてかいたものです。正しいものには○、まちがっているものには×をつけましょう。 1つ5〔30点〕

①(　　)日かげのかべにかがみではね返した日光を当てると、明るくなる。

②(　　)日かげのかべにかがみではね返した日光を当てても、あたたかくならない。

③(　　)１まいのかがみではね返した日光を当てた場所と、3まいのかがみではね返した日光を重ねて当てた場所では、明るさにちがいがない。

④(　　)１まいのかがみではね返した日光を当てた場所より、3まいのかがみではね返した日光を重ねて当てた場所のほうがあたたかくなる。

⑤(　　)虫めがねで集めた日光の明るい部分が小さいほど、明るさは暗くなる。

⑥(　　)虫めがねで集めた日光の明るい部分は、大きくても小さくても、明るさにちがいはない。

勉強した日 月 日

1 音が出るとき

もくひょう

音が出ている物のようすや音の大きさとのかんけいを調べよう。

おわったらシールをはろう

きほんのワーク

教科書 108～112ページ 答え 11ページ

図を見て、あとの問いに答えましょう。

1 音(おと)が出るときの物のようす

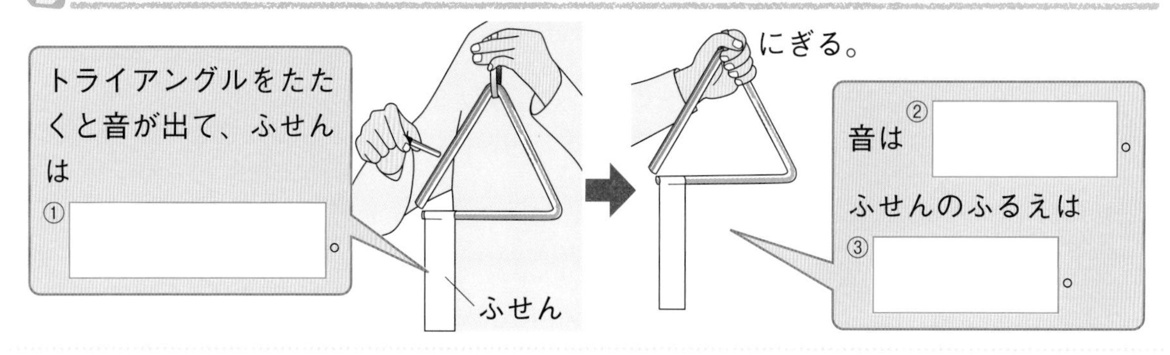

トライアングルをたたくと音が出て、ふせんは
①
。
ふせん
にぎる。
音は②
。
ふせんのふるえは
③
。

(1) 音が出ているとき、ふせんはどうなっていますか。下の〔 〕からえらんで、①の□にかきましょう。 〔 ふるえている ふるえていない 〕

(2) 音が出ているトライアングルを手でにぎると、出ていた音とふせんのふるえはそれぞれどうなりますか。②、③の□にかきましょう。

2 音の大きさと物のふるえ

強くたたくと
①(小さい 大きい)音が出て、弱くたたくと
②(小さい 大きい)音が出る。

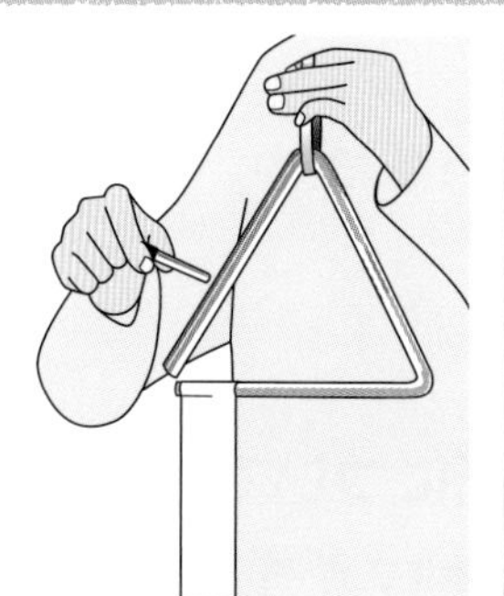

音の大きさ	ふせんのふるえ方
大きい	③
小さい	④

(1) トライアングルのたたき方をかえると、音の大きさはどうなりますか。①、②の( )のうち、正しいほうを◯でかこみましょう。

(2) 音の大きさがちがうとき、ふせんのふるえ方はどうなりますか。〔 〕からえらんで、表の③、④にかきましょう。 〔 小さい 大きい 〕

まとめ

〔 小さく ふるえている 大きく 〕からえらんで( )にかきましょう。

- 音が出るとき、物は①( )。
- 物のふるえ方は、音が大きいと②( )、音が小さいと③( )なる。

音には大きい音、小さい音のほかに高い音やひくい音があります。わゴムギターのわゴムの太さやはじく部分の長さなどをかえると、高い音やひくい音を出すことができます。

1 **右の図のようなふせんをはったトライアングルをたたいて、音が出るときのようすを調べました。次の問いに答えましょう。**

(1) トライアングルにふせんをはったのはなぜですか。正しいものに○をつけましょう。

①(　　　)音が大きくなって聞こえやすくなるから。

②(　　　)たたく場所の目じるしになるから。

③(　　　)トライアングルがふるえているかどうかがたしかめやすくなるから。

ふせん

(2) 次の文は、音を出したときのようすについてかいたものです。正しいものには○、まちがっているものには×をつけましょう。

①(　　　)音が出ているとき、トライアングルはふるえていない。

②(　　　)音が出ているとき、トライアングルはふるえている。

③(　　　)トライアングルのふるえを止めると、音が聞こえなくなる。

④(　　　)トライアングルのふるえを止めると、音は大きくなる。

(3) 右の図は、ふせんのようすを表しています。トライアングルがいちばん大きい音を出しているときのふせんのようすを表しているのは㋐～㋒のどれですか。

(　　　)

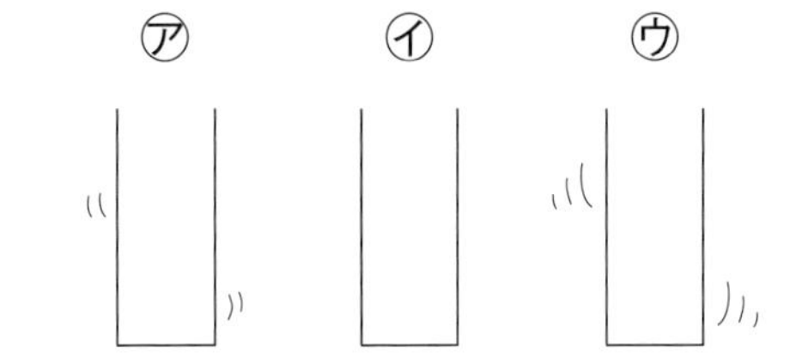

ふるえが小さい。　ふるえていない。　ふるえが大きい。

2 **右の図のようなわゴムギターをつくって音を出しました。次の問いに答えましょう。**

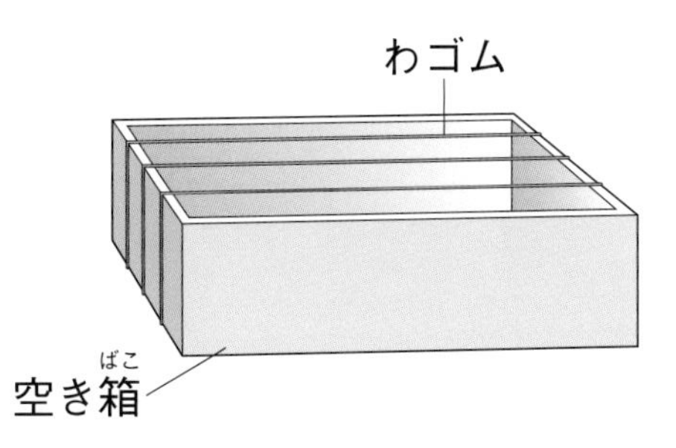

(1) わゴムを強くはじいたときと弱くはじいたときで、大きな音が出るのはどちらですか。

(　　　　　　　　)

(2) 次の文の(　)にあてはまる言葉をかきましょう。

音が大きくなると物のふるえ方は①(　　　　　)なり、音が小さくなると物のふるえ方は②(　　　　　)なる。

記述 (3) わゴムギターが音を出しています。音を止めたいときには、わゴムのふるえをどうしたらよいですか。(　　　　　　　　　　　　)

2　音のつたわり

もくひょう
音がつたわるときの音をつたえる物のようすを調べよう。

おわったらシールをはろう

きほんのワーク

教科書 113～117ページ　答え 12ページ

図を見て、あとの問いに答えましょう。

1 音がつたわるとき①

トライアングルをたたくと、
音は①（ 聞こえる　聞こえない ）。

トライアングルをたたくと、
音は②（ 聞こえる　聞こえない ）。

(1)　上の図で、紙コップを耳に当ててトライアングルをそっとたたくと、音はどうなりますか。①の（　）のうち、正しいほうを〇でかこみましょう。

(2)　糸を指でつまんでトライアングルをそっとたたくと、音はどうなりますか。②の（　）のうち、正しいほうを〇でかこみましょう。

2 音がつたわるとき②

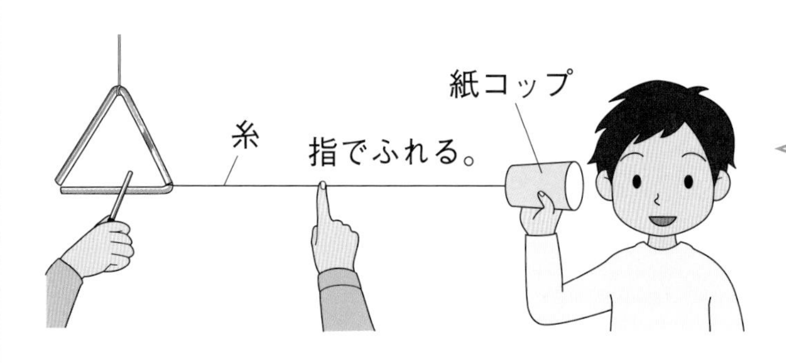

トライアングルをたたくと、
糸は、①［　　　　］。

●　上の図で、紙コップから耳をはなして、トライアングルをたたいたときの糸のようすを調べました。①の［　］にあてはまる言葉をかきましょう。

まとめ　〔 聞こえなくなる　ふるえている 〕からえらんで（　）にかきましょう。

- 音がつたわるとき、音をつたえる物は①（　　　　　）。
- 糸電話の糸を指でつまむと糸のふるえが止まり、音は②（　　　　　）。

わくわくたんてい団
糸電話を使わなくても、まわりの人の声が聞こえるのは、空気が音をつたえるからです。水も音をつたえるので、水中にもぐっていても水の外の音を聞くことができます。

練習のワーク

教科書 113〜117ページ　答え 12ページ

できた数
/6問中
おわったら
シールを
はろう

よく出る **1** **右の図のように、鉄ぼうをそっとたたき、少しはなれたところで鉄ぼうに耳を当てました。次の問いに答えましょう。**

たたく。　鉄ぼう　耳を当てる。

(1) 音は聞こえますか、聞こえませんか。

(　　　　　　　　)

(2) (1)のとき、鉄ぼうはどうなっていますか。正しいものに○をつけましょう。

①(　　　)ふるえている。

②(　　　)ふるえていない。

③(　　　)ふるえたり、ふるえが止まったりしている。

2 **次の図のように、トライアングルと紙コップを糸でむすびつけました。あとの問いに答えましょう。**

(1) 紙コップを耳に当て、はなれた場所でトライアングルをそっとたたきました。紙コップから音は聞こえますか、聞こえませんか。

(　　　　　　　　)

(2) (1)のとき、糸はどのようになっていますか。

(　　　　　　　　)

(3) 糸のとちゅうを指でそっとつまむと、音はどうなりますか。正しいものに○をつけましょう。

①(　　　)音は大きくなる。

②(　　　)音は小さくなる。

③(　　　)音は聞こえなくなる。

記述 (4) (3)のようになるのはなぜですか。

(　　　　　　　　)

まとめのテスト

8　音のせいしつ

勉強した日　　月　　日

教科書　108～117ページ　答え　12ページ

よく出る **1　たいこから音が出るようす**　**たいこをたたいて音が出ているときのようすを調べるため、たいこの上にビーズを入れたとう明な入れ物をおきました。次の問いに答えましょう。**　1つ5〔30点〕

(1)　たいこをたたくと、たいこの上においた入れ物の中のビーズの動きはどうなりますか。ア、イからえらびましょう。（　　　）

ア　動かない。

イ　上下に細かくはねる。

ビーズ
とう明な入れ物

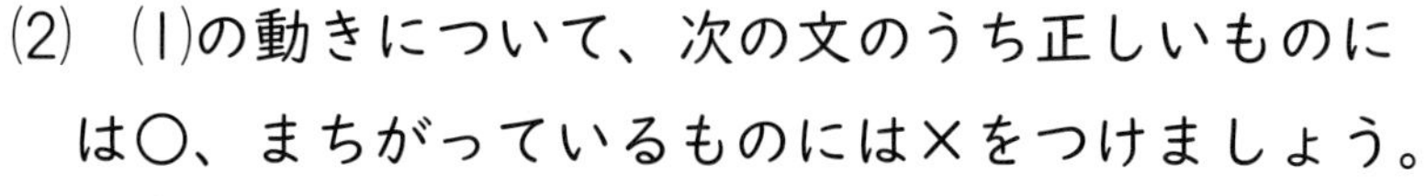

(2)　(1)の動きについて、次の文のうち正しいものには○、まちがっているものには×をつけましょう。

①（　　　）そっとたたいて小さな音を出すと、動きははげしくなる。

②（　　　）強くたたいて大きな音を出すと、動きは小さくなる。

③（　　　）動きがはげしいときほど、大きな音が出ている。

④（　　　）動きが小さいときほど、大きな音が出ている。

(3)　音が出ているたいこに指でふれると、どのように感じますか。

（　　　　　　　　　　　　　　　　）

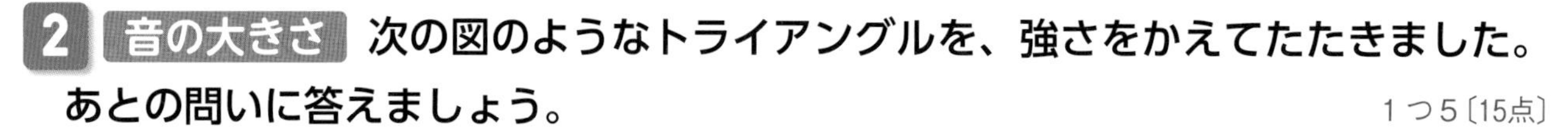

2　音の大きさ　**次の図のようなトライアングルを、強さをかえてたたきました。あとの問いに答えましょう。**　1つ5〔15点〕

音の大きさ	トライアングルにはったふせんのふるえ方
小さい	あ
大きい	い

(1)　上の表は音の大きさとふせんのふるえ方をまとめたものです。あ、いにあてはまるものを、ア～ウからえらびましょう。　あ（　　　）　い（　　　）

ア　ふるえ方にちがいはなかった。

イ　ふるえ方が大きかった。　　ウ　ふるえ方が小さかった。

(2)　次の文の（　）にあてはまる言葉をかきましょう。

トライアングルを強くたたくと、音は（　　　　　）なる。

3 **音のつたわり方** 右の図のように、糸の一方のはしをスプーン、もう一方のはしを紙コップにつなぎました。その紙コップを耳にあてて、スプーンをぼうでたたいたり、たたくのをやめたりしたときの音のつたわり方と糸のふるえ方を調べました。次の問いに答えましょう。 1つ5〔25点〕

記述 (1) このじっけんをするとき、耳をいためないようにするため、どのようなことに注意(ちゅうい)しますか。

（　　　　　　　　　　）

(2) スプーンをぼうでたたくと、紙コップから音が聞こえました。このとき、糸を指でそっとさわると、糸はふるえていますか、ふるえていませんか。

（　　　　　　　　　　）

(3) スプーンをぼうでたたくのをやめると、音は聞こえなくなりました。このとき、糸を指でそっとさわると、糸はふるえていますか、ふるえていませんか。

（　　　　　　　　　　）

(4) 音のつたわり方について、次の文の（　）のうち、あてはまるほうを◯でかこみましょう。

音がつたわるとき、物は①（ ふるえている　ふるえていない ）。物が②（ ふるえる　ふるえない ）ことによって、音はつたわる。

4 **音の出方や大きさ** がっきで音を出しました。次の文のうち、正しいものには○、まちがっているものには×をつけましょう。 1つ5〔30点〕

①（　　）シンバルを強くたたいたら、弱くたたいたときよりも小さい音が出た。

②（　　）シンバルを強くたたいたら、弱くたたいたときよりも大きい音が出た。

③（　　）大だいこをたたいた後、すぐにたたいたところに手を強く当てたら、音が止まった。

④（　　）大だいこをたたいたあと、すぐにたたいたところに手を強く当てたら、急(きゅう)に音が大きくなった。

⑤（　　）トライアングルを弱くたたいたら、強くたたいたときよりもふるえ方が大きかった。

⑥（　　）トライアングルを弱くたたいたら、強くたたいたときよりもふるえ方が小さかった。

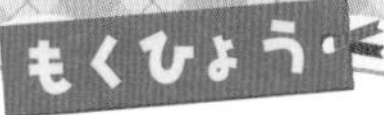

月　日

1　物の形と重さ

もくひょう
形やおき方がかわっても物の重さはかわらないことを学ぼう。

おわったらシールをはろう

きほんのワーク

教科書 118～122、170ページ　答え 12ページ

図を見て、あとの問いに答えましょう。

1 電子(でんし)てんびんの使い方

①［　　］

はかる物をのせる紙

②［　　］なところにおく。

はかる物をのせる紙や入れ物などをのせてから、③［　　］にするボタンをおす。

(1)　①の［　］に、上の図の道具の名前をかきましょう。

(2)　この道具はどのような場所におきますか。②の［　］にかきましょう。

(3)　③の［　］に数をかきましょう。

2 形をかえたねん土(ど)の重(おも)さ

四角い形 600g

まるめる。①［　　］g

細かく分ける。②［　　］g

同じねん土の場合(ばあい)、形をかえたとき、重さは③［　　］。

(1)　四角いねん土の重さをはかると600gでした。同じねん土をまるくしたとき、細かく分けたとき、それぞれの重さは何gですか。①、②の［　］にかきましょう。

(2)　同じねん土を使ったとき、ねん土の形をかえると、重さはかわりますか、かわりませんか。③の［　］にかきましょう。

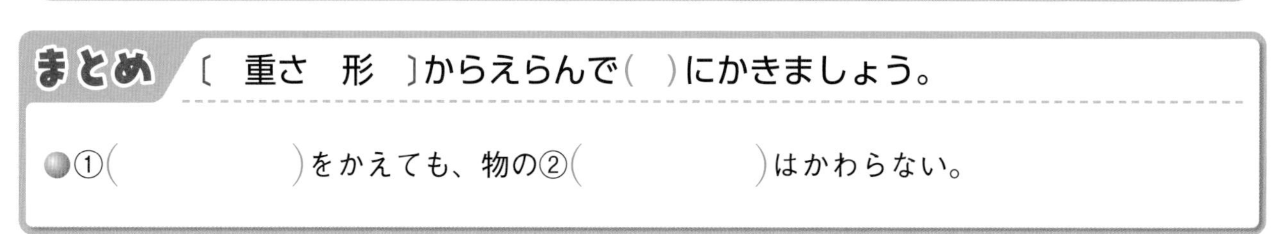

まとめ　〔　重さ　形　〕からえらんで（　）にかきましょう。

●①（　　　　）をかえても、物の②（　　　　）はかわらない。

ふだん、感じることはできませんが、空気にも重さがあります。空気の重さは、気温や空気のしめり具合(ぐあい)などによってかわりますが、1リットルでおよそ1gぐらいです。

1 **右の図の道具について、次の問いに答えましょう。**

(1) この道具を何といいますか。

(　　　　　　　　)

(2) この道具は、何を調べるためのものですか。

(　　　　　　　　)

(3) この道具は、どのようなところにおいて使いますか。

(　　　　　　　　)

(4) 次の文のうち、この道具の使い方をせつめいしたものとして正しいものに○をつけましょう。

①(　　)はかる物をのせる紙や入れ物などをのせる前に、「0」に合わせるボタンをおす。

②(　　)はかる物をのせる紙や入れ物などをのせた後に、「0」に合わせるボタンをおす。

(5) 次の□にあてはまる数をかきましょう。

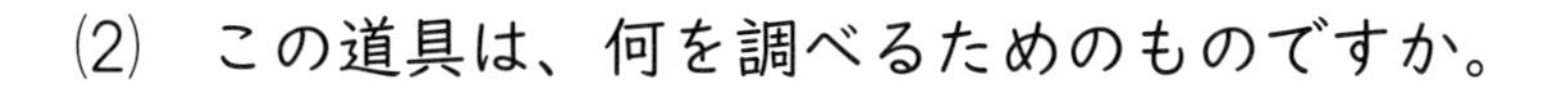

1kg＝□g

2 **右の図のように、450gのねん土㋐を使ってじっけんをしました。次の問いに答えましょう。**

(1) ㋐のねん土の形を、㋑～㋔のようにかえました。㋑～㋔のねん土の重さは㋐とくらべてどうなりますか。軽(かる)い、重い、同じのうちからそれぞれかきましょう。

㋑(　　　　)
㋒(　　　　)
㋓(　　　　)
㋔(　　　　)

㋐

㋑ まるめる。

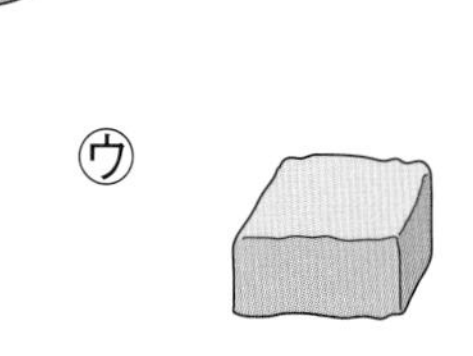

㋒ 四角くする。

㋓ 平(たい)らにする。

㋔ 4つに分ける。

(2) 同じ物の形をかえたり、いくつかに分けたりしたとき、重さはかわりますか、かわりませんか。

(　　　　　　　　)

月　日

2　物による重さのちがい

もくひょう
体積が同じ物でも重さがちがうことがあることをたしかめよう。

おわったらシールをはろう

きほんのワーク

教科書 123～129ページ　答え 13ページ

図を見て、あとの問いに答えましょう。

1 同じ体積(たいせき)にする方ほう

①（ 山もり　すり切り ）に入れる。

つぶの間の②□をなくす。

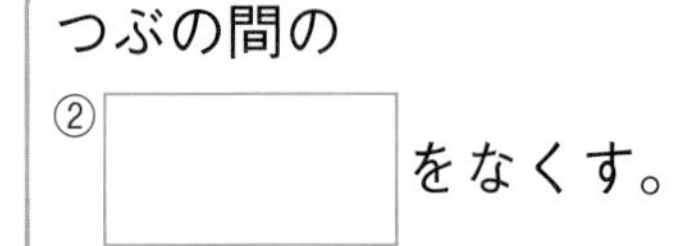

山になった部分をわりばしなどですり切る。

● べつの物を同じ体積にする方ほうについて、①の（　）のうち、正しいほうを◯でかこみ、②の□にあてはまる言葉をかきましょう。

2 同じ体積のしおとさとうの重さ

同じ入れ物に入れたしおとさとうでは、①□のほうが、重く感じるよ。

調べる物	重さ
しお	129g
さとう	63g

けっか
同じ体積のしおとさとうの重さは、②（ 同じ　ちがう ）。

(1) 同じ体積のしおとさとうを、手で持(も)って重さをくらべました。①の□にしおかさとうかをかきましょう。

(2) 同じ体積のしおとさとうの重さをくらべたけっかについて、②の（　）のうち、正しいほうを◯でかこみましょう。

まとめ　〔 ちがう　しお　しゅるい 〕からえらんで（　）にかきましょう。

●同じ体積でも、物の①（　　　）がちがうと、重さは②（　　　）。

●同じ体積のさとうとしおをくらべると、③（　　　）のほうが重い。

物にはすべて重さがあります。重さとは地球がその物を引っぱる力（重力(じゅうりょく)）の大きさなのです。したがって、うちゅうでは重力がはたらかないので、物の重さは0(ゼロ)です。

1 次の文は、しおとさとうの体積を同じにする方ほうをかいたものです。正しいものには○、まちがっているものには×をつけましょう。

①(　　　)しおとさとうを、山もりになるまで、ちがう大きさの入れ物に入れる。

②(　　　)しおとさとうを、山もりになるまで、同じ大きさの入れ物に入れる。

③(　　　)さとうを入れ物に山もりに入れて、上から手でおして平らにする。

④(　　　)山もりにさとうを入れた入れ物を、トントンと軽くたたく。

⑤(　　　)つぶの間のすき間をなくしてから、もういちど山もりにし、山になった部分を人さし指の先を使って、すり切る。

⑥(　　　)つぶの間のすき間をなくしてから、もういちど山もりにし、山になった部分をわりばしですり切る。

2 同じ大きさの２つの入れ物に、それぞれしおとさとうが入っています。しおとさとうを手で持って重さをくらべると、右の図のように感じました。次の問いに答えましょう。

しおのほうがさとうより重く感じます。
さとう
しお

記述

(1) 重さをくらべるときには、どんなことに気をつけたらよいですか。「体積」という言葉を使ってかきましょう。

(　　　　　　　　　　　　　　　　　　　　　　　　　　　　)

(2) 物の重さについて、正しいほうに○をつけましょう。

①(　　　)体積が同じでも、物のしゅるいがちがうと重さはちがう。

②(　　　)体積が同じなら、物のしゅるいがちがっても重さはどれも同じ。

3 同じ体積の木、鉄、アルミニウム、プラスチックの重さをくらべました。重いじゅんに、□に１～４の番号をかきましょう。

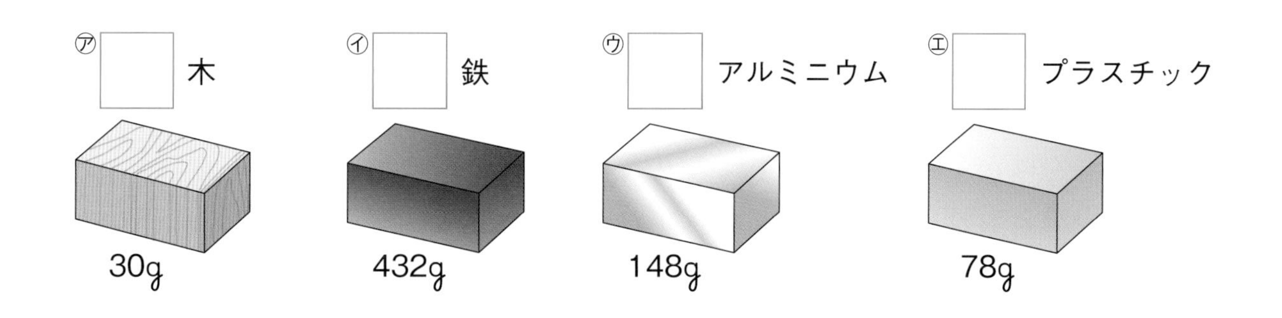

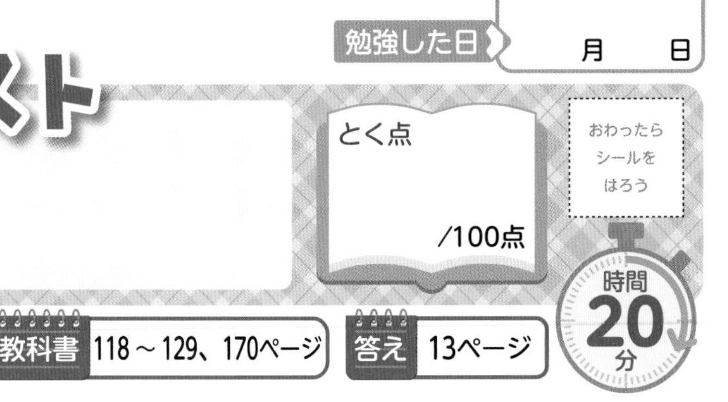

まとめのテスト

9 物の重さ

教科書 118～129、170ページ 答え 13ページ

よく出る **1** 物の重さと形 100gのねん土の形をかえたり、いくつかに分けたりして重さをはかりました。あとの問いに答えましょう。

1つ5〔30点〕

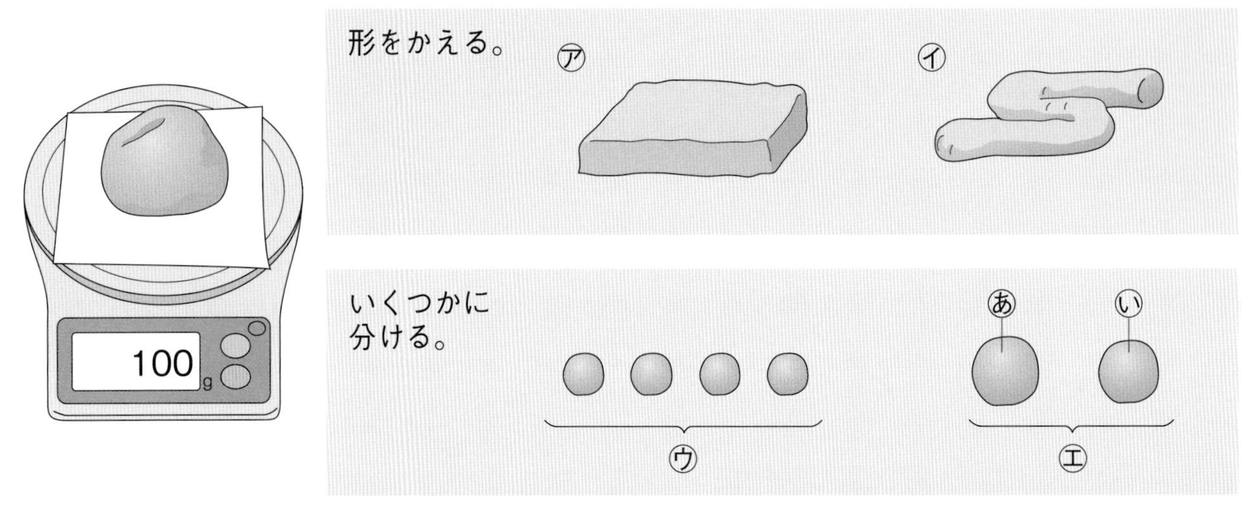

(1) 上の図のまるいねん土の形を㋐や㋑のようにかえて重さをはかりました。それぞれ何gになりますか。 ㋐(　　　) ㋑(　　　)

(2) まるいねん土を㋒のように4つに分けました。4つをいっしょにはかりにのせて重さをはかると何gになりますか。 (　　　)

(3) 物の形をかえたとき、物の重さはかわりますか。 (　　　)

(4) 物をいくつかに分けて、全部(ぜんぶ)集(あつ)めて重さをはかったとき、物の重さはかわりますか。 (　　　)

(5) まるいねん土を㋓のように2つに分けて、ⓐだけの重さをはかったら55gでした。ⓘだけの重さをはかると何gになりますか。 (　　　)

チャレンジ! **2** 物の重さのはかり方 次の文は、台ばかりの使い方についてかいたものです。正しいものには○、まちがっているものには×をつけましょう。

1つ4〔20点〕

①(　　　)水平(すいへい)なところにおいて使う。
②(　　　)重さをはかる物をのせてから、はりを「0」に合わせる。
③(　　　)重さをはかる物をのせる紙などをのせてから、はりを「0」に合わせる。
④(　　　)はかる物は、しずかにのせる。
⑤(　　　)目もりは、ななめ上から読む。

3 物の体積と重さ 同じ体積の鉄、アルミニウム、木、プラスチックの重さをくらべたところ、下の表のようになりました。あとの問いに答えましょう。

1つ6〔30点〕

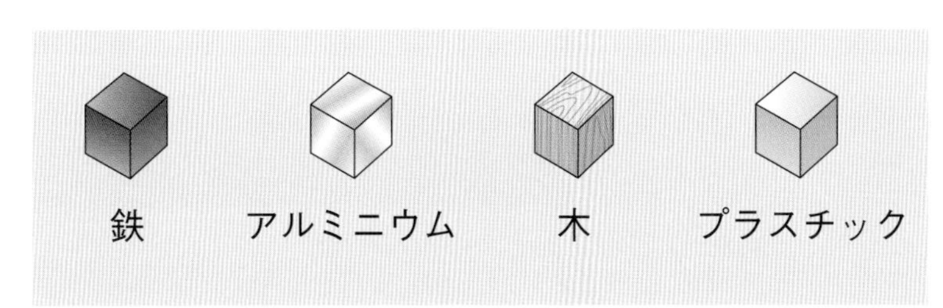

鉄	アルミニウム	木	プラスチック
150g	51g	10g	26g

(1) 重さを表すたんいには、g、kgなどがあります。これらのたんいの読み方をそれぞれカタカナでかきましょう。

g(　　　　　　)

kg(　　　　　　)

(2) 同じ体積ではかったとき、いちばん重いのは、4つのうちどれですか。名前をかきましょう。(　　　　　　)

(3) 同じ体積ではかったとき、いちばん軽いのは、4つのうちどれですか。名前をかきましょう。(　　　　　　)

(4) 物の体積と重さについてかいた次の文のうち、正しいほうに○をつけましょう。

①(　　)物の体積が同じなら、物のしゅるいがちがっても、重さは同じ。

②(　　)物の体積が同じでも、物のしゅるいがちがうと、重さはちがう。

4 物の重さくらべ 物の重さについてかいた次の文のうち、正しいものには○、まちがっているものには×をつけましょう。

1つ5〔20点〕

①(　　)１まいの紙を細かく切り分けると、まい数がふえるので、切り分ける前より、重くなる。

②(　　)同じ体積のしおとさとうは、見た目のようすが同じなので、重さも同じである。

③(　　)同じ体積であっても、物のしゅるいがちがうと、重さはちがう。

④(　　)体重計にしゃがんでのったときと、かたあしを上げてのったときでは、体重はかわらない。

月　日

1　明かりがつくつなぎ方①

もくひょう
電気の通り道がわのようにつながって明かりがつくことを学ぼう。

おわったらシールをはろう

きほんのワーク

教科書 130～134ページ　答え 13ページ

図を見て、あとの問いに答えましょう。

1　明かりをつけるときの道具

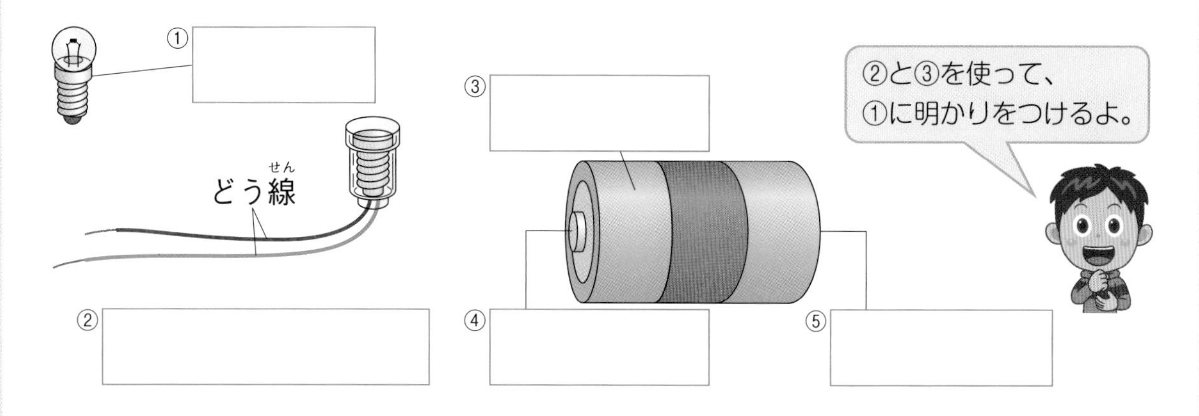

(1)　上の図の道具の名前を、①～③の□にかきましょう。

(2)　④、⑤の□に＋極、－極のどちらかをかきましょう。

2　豆電球に明かりがつくときのつなぎ方

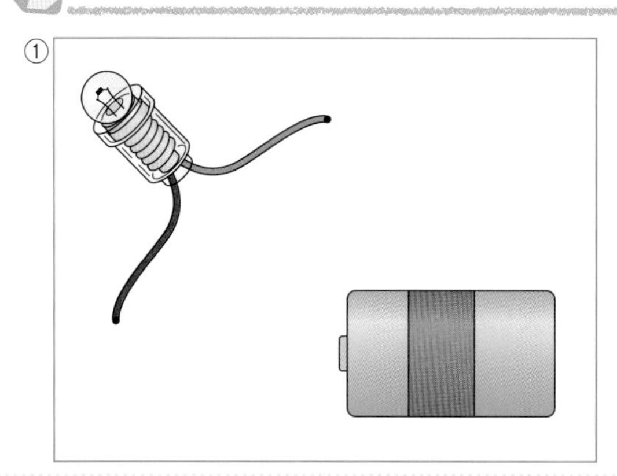

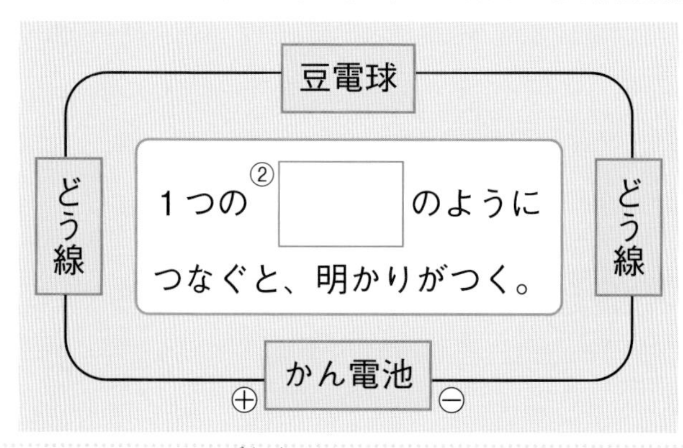

(1)　明かりがつくように、①の□の豆電球とかん電池を線でつなぎましょう。

(2)　豆電球に明かりがつくとき、どう線はどのようにつながっていますか。②の□にかきましょう。

まとめ　〔　わ　－　豆電球　電気　〕からえらんで(　)にかきましょう。

●かん電池の＋極、①(　　　)、かん電池の②(　　　)極が、どう線で1つの③(　　　)のようにつながっていると、④(　　　)が通って、明かりがつく。

どう線には、エナメルというこげ茶色のとりょうをぬったエナメル線があります。紙やすりでエナメルをとって、ぴかぴかのどう線を出してから使います。

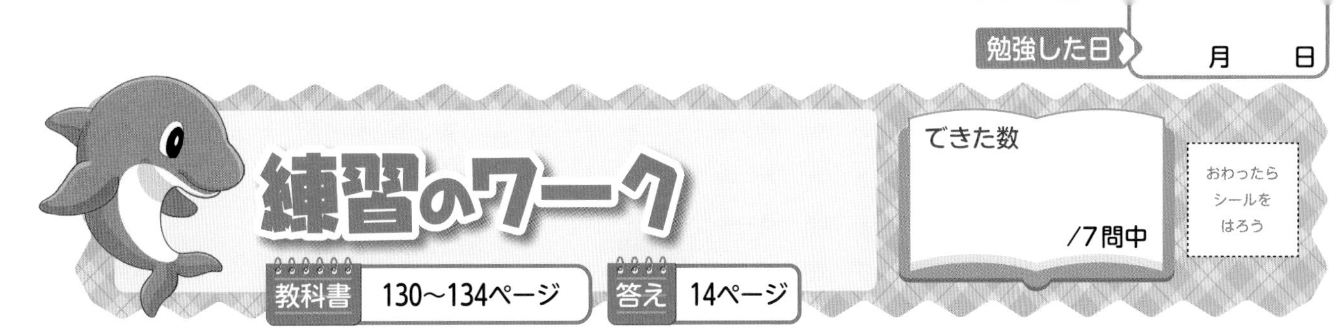

1 右の図は、明かりをつけるための道具です。次の問いに答えましょう。

(1) ㋐〜㋒にあてはまる名前を、下の〔 〕からえらんで、図の□にかきましょう。

〔 どう線つきソケット かん電池 豆電球 〕

(2) 明かりがつくようにするためには、㋐を㋑にねじこんだあと、あ〜えのどことどこにどう線をつなげばよいですか。

（ と ）

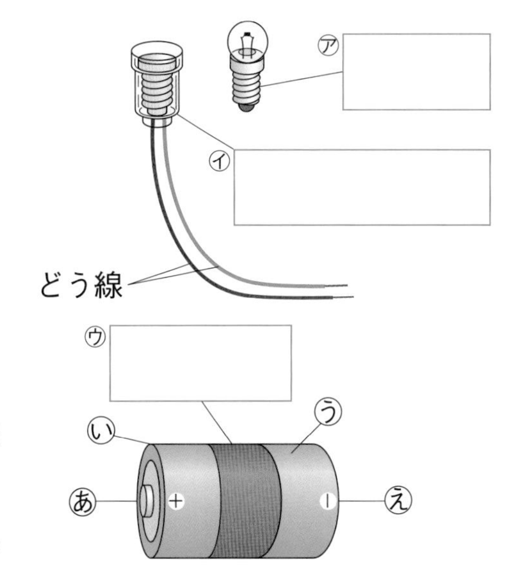

2 次の図のように、かん電池、どう線つきソケット、豆電球を使って、明かりをつけます。あとの問いに答えましょう。

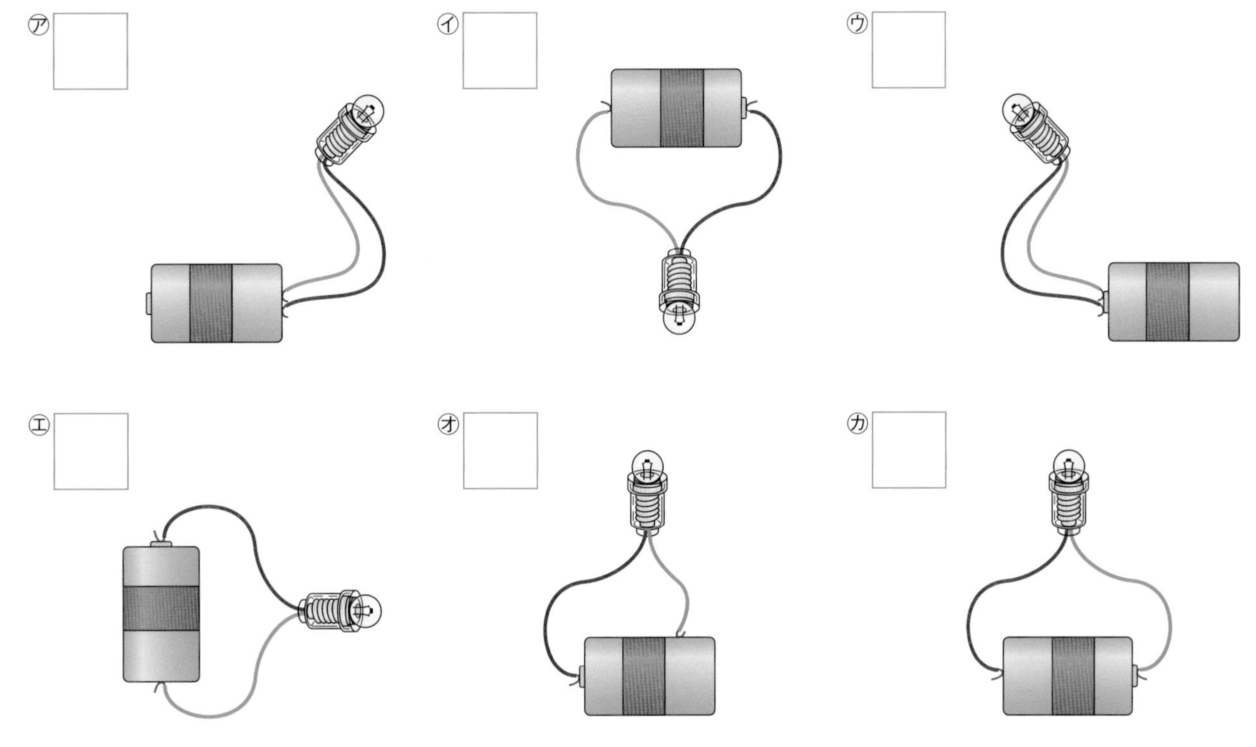

(1) 豆電球に明かりがつくつなぎ方をすべてえらび、□に○をつけましょう。

(2) 上の図について、次の文の①、②の（ ）にあてはまる言葉をかきましょう。

かん電池の＋極、豆電球、かん電池の①（ ）がどう線で②（ ）のようにつながっていれば明かりはつく。

勉強した日　月　日

1　明かりがつくつなぎ方②

もくひょう

回路が切れていると、明かりはつかないことをたしかめよう。

おわったらシールをはろう

きほんのワーク

教科書 134～135ページ　答え 14ページ

図を見て、あとの問いに答えましょう。

1 電気の通り道

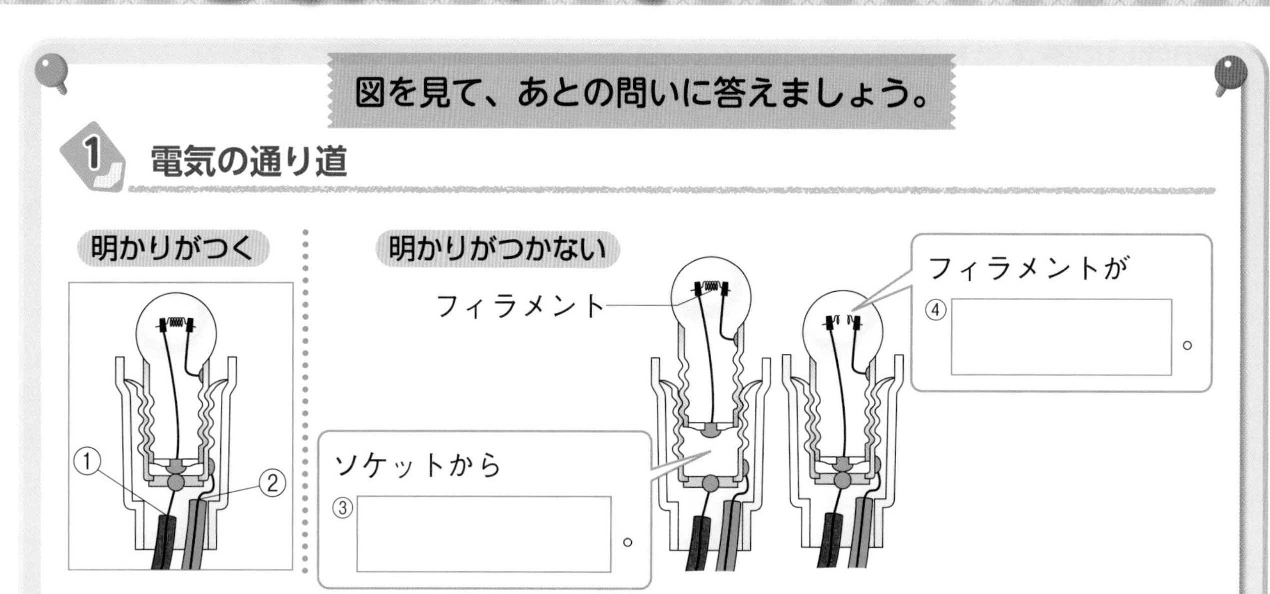

(1) 明かりがつくの図で、①から②までの電気の通り道を、色えん筆でなぞりましょう。

(2) 明かりがつかないの図で、その理由を③、④の□にかきましょう。

2 明かりをつける

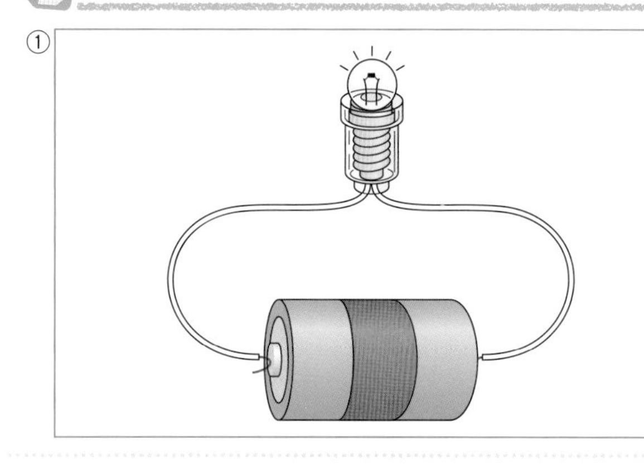

電気の通り道のことを、②□という。

②が1か所でも切れていると、豆電球に明かりはつかないよ。

(1) ①の図で、電気の通り道を色えん筆でなぞりましょう。

(2) ②の□にあてはまる言葉をかきましょう。

まとめ〔 回路(かいろ)　つかない 〕からえらんで（　）にかきましょう。

- 電気の通り道のことを、①(　　　　)という。
- 回路はとちゅうで1か所(しょ)でも切れていると、明かりは②(　　　　)。

豆電球では、ねつに強い金ぞくでできた細いフィラメントに電気が流(なが)れると、フィラメントが高い温度になり、明るく光ります。

練習のワーク

教科書 134〜135ページ　答え 14ページ

1 右の図のように、豆電球と新しいかん電池をどう線でつなぎました。次の問いに答えましょう。

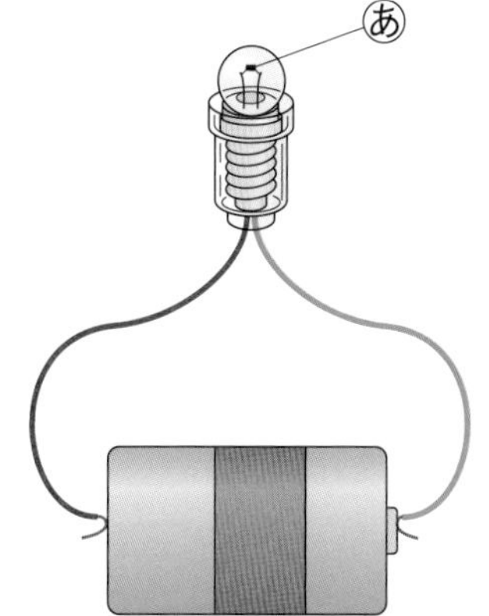

(1) 電気の通り道のことを、何といいますか。

（　　　　　）

(2) 右の図で、豆電球に明かりがつかなかったとき、何を調べればよいですか。次のうち、正しいものに3つ○をつけましょう。

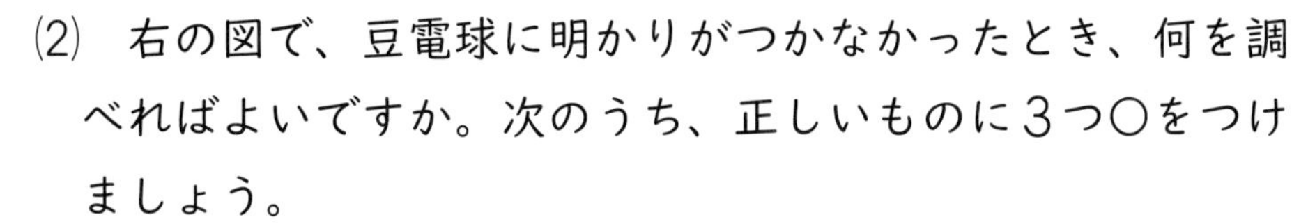

①（　　　）どう線のつなぎ方
②（　　　）かん電池の向き
③（　　　）豆電球の中のあ
④（　　　）豆電球とソケットの間のゆるみ
⑤（　　　）どう線の色

2 右の図は、豆電球やソケットの中のようすを表したものです。次の問いに答えましょう。

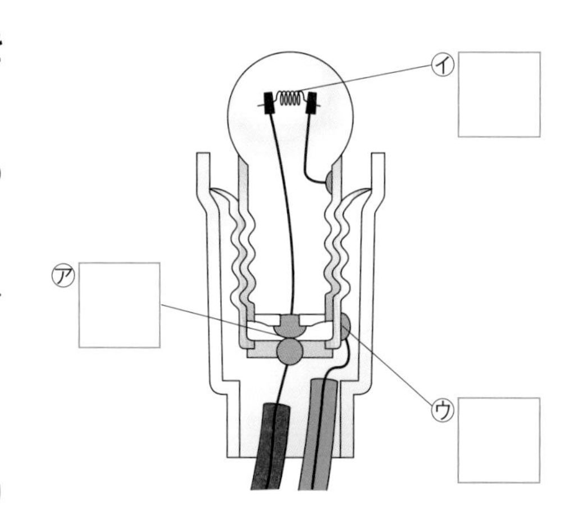

(1) 豆電球をゆるめたとき、明かりがつかないのは、右の図のア〜ウのうち、どこの電気の通り道が切れているからですか。図の□に○をつけましょう。

(2) 図のイの部分を何といいますか。

（　　　　　）

3 次の図のア〜ウのうち、豆電球に明かりがつくものはどれですか。□に○をつけましょう。ただし、どう線は正しくかん電池につながっているものとします。

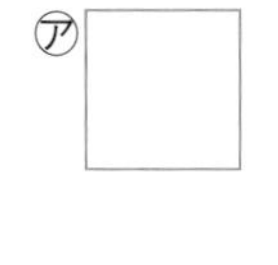

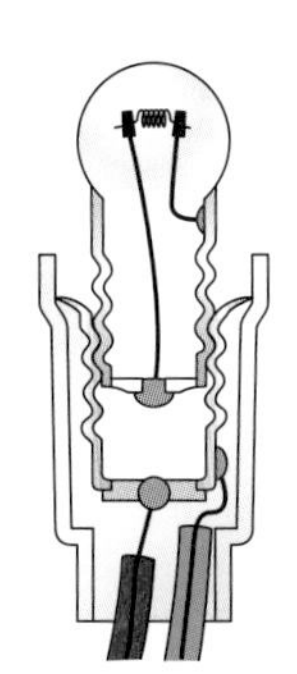

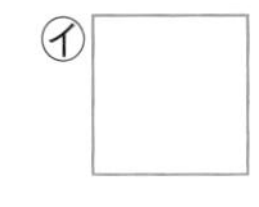

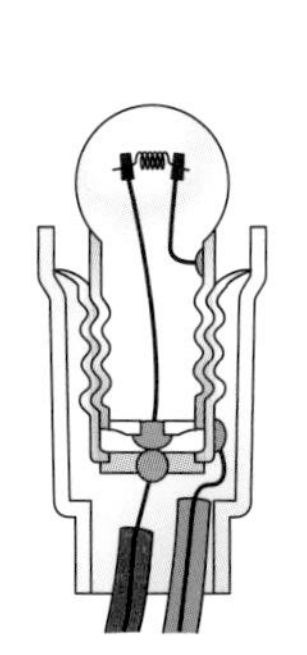

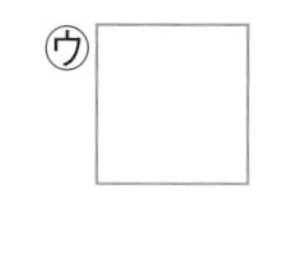

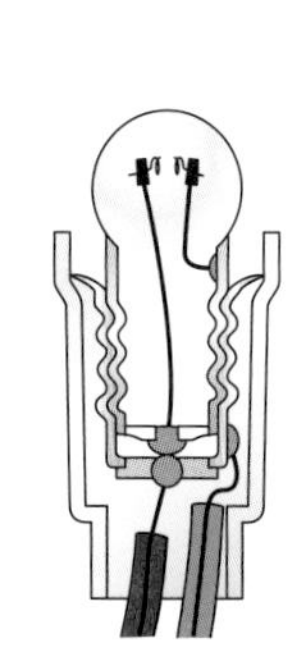

まとめのテスト①

10　電気の通り道

教科書 130～135ページ　答え 14ページ

よく出る **1** **明かりがつくつなぎ方** 豆電球とかん電池をどう線でつなぎました。明かりがつくものには○、つかないものには×をつけましょう。　1つ4〔32点〕

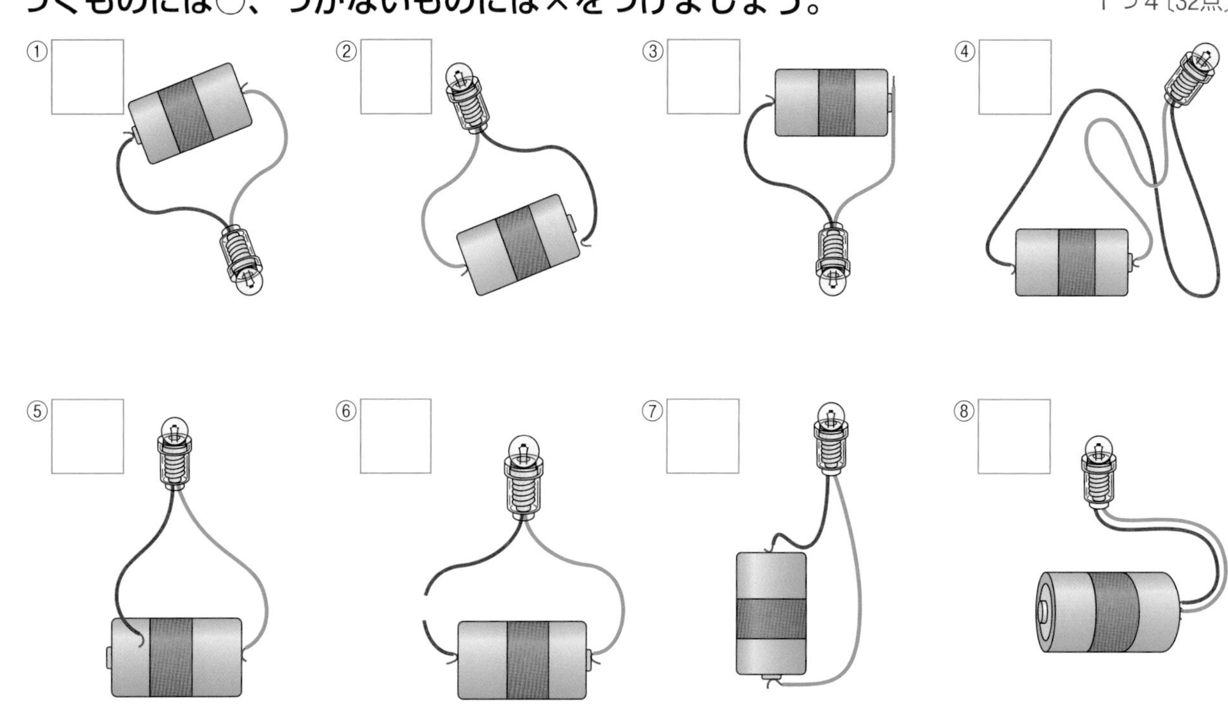

2 **豆電球のつなぎ方** 豆電球とかん電池をつないでも明かりがつかないとき、どこを調べればよいですか。次のうち、正しいものに3つ○をつけましょう。1つ4〔12点〕

①(　　　)豆電球がソケットにゆるんでついていないか。
②(　　　)豆電球の中のフィラメントが切れていないか。
③(　　　)平らなつくえの上でじっけんしているか。
④(　　　)どう線の長さが2本とも同じか。
⑤(　　　)どう線がかん電池の＋極と－極に正しくつながっているか。

3 **明かりがつかないとき** 右の図のように、豆電球と新しいかん電池をつなぎましたが、明かりがつきませんでした。次の問いに答えましょう。　1つ5〔10点〕

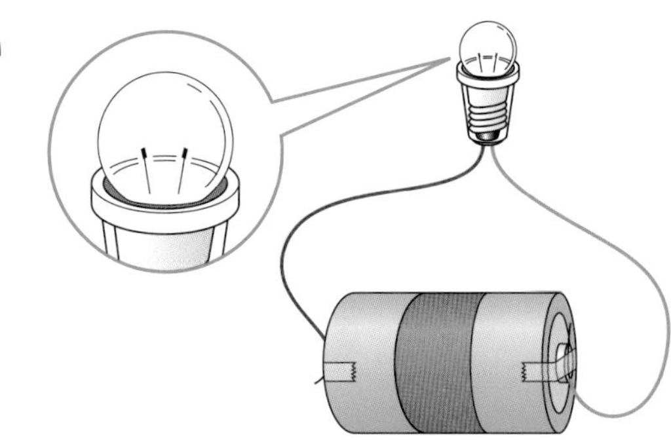

記述 (1)　明かりがつかないのはなぜですか。
(　　　　　　　　　　　　　　　　　　　　)

記述 (2)　どうすれば明かりがつきますか。
(　　　　　　　　　　　　　　　　　　　　)

チャレンジ! 4 明かりがつくとき 次の図の㋐はソケットにねじこんだ豆電球のようすで、㋑はソケットを使わずにかん電池と豆電球をつないだときのようすです。あとの問いに答えましょう。

1つ5〔30点〕

㋐
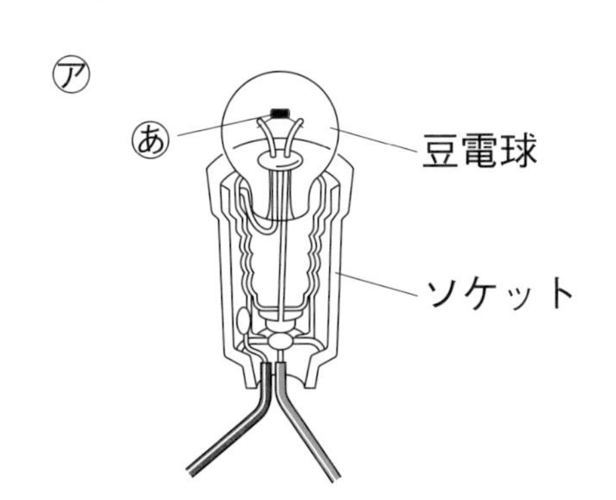

㋑
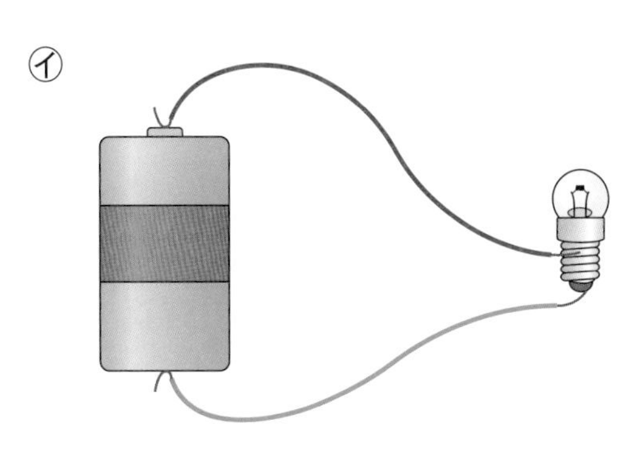

(1) ㋐の豆電球の中にあるあの細い線を何といいますか。 (　　　　　)

(2) 豆電球の中にも、電気の通り道はありますか。 (　　　　　)

(3) 豆電球とかん電池を、ソケットを使わずに、図の㋑のようにつなぎました。このとき、明かりはつきますか、つきませんか。 (　　　　　)

(4) ㋑のようにつないで明かりがつかないとき、その理由として考えられるのは、次の①～④のどれですか。正しいものに2つ○をつけましょう。

①(　　　)どう線が長すぎる。
②(　　　)フィラメントが切れている。
③(　　　)ソケットを使っていない。
④(　　　)かん電池が古く、使えなくなっている。

(5) 次の①～③のうち、じっけんの方ほうとして正しくないことに○をつけましょう。

①(　　　)豆電球をわらないように気をつける。
②(　　　)かん電池が転(ころ)がらないように、ぬのの上におく。
③(　　　)使うときいがいも、どう線でずっとかん電池と豆電球をつないでおく。

5 明かりをつけよう 次の文は、豆電球に明かりがつくときのことをかいたものです。正しいものには○、まちがっているものには×をつけましょう。

1つ4〔16点〕

①(　　　)かん電池の＋極だけにどう線をつなぐと、明かりがつく。
②(　　　)ソケットを使って、電気の通り道が１つのわになるようにつなぐと明かりがつく。
③(　　　)かん電池を豆電球より高いところへ持っていったときだけ、明かりがつく。
④(　　　)豆電球とかん電池の間のどう線を長くしても、１つのわのようにつないであれば、明かりがつく。

勉強した日 月 日

もくひょう
電気を通す物と通さない物があることをかくにんしよう。

おわったらシールをはろう

2 電気を通す物と通さない物

教科書 136～141ページ　答え 15ページ

図を見て、あとの問いに答えましょう。

1 電気を通す物と通さない物

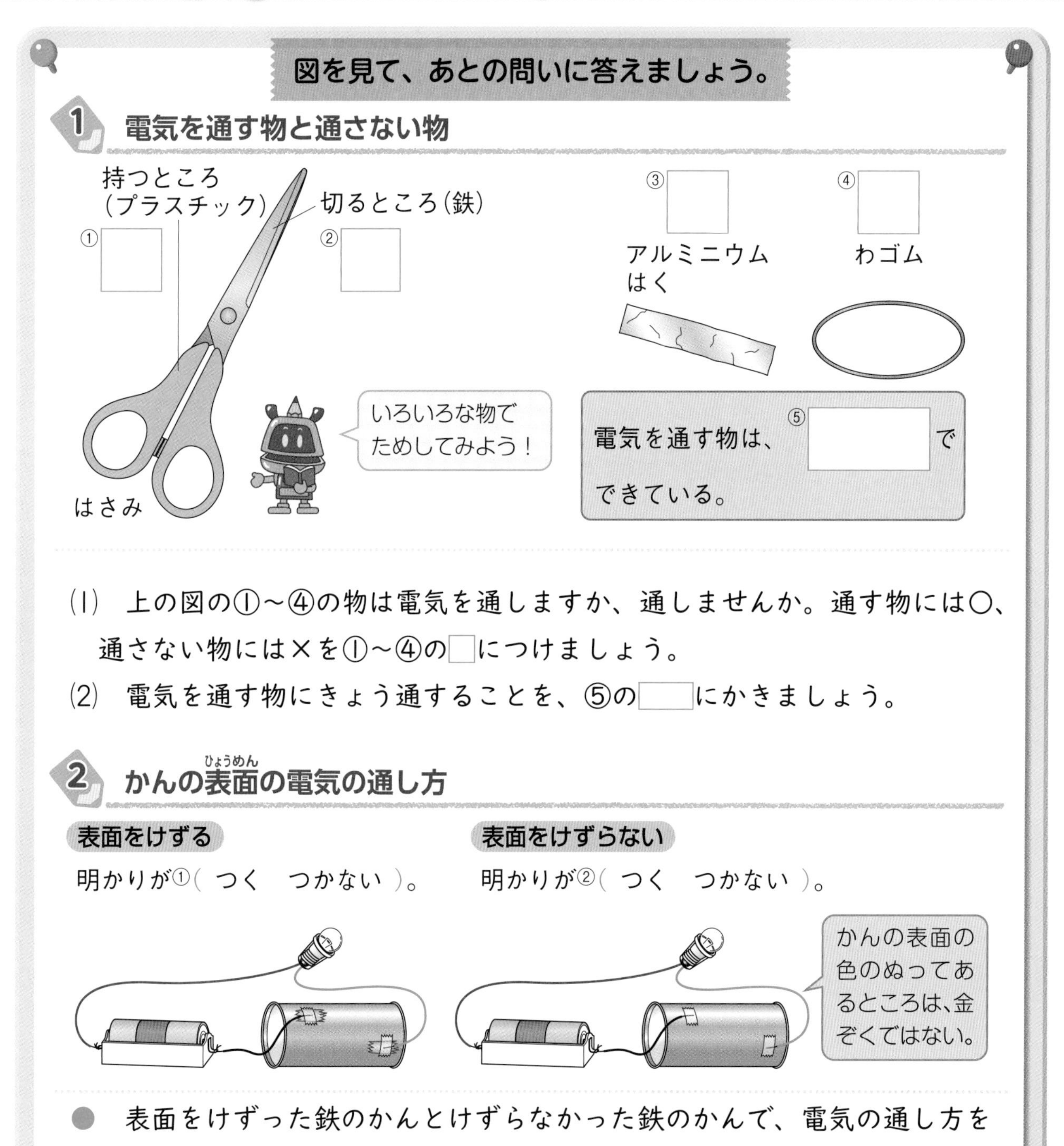

(1) 上の図の①～④の物は電気を通しますか、通しませんか。通す物には○、通さない物には×を①～④の□につけましょう。

(2) 電気を通す物にきょう通することを、⑤の□にかきましょう。

2 かんの表面（ひょうめん）の電気の通し方

表面をけずる
明かりが①（ つく　つかない ）。

表面をけずらない
明かりが②（ つく　つかない ）。

かんの表面の色のぬってあるところは、金ぞくではない。

● 表面をけずった鉄のかんとけずらなかった鉄のかんで、電気の通し方を調べました。①、②の（ ）のうち、正しいほうを◯でかこみましょう。

まとめ 〔 通さない　通す　金ぞく 〕からえらんで（ ）にかきましょう。

● 鉄やアルミニウムなどの①（　　　）は、電気を②（　　　）。
● 紙、ガラス、プラスチックなどは、電気を③（　　　）。

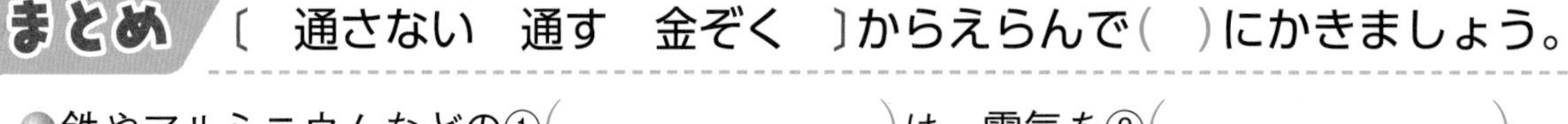

わくわくたんてい団
電気を通す物と通さない物を組み合わせたり、電気を通す物どうしをうまく使ったりすると、回路を切ったり、つなげたりすることができます。

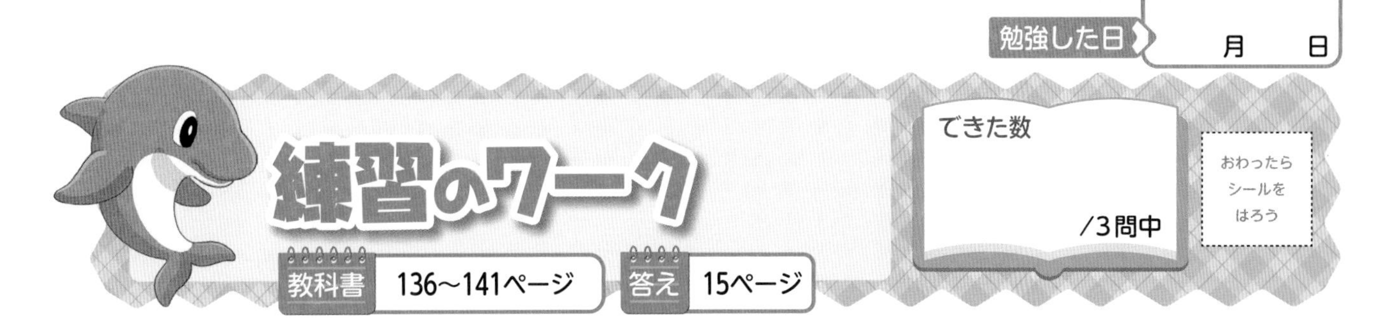

1 次の図のように、回路のあといの間に、どう線いがいの物をつないで、明かりがつくかどうかを調べました。あとの問いに答えましょう。

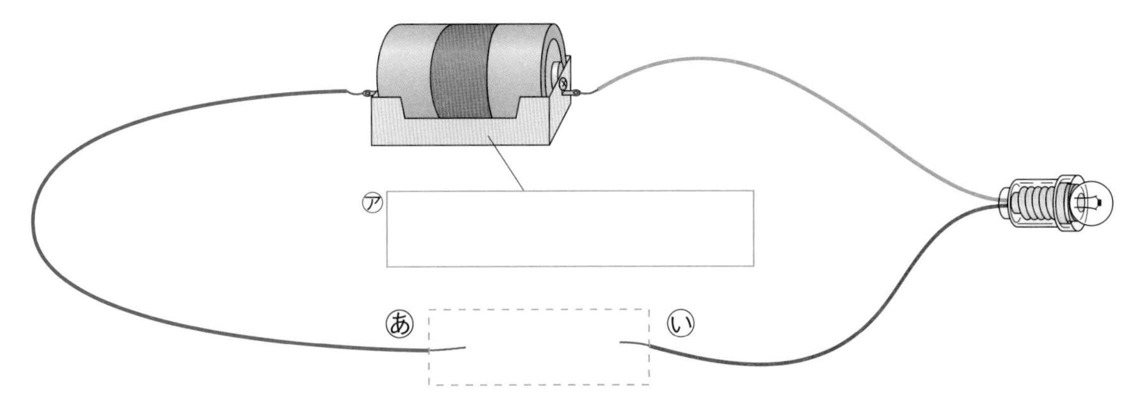

(1) 上の図のアの道具を何といいますか。図の□に名前をかきましょう。

(2) 上の図の□に、いろいろな物をはさんで、どう線を次の図のあといの→のところにつなぎました。①~⑧のうち、豆電球に明かりがつく物すべての□に○をつけましょう。

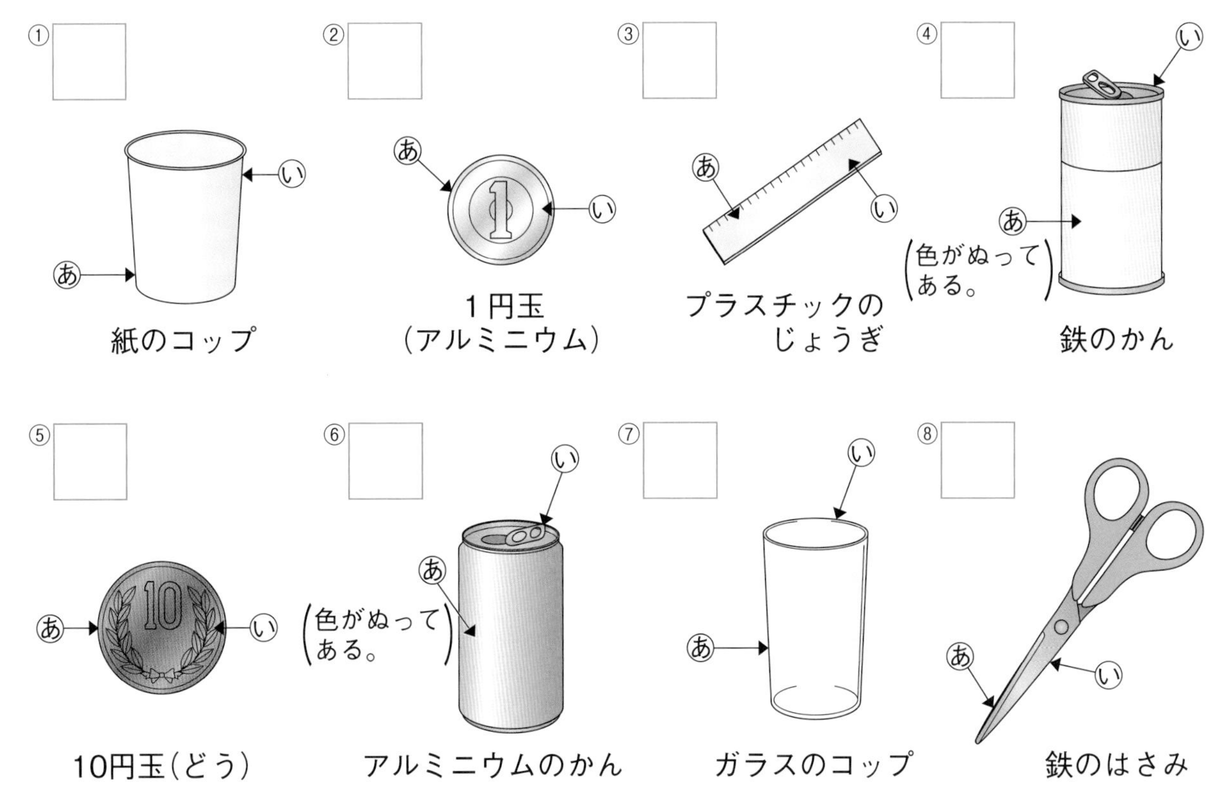

(3) (2)のけっかから、どんなことがいえますか。正しいものに○をつけましょう。

①(　　　)鉄やアルミニウムは、電気を通さない。

②(　　　)1円玉や10円玉は、電気を通さない。

③(　　　)紙やガラス、プラスチックは、電気を通さない。

勉強した日 月 日

まとめのテスト②

10 電気の通り道

とく点 /100点

おわったらシールをはろう

時間20分

教科書 136～141ページ 答え 15ページ

よく出る **1** **電気を通す物と通さない物** 次の写真のうち、電気を通す物には○、電気を通さない物には×を□につけましょう。

1つ5〔30点〕

① □

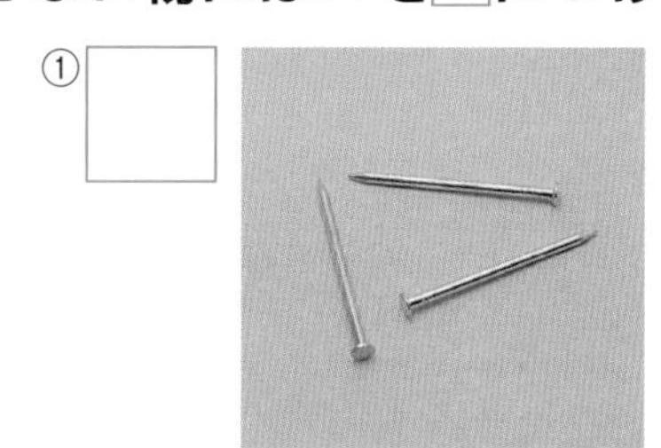

鉄くぎ

② □

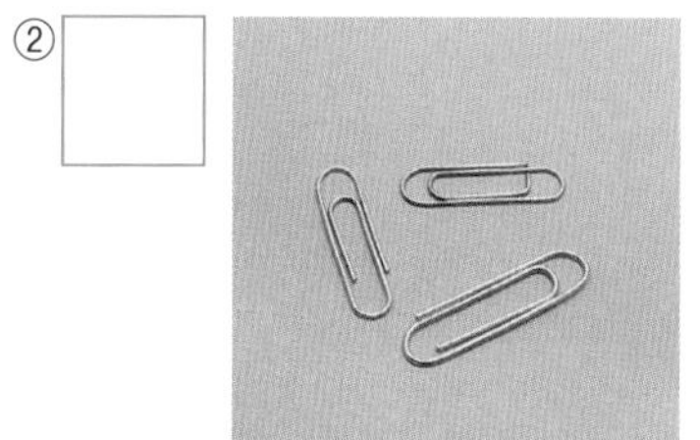

ゼムクリップ(鉄)

③ □

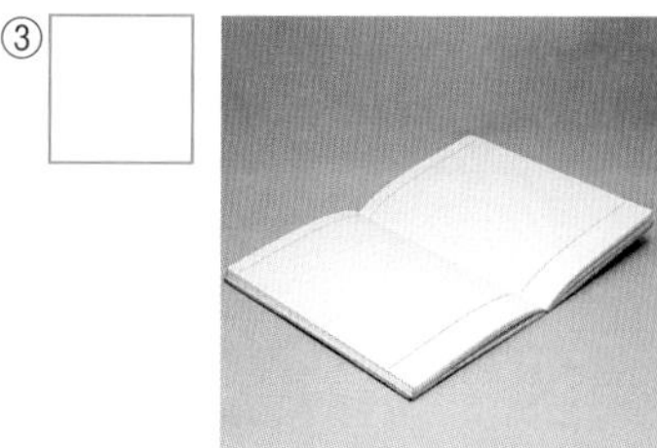

ノート(紙)

④ □

アルミニウムはく

⑤ □

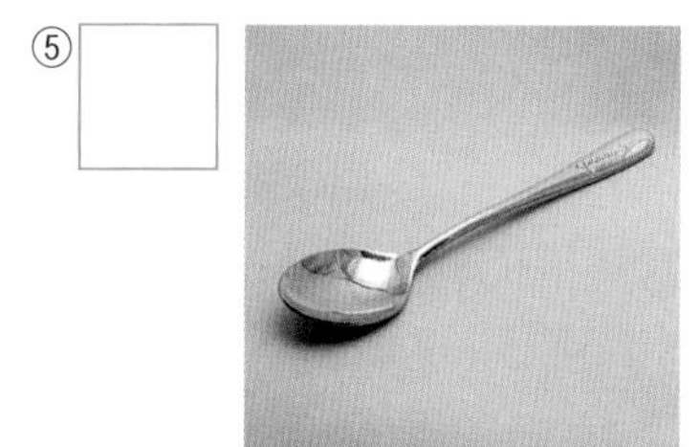

スプーン(鉄)

⑥ □

コップ(ガラス)

よく出る **2** **どう線のつなぎ方** 次の図のように、２本のどう線をつなぎました。あとの問いに答えましょう。

1つ4〔20点〕

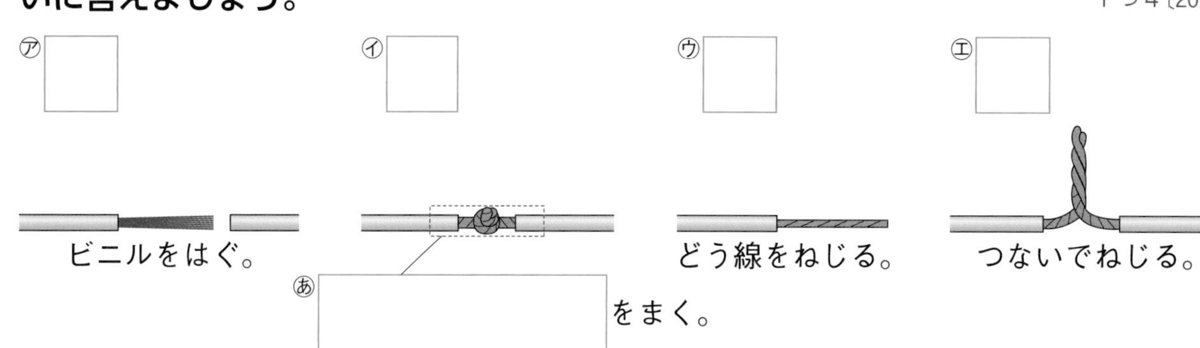

㋐
㋑
㋒
㋓
ビニルをはぐ。
㋐
をまく。
どう線をねじる。
つないでねじる。

(1) 上の図は、どう線のつなぎ方をかいたものです。正しいつなぎ方のじゅんになるように、㋐～㋓の□に１～４の番ごうをかきましょう。

(2) 図の▭のところには、何をまきますか。上の㋐の□にあてはまる言葉をかきましょう。

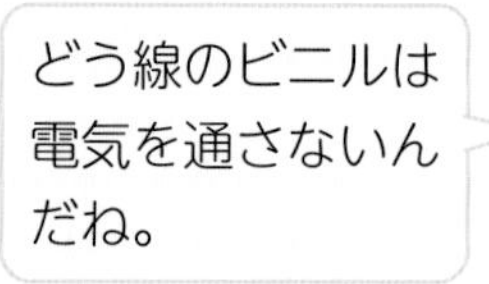

3 **明かりがつく物** 豆電球、どう線、かん電池がつながっているわの間に、いろいろな物をつないでみました。あとの問いに答えましょう。 1つ5〔35点〕

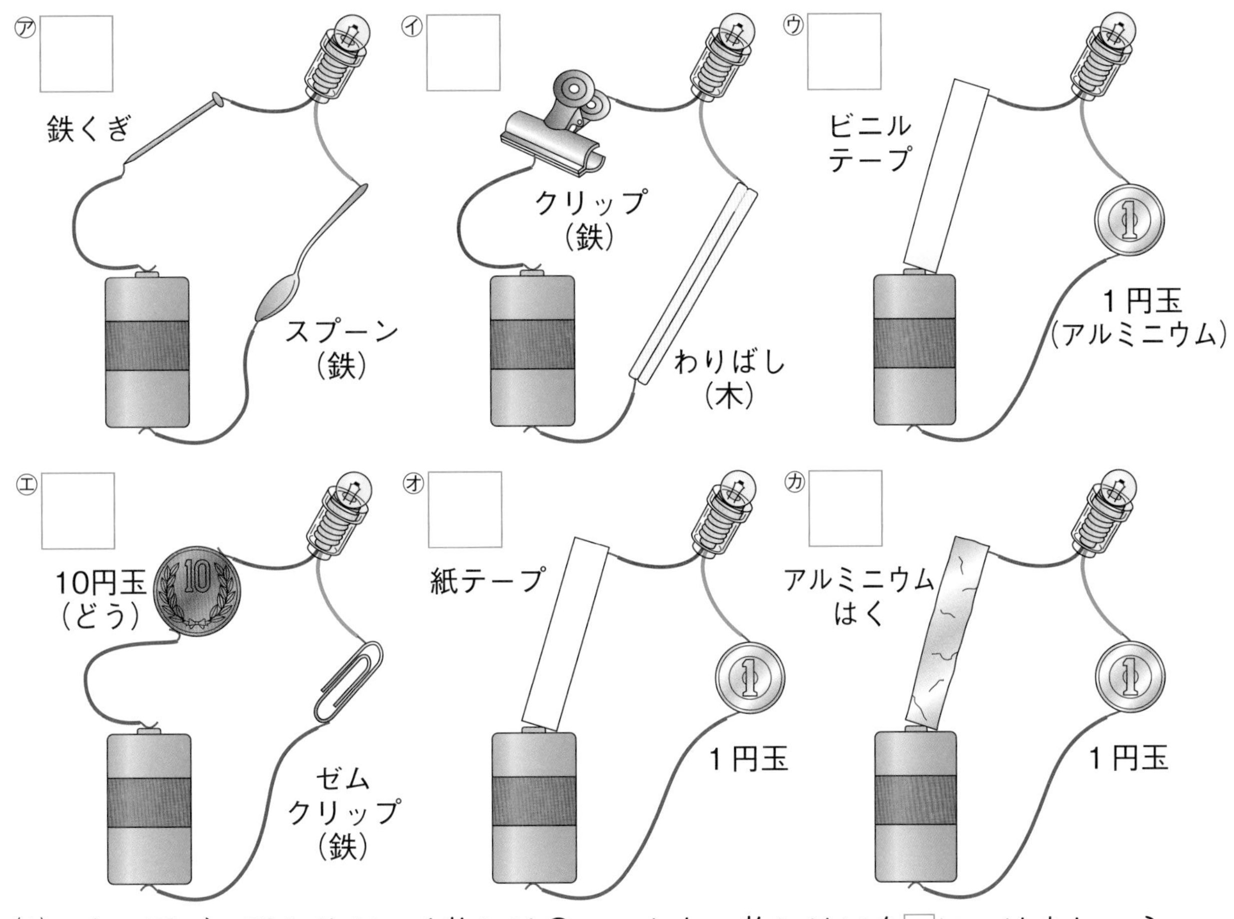

(1) 上の図で、明かりがつく物には○、つかない物には×を□につけましょう。

(2) (1)からわかることは何ですか。次の文のうち、正しいものに○をつけましょう。

①（　　　）わの中に1つでも鉄やアルミニウムがあれば、電気を通す。

②（　　　）わの中に1つでも電気を通さない物があると、明かりはつかない。

③（　　　）金ぞくには、電気を通す物と通さない物がある。

4 **明かりをつける** 右の図のように、鉄のかんに豆電球、どう線、かん電池をつなぎました。次の問いに答えましょう。 1つ5〔15点〕

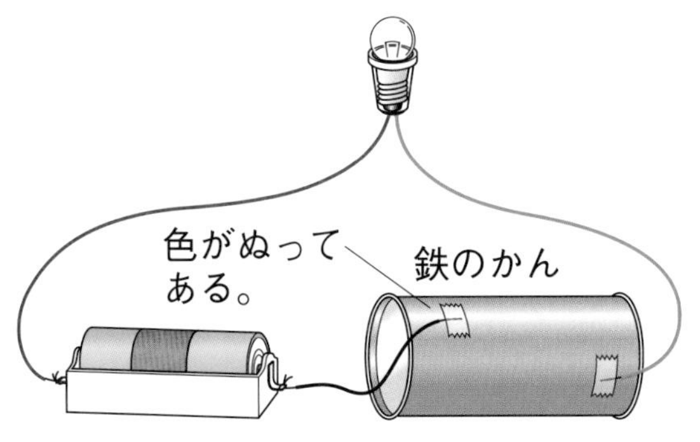

(1) 図のようにつないだとき、豆電球に明かりはつきますか、つきませんか。

（　　　　　　　　　　）

(2) (1)のようになるのはなぜですか。次の文の（　）にあてはまる言葉を下の〔　〕からえらんでかきましょう。

かんの表面の①（　　　　　）がぬってあるところは、電気を②（　　　　　　　　）から。

〔 通す　通さない　中　鉄　金ぞく　色　かん 〕

1 じしゃくにつく物

もくひょう
じしゃくにつく物とつかない物があることをたしかめよう。

おわったらシールをはろう

きほんのワーク

教科書 142～148ページ　答え 15ページ

図を見て、あとの問いに答えましょう。

1 じしゃくにつく物

ガラスのコップ
① ☐

鉄のかん
② ☐

10円玉（どう）
③ ☐

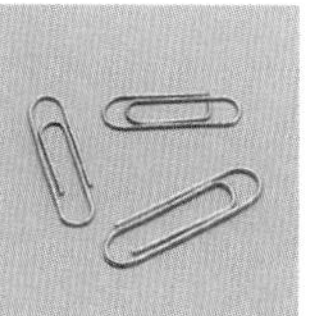
鉄のゼムクリップ
④ ☐

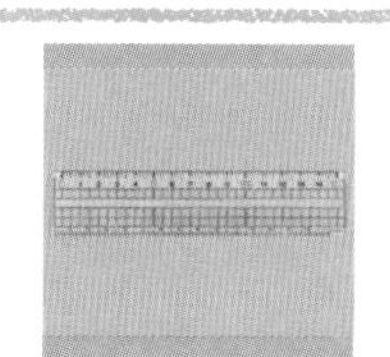
プラスチックのじょうぎ
⑤ ☐

じしゃくに引きつけられる物は⑥☐でできている。

(1) 上の写真のうち、じしゃくにつく物には○、つかない物には×を、①～⑤の☐にかきましょう。

(2) どんな物がじしゃくに引きつけられるか、⑥の☐にかきましょう。

2 じしゃくの力

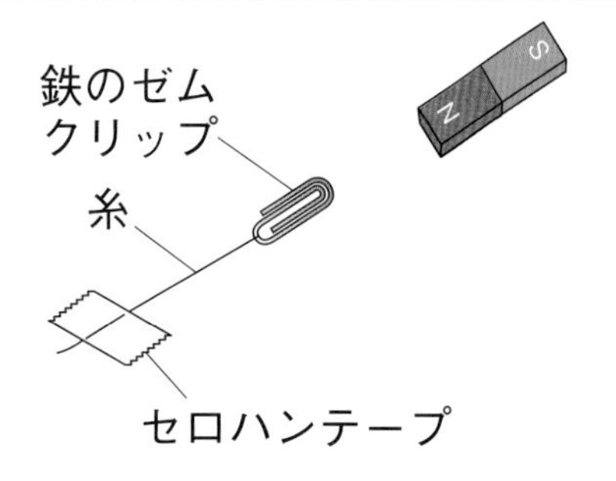

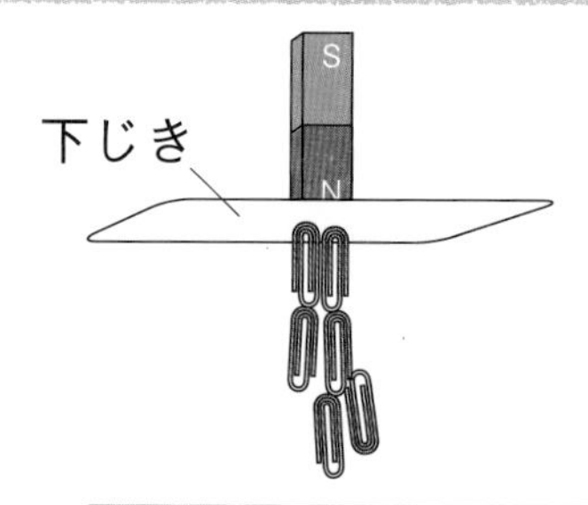

じしゃくは、鉄にじかにふれていなくても鉄を①（ 引きつける　引きつけない ）。

じしゃくは、鉄との間にじしゃくにつかない物があっても、鉄を②（ 引きつける　引きつけない ）。

● 上の図で、じしゃくは鉄を引きつけますか。①、②の（ ）のうち、正しいほうを⬭でかこみましょう。

まとめ〔 引きつける　鉄　引きつけない 〕からえらんで（ ）にかきましょう。

● じしゃくは①（　　　）を引きつけ、ガラスやプラスチックは②（　　　）。
● じしゃくは、じかにふれていなくても鉄を③（　　　）。

わくわくたんてい団　じしゃくには、教科書にあるぼうじしゃくのほかに、U（ユー）がたじしゃく、まるい形のフェライトじしゃく、自由な形に切ったり、曲げたりできるゴムじしゃくなど、いろいろなしゅるいがあります。

できた数　/14問中

おわったらシールをはろう

1 いろいろな物にじしゃくを近づけて、じしゃくにつく物を調べました。あとの問いに答えましょう。ただし、㋐と㋖は、➡のところで調べます。

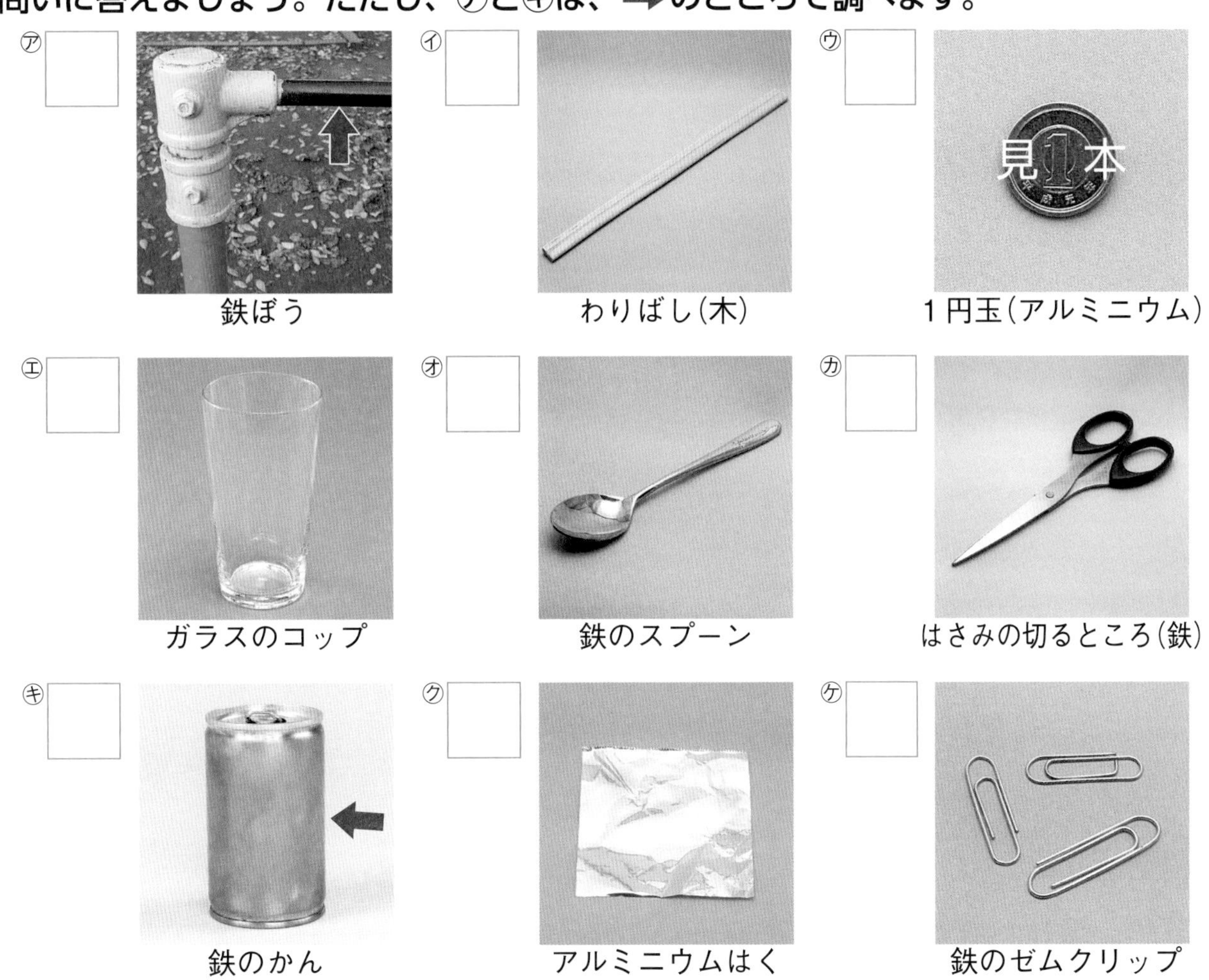

㋐ 鉄ぼう　㋑ わりばし（木）　㋒ 1円玉（アルミニウム）
㋓ ガラスのコップ　㋔ 鉄のスプーン　㋕ はさみの切るところ（鉄）
㋖ 鉄のかん　㋗ アルミニウムはく　㋘ 鉄のゼムクリップ

(1) 上の写真の㋐〜㋘のうち、じしゃくにつく物には○、つかない物には×を、□につけましょう。

(2) 電気を通すが、じしゃくにつかない物は㋐〜㋘のどれですか。すべてえらびましょう。（　　　）

(3) 電気を通し、じしゃくにもつく物は㋐〜㋘のどれですか。すべてえらびましょう。（　　　）

(4) ㋘のゼムクリップとじしゃくの間に紙をはさみました。じしゃくは、ゼムクリップを引きつけますか。（　　　）

(5) ㋐の鉄ぼうにはなれたところからじしゃくを近づけたとき、鉄ぼうにじしゃくが引きつけられる手ごたえはありますか。（　　　）

(6) アルミニウムのかんにじしゃくを近づけたとき、じしゃくは、アルミニウムのかんを引きつけますか。（　　　）

2 極のせいしつ

もくひょう
じしゃくの極のせいしつについて、かくにんしよう。

おわったら シールを はろう

きほんのワーク

教科書 149～151ページ 答え 16ページ

(1) ①のじしゃくの、鉄を強く引きつけるところに○をかきましょう。

(2) 時計皿にのせて、自由（じゆう）に動くようにしたじしゃくに、べつのじしゃくを近づけたら、しりぞけ合いました。②、③は何極ですか。□にかきましょう。

2 じしゃくの極のせいしつ

ちがう極どうし　　同じ極どうし

S N　　S S　　N N

① 。　② 。　③ 。

● 上の図のように2つのじしゃくを近づけると、じしゃくは引き合いますか、しりぞけ合いますか。①～③の□にあてはまる言葉をかきましょう。

まとめ 〔 引き合う　しりぞけ合う　極 〕からえらんで（ ）にかきましょう。

● じしゃくの、鉄を引きつける力が強い部分を①（　　　）という。

● ちがう極どうしは②（　　　）が、同じ極どうしは③（　　　）。

はってん　方位じしんのはりは、じしゃくになっています。方位じしんがいつも決（き）まった方位をさして止まっているのは、わたしたちがすんでいる地球（ちきゅう）がじしゃくになっているからです。

1 鉄のゼムクリップにじしゃくを近づけました。あとの問いに答えましょう。

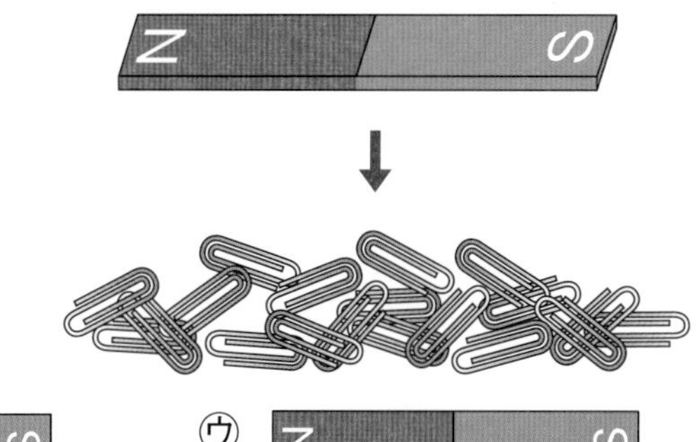

(1) ゼムクリップがじしゃくについているようすとして正しいものを、㋐〜㋒からえらびましょう。（　　）

㋐ 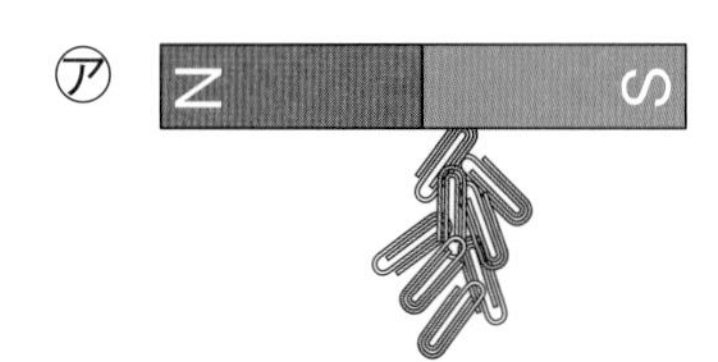

㋑ 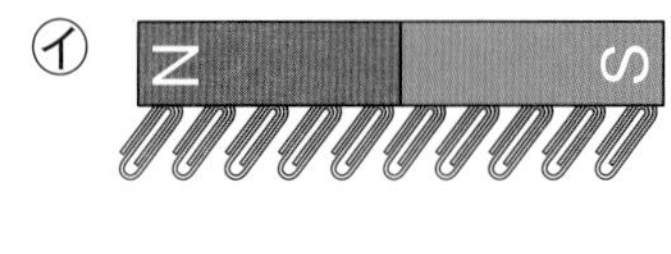

㋒ 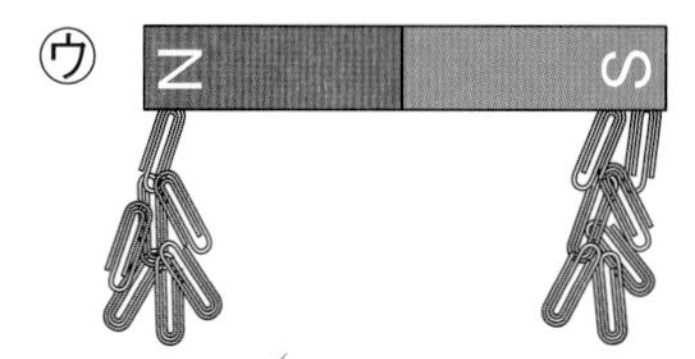

(2) じしゃくの鉄を強く引きつける部分を何といいますか。（　　　　）

2 次の図のように、時計皿にのせたじしゃくにべつのじしゃくのはしを近づけました。あとの問いに答えましょう。

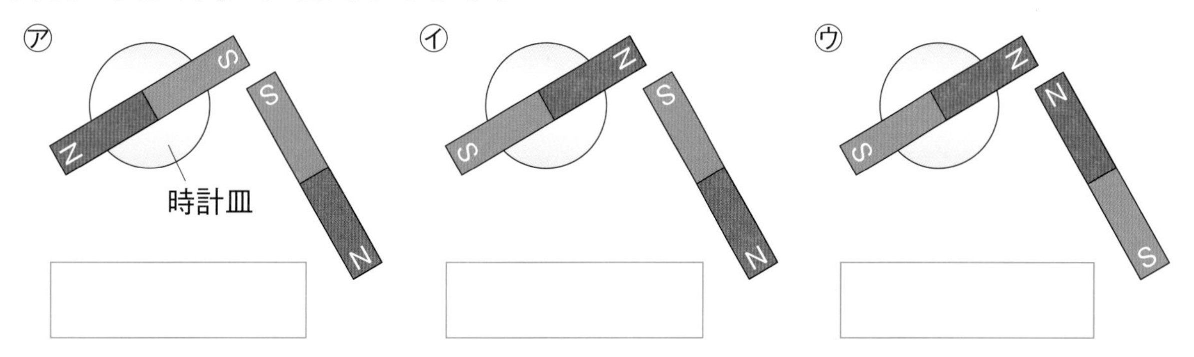

(1) 上の図の㋐〜㋒のようにしたとき、じしゃくは、引き合いますか、しりぞけ合いますか。□にかきましょう。

(2) 次の文の（　）にあてはまる言葉をかきましょう。

じしゃくの①（　　　　）極どうしは引き合い、②（　　　　）極どうしはしりぞけ合う。

3 身のまわりにある物がじしゃくをりようしているかを調べました。次の図のうち、じしゃくをりようした物をすべてえらび、㋐〜㋓の□に○をつけましょう。

㋐ □ れいぞう庫　㋑ □ マスク　㋒ □ ランドセル　㋓ □ 筆箱

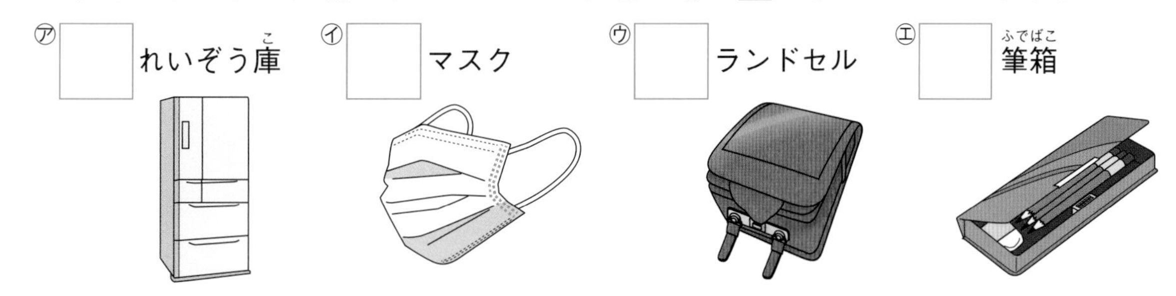

3　じしゃくにつけた鉄

もくひょう

鉄は、じしゃくにつけるとじしゃくになることをたしかめよう。

おわったらシールをはろう

きほんのワーク

教科書 152～157ページ　答え 16ページ

図を見て、あとの問いに答えましょう。

1 じしゃくにつけた鉄

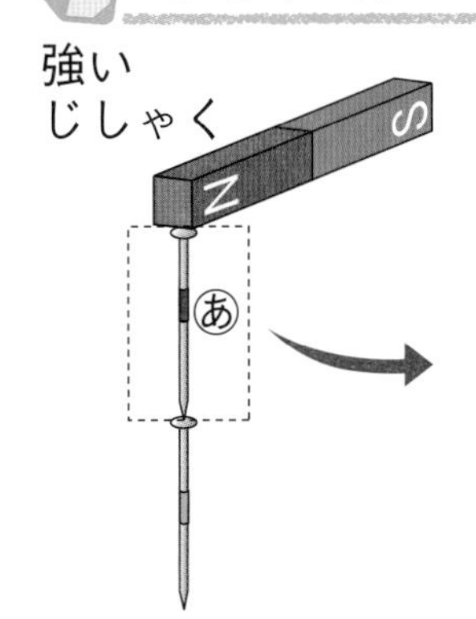

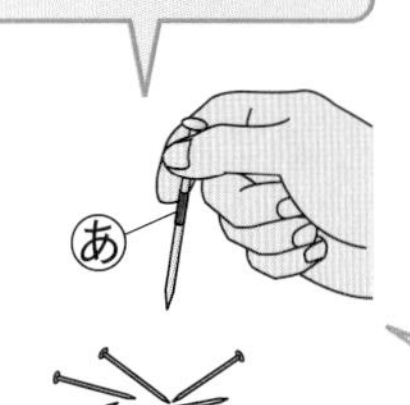

鉄は、じしゃくにつけると、じしゃくになるよ。

じしゃくにつけたくぎは、鉄を①（ 引きつける　引きつけない ）。

● あのくぎを小さい鉄のくぎに近づけると、どうなりますか。①の（　）のうち、正しいほうを◯でかこみましょう。

2 じしゃくにつけた鉄の極

あのくぎの向きをかえて近づける。

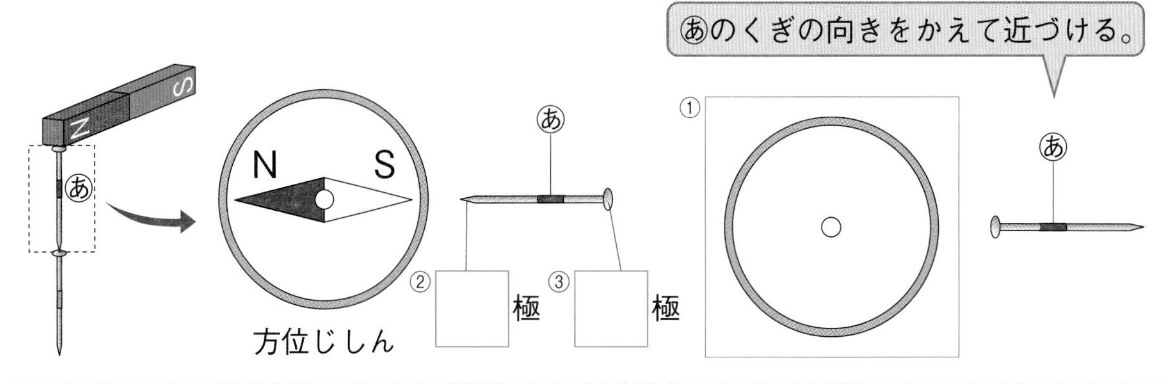

(1)　あのくぎの先を方位じしんに近づけたとき、はりは図のようになりました。くぎの向きをかえて近づけると、方位じしんのはりはどうなりますか。①の□に、はりをかきましょう。

(2)　(1)のけっかから、あのくぎの②、③の□にN（エヌ）極かS（エス）極かをかきましょう。

まとめ　〔 S　N　じしゃく 〕からえらんで（　）にかきましょう。

●鉄は、じしゃくにつけると、①（　　　　）になる。

●じしゃくにつけた鉄にも、②（　　　　）極と③（　　　　）極がある。

鉄くぎをじしゃくにかえる方ほうとしては、鉄くぎをじしゃくで、同じ方向に何回かこするというやり方もあります。ためしてみましょう。

1 次の図のように、強いじしゃくに、2本の鉄のくぎをつないでつけて、それらをじしゃくからそっとはなしました。あとの問いに答えましょう。

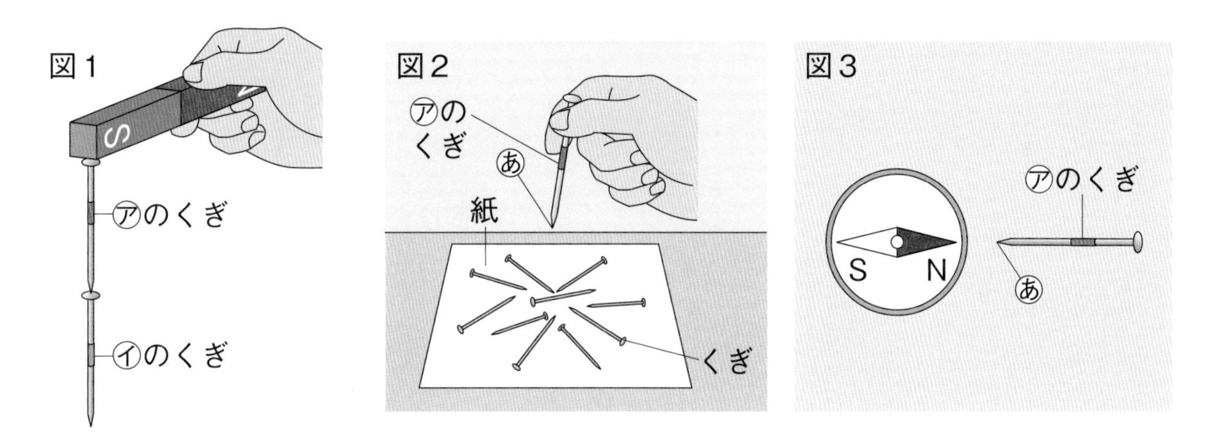

(1) 図1の㋐のくぎを持ってじしゃくからはなすと、㋑のくぎはどうなりますか。正しいほうに○をつけましょう。

①(　　　)㋐からはなれて落ちる。

②(　　　)㋐とついたまま落ちない。

(2) 図2のように、㋐のくぎを小さい鉄のくぎに近づけると、どうなりますか。正しいものに○をつけましょう。

①(　　　)小さい鉄のくぎに、へんかはない。

②(　　　)小さい鉄のくぎが、㋐のくぎのあの部分から遠ざかる。

③(　　　)小さい鉄のくぎが、㋐のくぎのあの部分につく。

(3) (2)のことから、じしゃくからはなした㋐のくぎは何になったといえますか。

(　　　　　　　　)

(4) ㋐のくぎのあの部分を、方位じしんのはりに近づけると、図3のように引き合いました。あの部分は何極ですか。(　　　　　　)

記述 2 鉄のゼムクリップが2つあります。どちらかがじしゃくになっています。どちらがじしゃくになったゼムクリップかを見分ける方ほうを1つかきましょう。

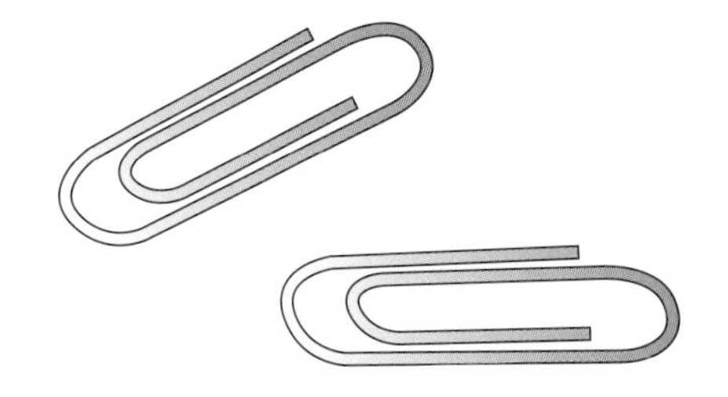

(　　　　　　　　　　　　　　　　)

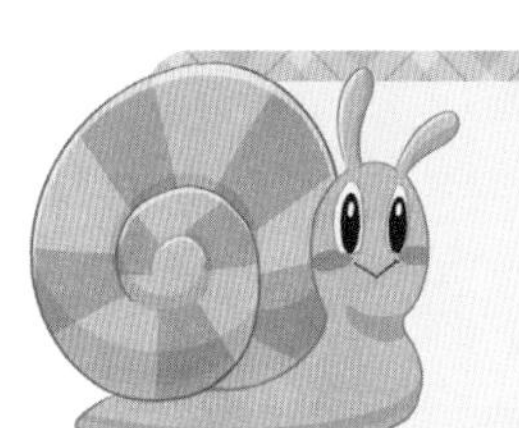

まとめのテスト①

11　じしゃくのせいしつ

教科書　142～157ページ　答え　16ページ

よく出る 1 じしゃくにつく物とつかない物　次の図で、じしゃくにつく物には○、じしゃくにつかない物には×を、□につけましょう。　1つ4〔20点〕

① 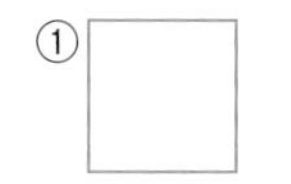
アルミニウムのカップ
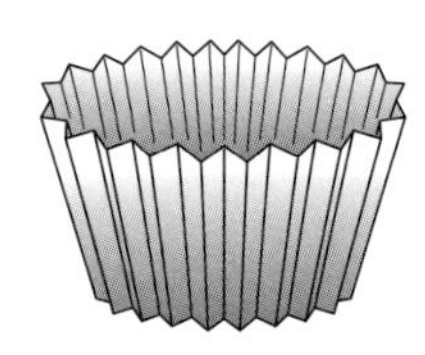

② 
10円玉（どう）

③ 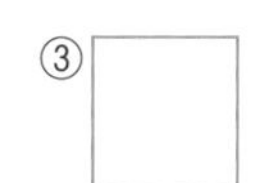
色のついた鉄のかん
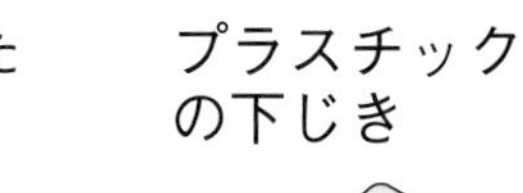

④ 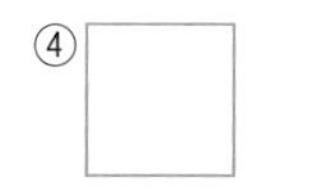
プラスチックの下じき
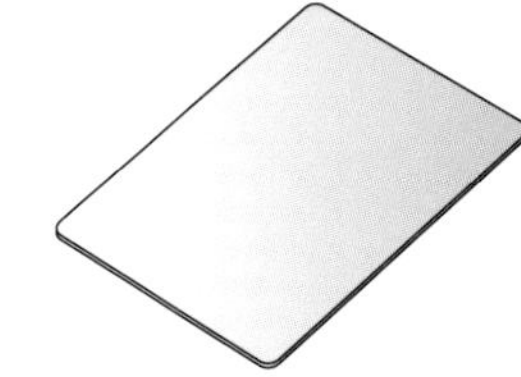

⑤ 
ビニルでつつまれた鉄のはり金のハンガー
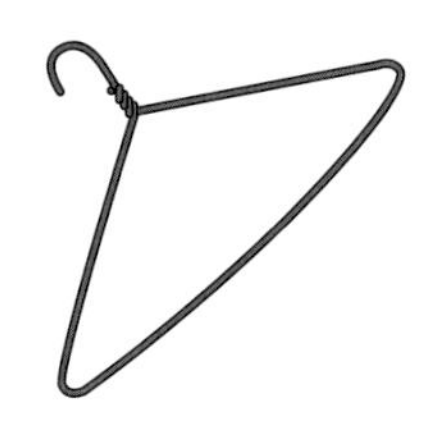

よく出る 2 じしゃくの２つの極　ぼうじしゃくを、次の図のように近づけます。引き合うものには○、しりぞけ合うものには×を、□につけましょう。　1つ4〔16点〕

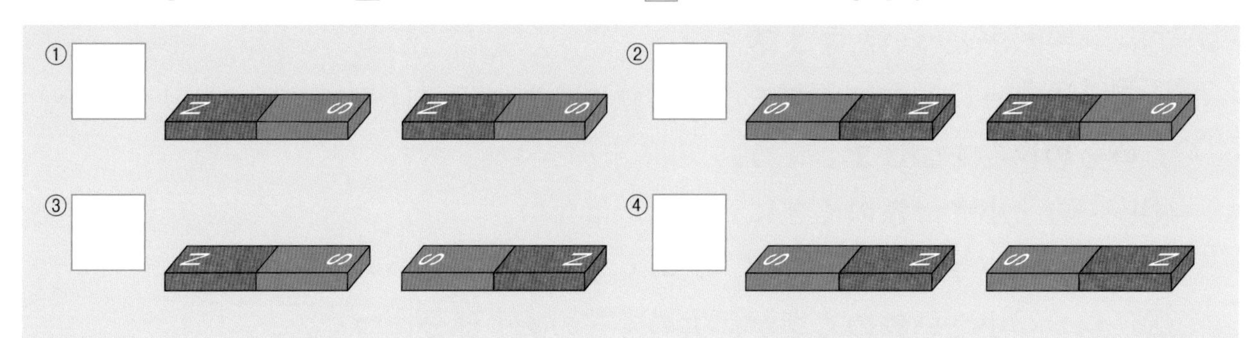

3 じしゃくのせいしつ　じしゃくについてかいた次の文のうち、正しいものには○、まちがっているものには×をつけましょう。　1つ3〔24点〕

①（　　　）じしゃくは、どんな金ぞくでも引きつける。

②（　　　）じしゃくは、鉄を引きつける。

③（　　　）じしゃくのＮ極とＮ極を近づけると、引き合う。

④（　　　）じしゃくのＳ極とＳ極を近づけると、しりぞけ合う。

⑤（　　　）じしゃくのＮ極とＳ極を近づけると、引き合う。

⑥（　　　）じしゃくは、はなれている鉄のゼムクリップを引きつける。

⑦（　　　）じしゃくには、かならずＮ極とＳ極がある。

⑧（　　　）鉄くぎに紙をまきつけてじしゃくを近づけると、じしゃくは鉄くぎを引きつけない。

4 極のせいしつ　次の図のように、南北をさしている方位じしんにじしゃくを近づけました。あとの問いに答えましょう。

1つ4〔16点〕

①㋐□　㋑□　　②㋐□　㋑□

北　北　北西　北東　西　東　南西　南東　南　南　N

北　北　北西　北東　西　東　南西　南東　南　南　S

(1)　図の①、②のようにじしゃくを近づけると、方位じしんの色のついたはりはそれぞれどちらに動きますか。㋐、㋑のうち正しいほうの□に○をつけましょう。

(2)　近づけたじしゃくを遠ざけると、図の①、②の方位じしんの色のついたはりは、どちらの方位をさして止まりますか。それぞれかきましょう。

①（　　　　　　）　②（　　　　　　）

チャレンジ! 5 じしゃくについたくぎ　右の図は、じしゃくについたあのくぎに、いのくぎをつけたようすです。次の問いに答えましょう。

1つ3〔24点〕

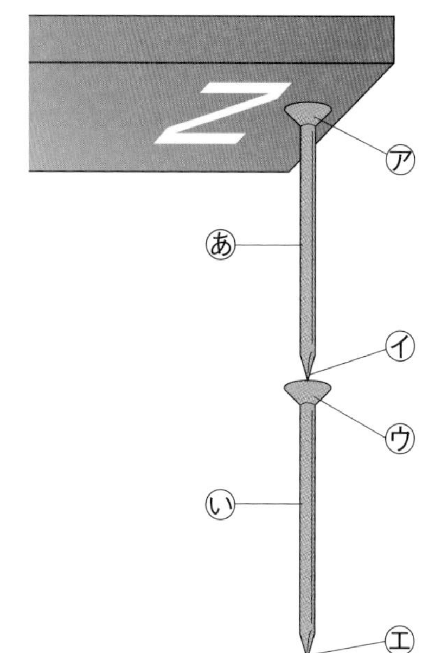

(1)　じしゃくについたことから、あ、いのくぎが何でできていることがわかりますか。（　　　　　　）

(2)　あ、いのくぎの㋐～㋓のところは、じしゃくの何極になっていますか。

㋐（　　　　　　）　㋑（　　　　　　）

㋒（　　　　　　）　㋓（　　　　　　）

(3)　㋓に、横からじしゃくのN極を近づけました。いのくぎは、じしゃくと引きつけ合いますか、しりぞけ合いますか。（　　　　　　）

(4)　あのくぎをじしゃくからはなして、次の図の①、②のように方位じしんに近づけました。方位じしんのはりの向きとして正しいものには○、正しくないものには×を、それぞれの□につけましょう。

① □

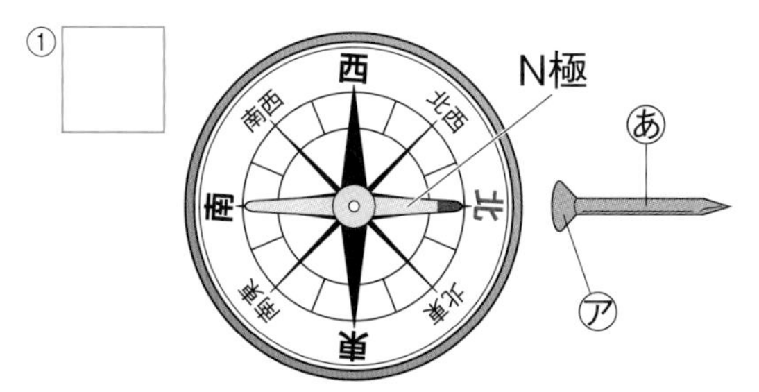

② □

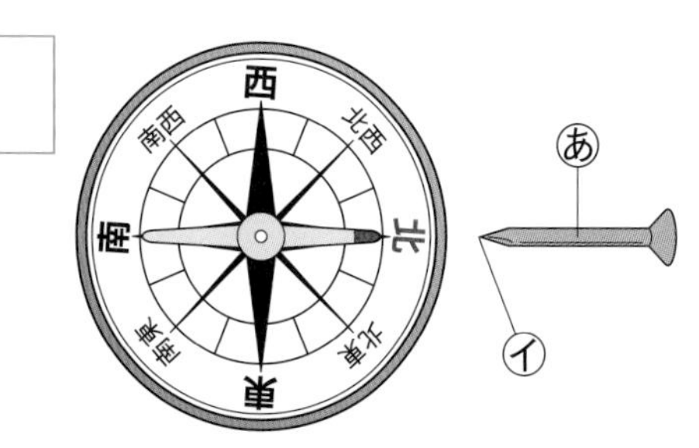

まとめのテスト②

11　じしゃくのせいしつ

教科書 142～157ページ　答え 17ページ

1 じしゃくにつく物　次の図の物について、電気を通すかどうか、じしゃくにつくかどうかを調べました。あとの問いに答えましょう。

1つ4〔56点〕

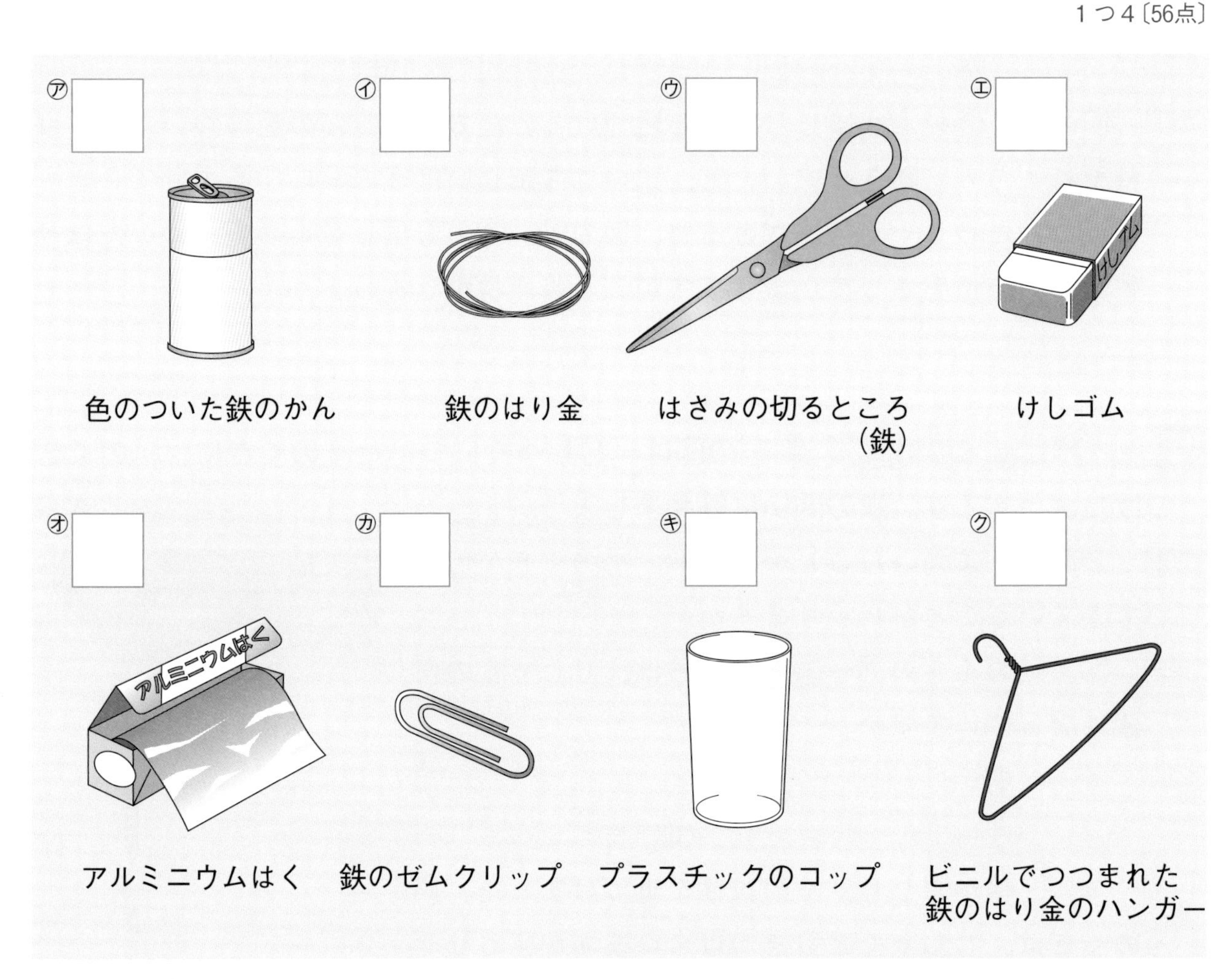

(1)　上の㋐～㋗のうち、じしゃくについて電気を通す物には◎を、じしゃくにつくが電気を通さない物には○を、じしゃくにつかないが電気を通す物には△を、じしゃくにつかず電気も通さない物には×を□につけましょう。

(2)　次の文のうち、正しいものには○、まちがっているものには×をつけましょう。

①（　　　）電気を通す物は、すべてじしゃくにつく。

②（　　　）電気を通す物は、すべてじしゃくにつかない。

③（　　　）金ぞくは、電気を通し、じしゃくにつく。

④（　　　）金ぞくでない物は、電気を通さず、じしゃくにもつかない。

⑤（　　　）鉄は、じしゃくにつく。

⑥（　　　）金ぞくは、じしゃくにつく。

チャレンジ! **2** **じしゃくのせいしつ** 次の図のように、ぼうじしゃくやまるい形のじしゃくを時計皿にのせて、自由に動くようにしました。あとの問いに答えましょう。

1つ4〔16点〕

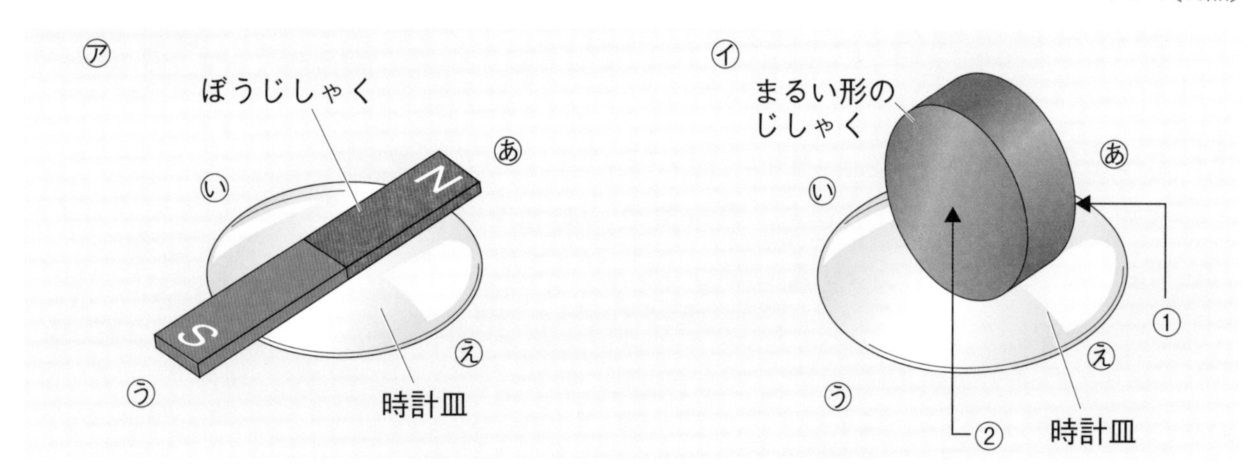

(1) ぼうじしゃくをのせた時計皿は、しばらくすると図の㋐のように止まりました。北の方向は、あ～えのどちらですか。

（　　　）

(2) まるい形のじしゃくをのせた時計皿は、図の㋑のようにぼうじしゃくと同じ方向を向いて止まりました。①、②は何極ですか。

①（　　　）　②（　　　）

(3) 時計皿にのせたぼうじしゃくのS極の近くに、べつのじしゃくのS極を近づけました。時計皿にのせたぼうじしゃくはどうなりますか。次の文のうち、正しいものに○をつけましょう。

①（　　）ぼうじしゃくのS極は、近づけたじしゃくからはなれる。

②（　　）ぼうじしゃくのS極は、近づけたじしゃくに引きつけられる。

③（　　）ぼうじしゃくのS極は、動かない。

3 **じしゃくにはたらく力** 次の図のように、まるいぼうに通した円形のじしゃくがういています。次の問いに答えましょう。

1つ4〔28点〕

(1) じしゃくの㋐～㋕の部分は、N極、S極のどちらですか。

㋐（　　　）　㋑（　　　）

㋒（　　　）　㋓（　　　）

㋔（　　　）　㋕（　　　）

記述 (2) 図のあのじしゃくの上から、㋐と同じ極を下にして、同じ形のじしゃくをまるいぼうに通しました。通したじしゃくはどうなりますか。

（　　　）

考えてとく問題にチャレンジ！

プラスワーク

おわったら シールを はろう

答え 18ページ

1 こん虫のかんさつ

教科書 68～74ページ

右の図は、アブラゼミの成虫のからだのつくりです。頭を黄色、むねを緑色、はらを青色に、色えん筆でぬりましょう。

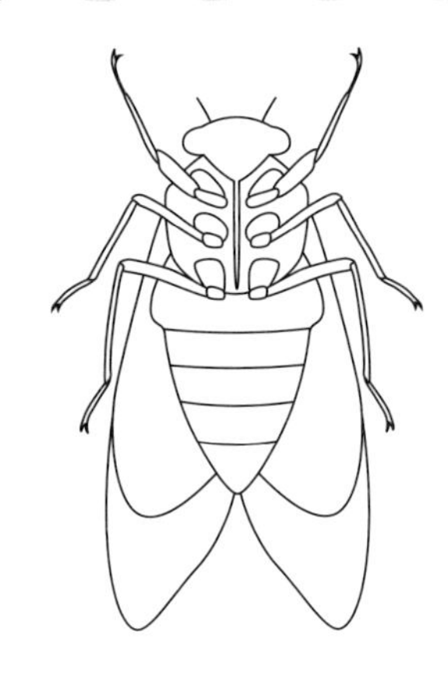

2 太陽とかげ

教科書 90～95、168、171ページ

次の表は、10月29日の日なたと日かげの地面の温度を、ぼう温度計で調べたけっかです。日なたと日かげの地面の温度を、それぞれ、右のグラフにぼうグラフで表しましょう。

日なたと日かげの地面の温度

10月29日

	午前10時	正午
日なた	18℃	27℃
日かげ	13℃	17℃

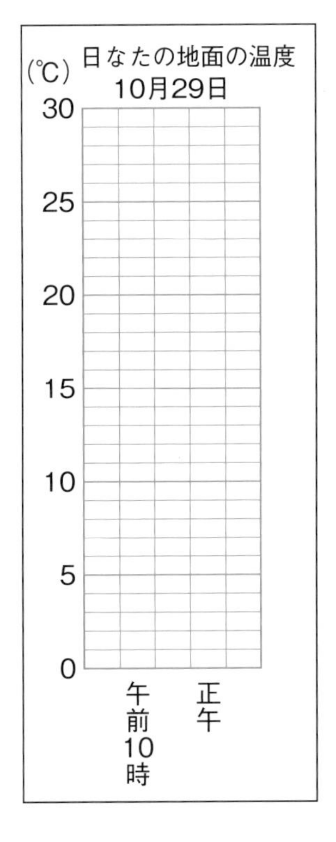

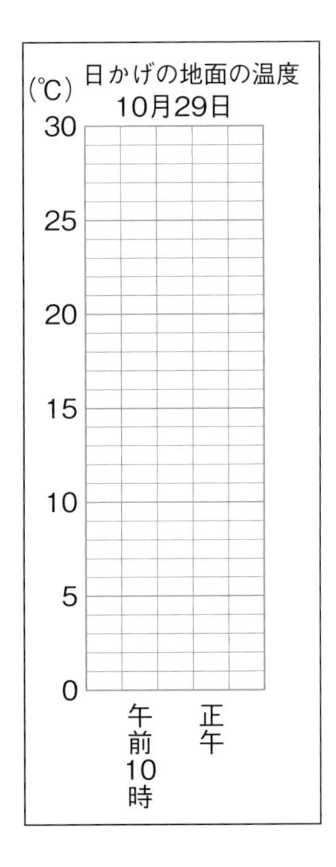

思考 3 電気の通り道 じしゃくのせいしつ

教科書 130～157ページ

ごみ箱に入っているアルミニウムのかんと鉄のかんを分けるために使う道具として正しいのは、右の図の㋐、㋑のどちらですか。えらんだ理由もかきましょう。かんの表面はけずって調べたものとします。

㋐

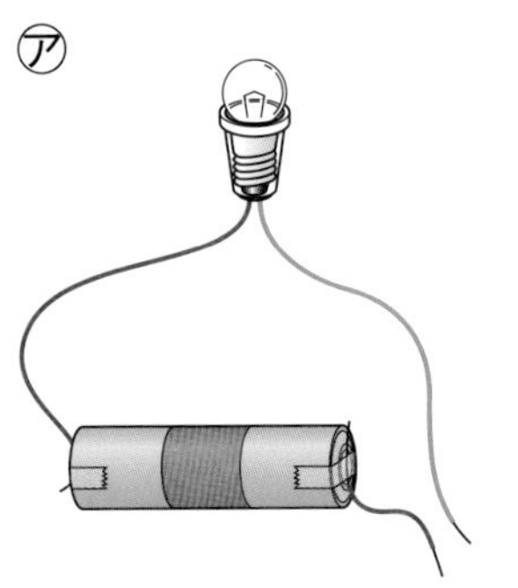

㋑

道具（　　　　）

理由（　　　　　　　　　　　　　　　　）

2 次の表の日なたと日かげの地面の温度を調べたけっかを、ぼうグラフに表しましょう。

	日なた	日かげ
午前９時	18℃	16℃
正　午	24℃	18℃

ヒント

①調べた日づけをかく。
②表題をかく。
③横のじくに調べた時こくをかく。
④たてのじくに温度をとって、目もりが表す数とたんいをかく。
⑤記ろくした温度に合わせ、ぼうをかく。

ものの重さや長さなど、数字で表せるものをぼうグラフにすると、くらべやすいよ。

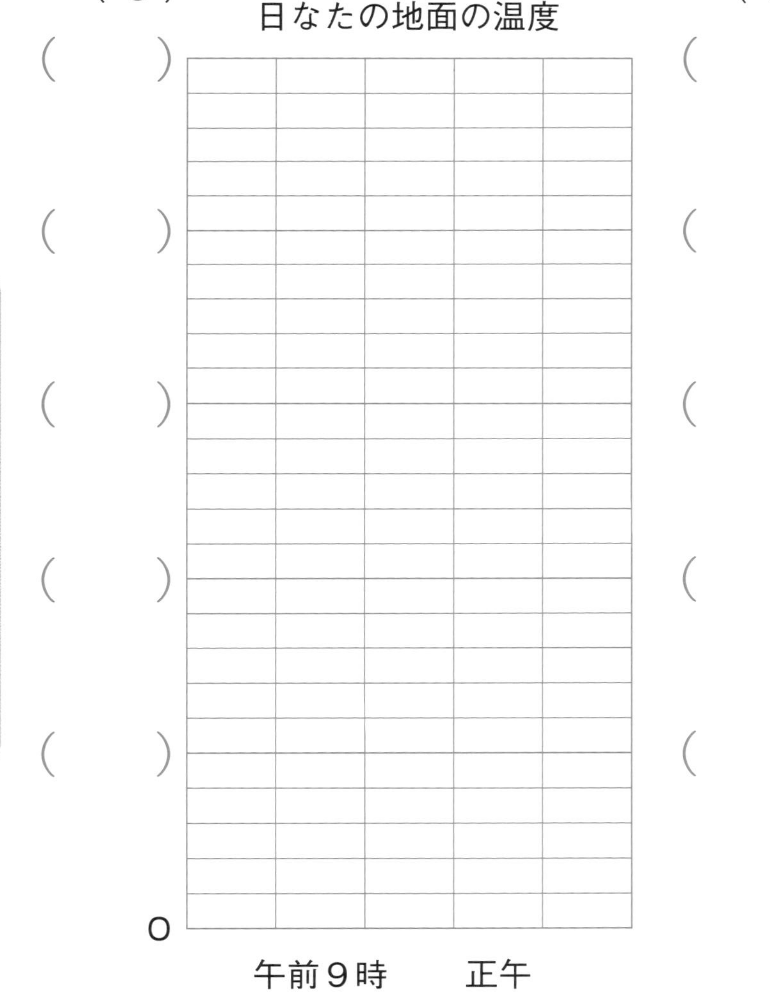

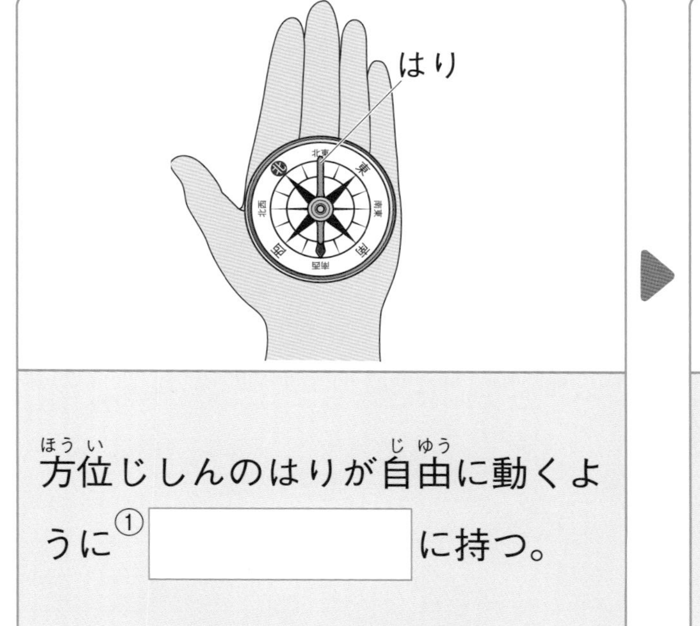

方位（ほうい）じしんのはりが自由（じゆう）に動くように①［　　　］に持つ。

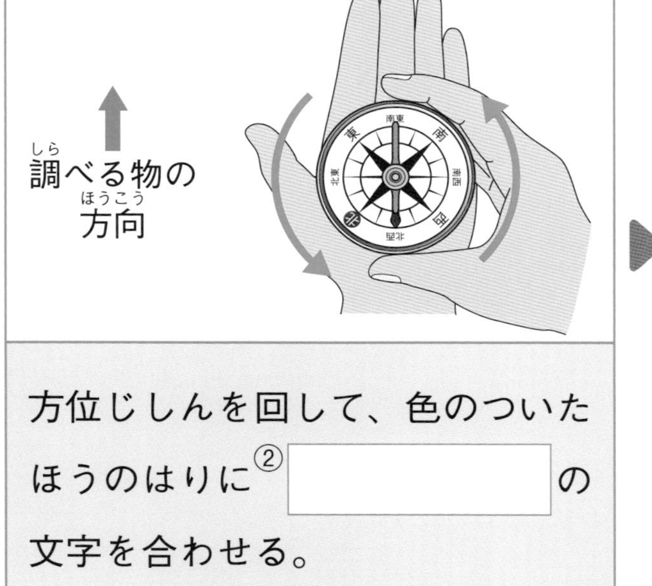

方位じしんを回して、色のついたほうのはりに②［　　　］の文字を合わせる。

調べる物の
方向

東
南
西
北

文字ばんの方位（調べる物の方位）を読みとる。

温度計の使い方

3 温度計（おんどけい）の目もりを読む目のいちとして、正しいものには○、まちがっているものには×を、①～③の□につけましょう。また、温度計を使うときに気をつけることについて、次の文の④、⑤の（　）のうち、正しいほうを⬭でかこみましょう。

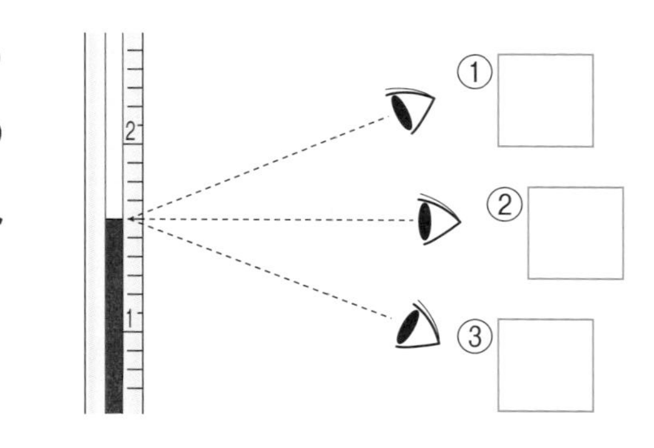

手の温度がつたわらないように、温度をはかるときは、えきだめの部分（ぶぶん）を④（ 持って　　持たないで ）はかる。また、地面（じめん）の温度をはかるときは、温度計で地面を⑤（ ほってもよい　　ほってはいけない ）。

●勉強した日　　月　　日

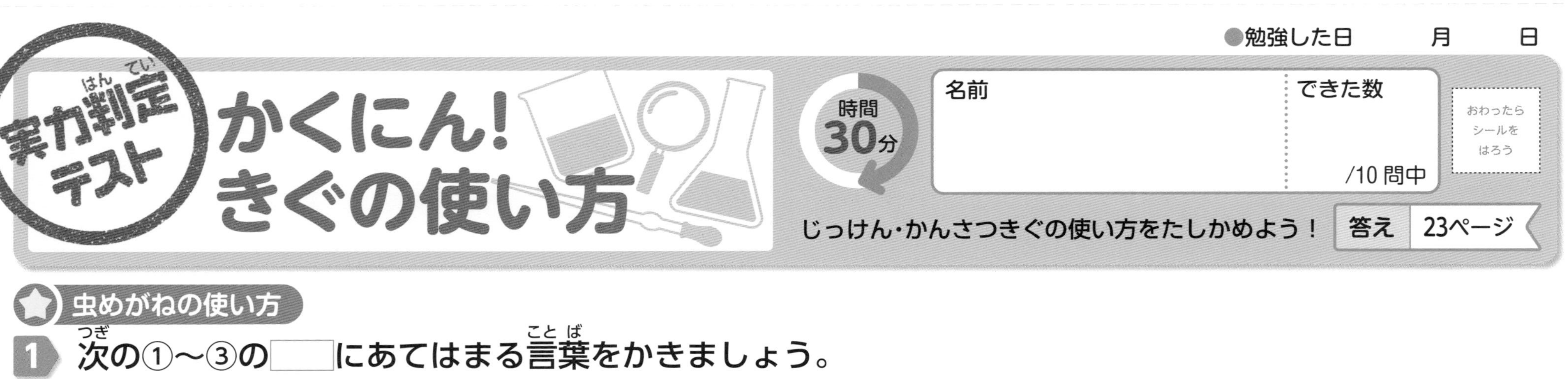

実力判定テスト かくにん！きぐの使い方

時間 30分

名前

できた数　/10問中

おわったらシールをはろう

じっけん・かんさつきぐの使い方をたしかめよう！

答え 23ページ

虫めがねの使い方

1 次の①～③の[　]にあてはまる言葉をかきましょう。

手で持てる物を見るとき

1.虫めがねを①[　　]の近くに持つ。

2.②[　　]を動かして、はっきり見えるところで止める。

手で持てない物を見るとき

見る物が動かせないので、

③[　　]を動かし、はっきり見えるところで止める。

方位じしんの使い方

2 次の①、②の[　]にあてはまる言葉をかきましょう。

かくにん！たんいとグラフ

●勉強した日　　月　　日

時間 30分

名前　　　　できた数　/19問中

おわったら シールを はろう

たんいやグラフをかく練習をしよう！

答え 23ページ

長さや重さのたんい

1 物の長さや重さのたんいを、かいて練習しましょう。

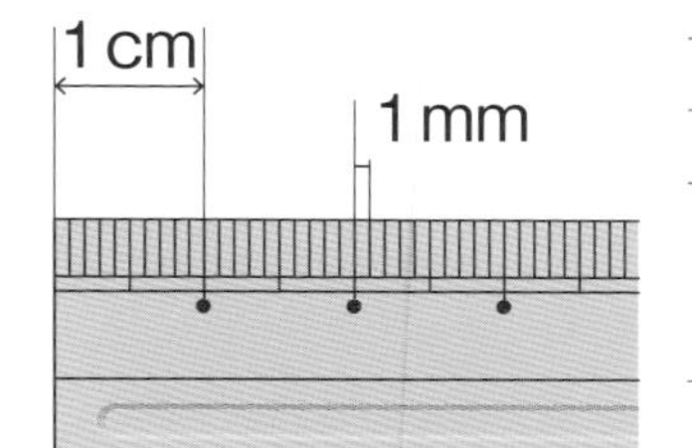

1 m メートル　　1 cm センチメートル　　1 mm ミリメートル

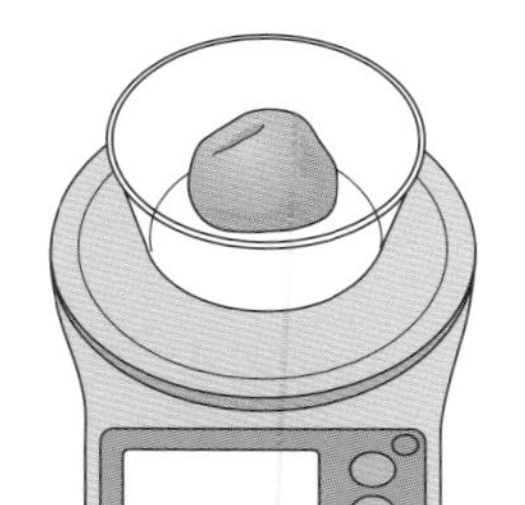

1 kg キログラム　　1 g グラム

たいせつ

①物の長さは、ものさしではかることができます。長さのたんいには、「メートル」「センチメートル」「ミリメートル」などがあります。

1 m = 100cm

1 cm = 10mm

②物の重さは、電子てんびんや台ばかりではかることができます。重さのたんいには、「グラム」「キログラム」などがあります。

1 kg = 1000g

物の長さや重さは、４年生の理科でも学習するよ。よくおぼえておこう！

ぼうグラフのかき方

●勉強した日　　月　　日

実力判定テスト

学年末のテスト①

時間30分　名前　とく点　/100点　おわったらシールをはろう

教科書　130〜157ページ　答え　22ページ

1 次の図のうち、豆電球に明かりがつくものには○、つかないものには×を□につけましょう。

1つ5〔30点〕

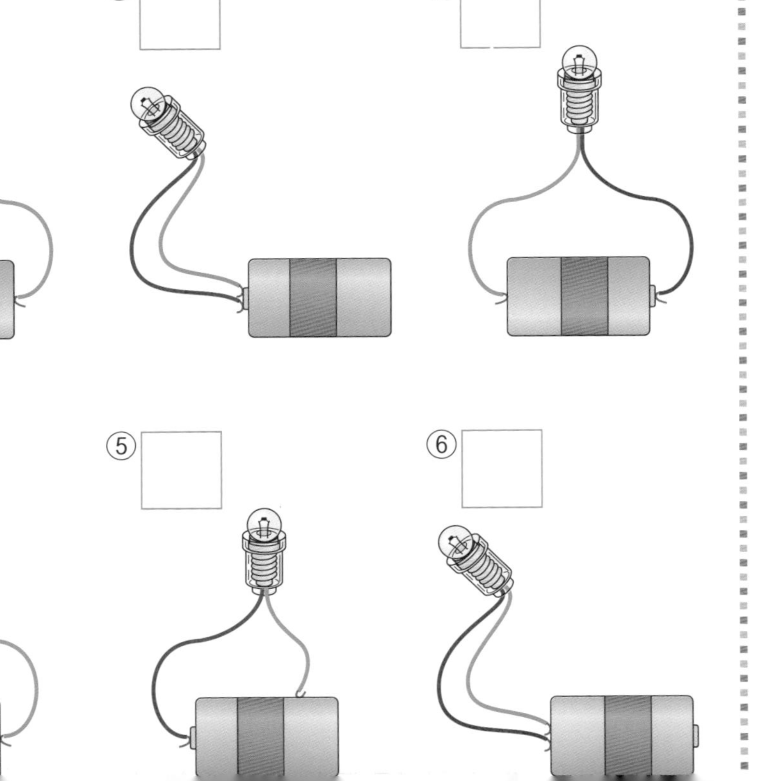

3 じしゃくのせいしつについて、次の問いに答えましょう。

1つ6〔42点〕

(1) 次の①〜③の(　)のうち、正しいほうを◯でかこみましょう。

じしゃくは、じかにふれていなくても鉄を①(引きつける　引きつけない)。

じしゃくと鉄の間にじしゃくにつかない物があっても、じしゃくは鉄を②(引きつける　引きつけない)。

じしゃくが鉄を引きつける力は、じしゃくと鉄のきょりがかわると、③(かわる　かわらない)。

(2) 次の図で、引き合うものには○、しりぞけ合うものには×を□につけましょう。

① □

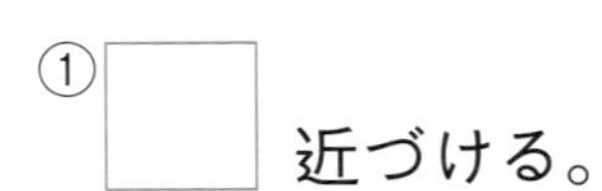

近づける。

② □

近づける。

●勉強した日　　月　　日

学年末のテスト②

時間 30分

名前　　とく点　　/100点

おわったらシールをはろう

教科書　6～157ページ　　答え　22ページ

1 次の文のうち、正しいものには○、まちがっているものには×をつけましょう。　1つ5〔25点〕

①（　　）クモ、アリ、ダンゴムシは、すべてこん虫である。

②（　　）こん虫は、食べ物やかくれる場所があるところで見られることが多い。

③（　　）植物のしゅるいによって、葉や花の形や大きさはちがう。

④（　　）日なたの地面は、日かげの地面より温度がひくい。

⑤（　　）太陽の光を物がさえぎると、太陽と同じがわに物のかげができる。

2 次の図の物について、電気を通すかどうか、じしゃくにつくかどうかを調べました。あとの問いに答えましょう。　1つ7〔21点〕

3 次の図のように、糸電話をつくって話をしました。あとの問いに答えましょう。　1つ6〔24点〕

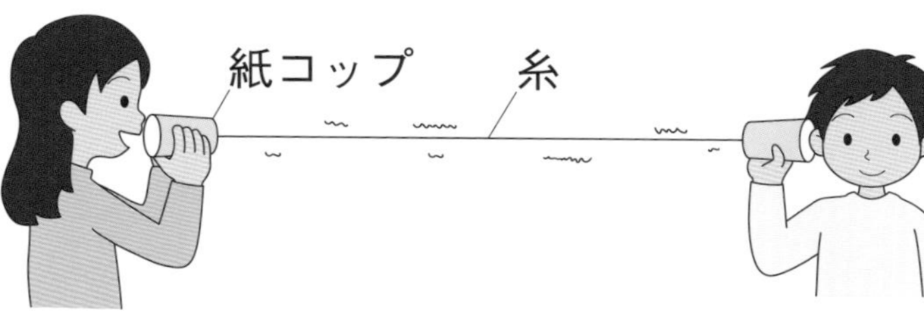

(1) 話をしているときに糸にそっとふれると、糸はどうなっていますか。（　　　　）

(2) 話をしているときに糸を指でつまむと、聞こえていた声はどうなりますか。

（　　　　）

(3) 次の①、②のうち、正しいほうを◯でかこみましょう。

音がつたわるとき、音をつたえる物は①（ ふるえている　ふるえていない ）。

物のふるえを止めると、音は

㋐ プラスチックの じょうぎ　㋑ せんぬき　㋒ 10円玉（どう）

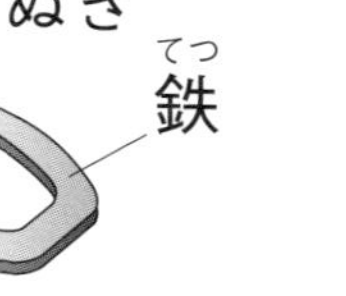
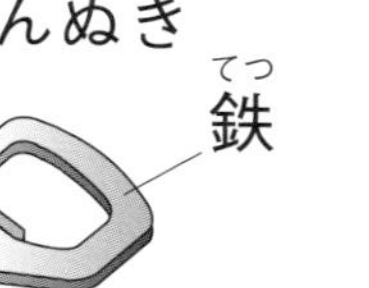

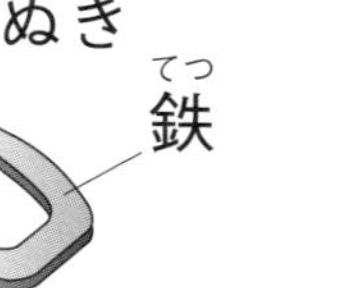

㋓ せっけん　㋔ はさみ（切るところ）　㋕ ガラスのコップ

㋖ 1円玉（アルミニウム）　㋗ ゼムクリップ

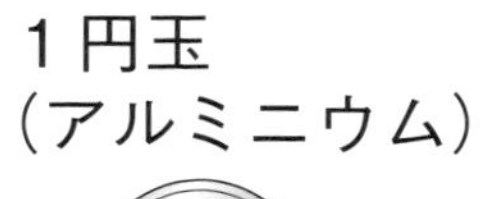
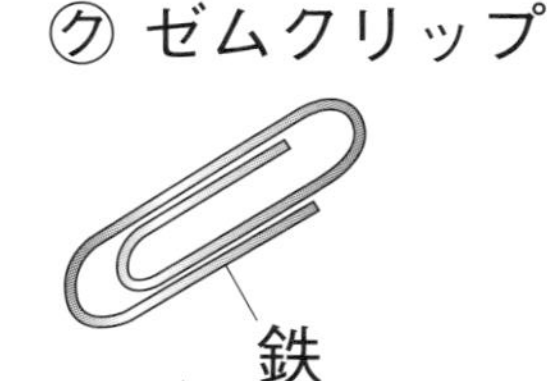
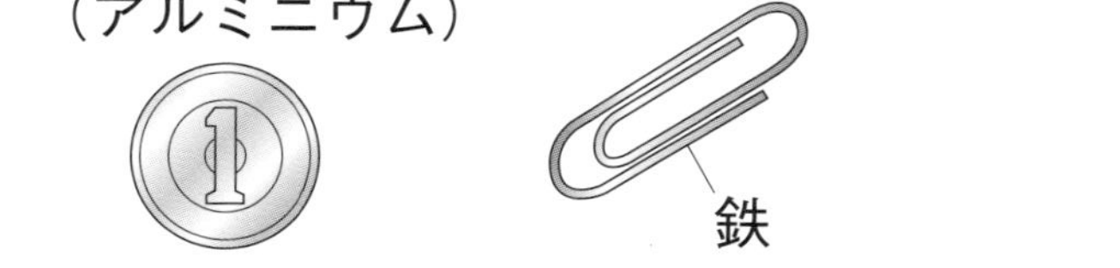

(1)　電気を通す物を、㋐～㋗からすべてえらびましょう。（　　　　）

(2)　じしゃくにつく物を、㋐～㋗からすべてえらびましょう。（　　　　）

(3)　電気を通す物は、かならずじしゃくにつくといえますか、いえませんか。（　　　　）

②（　つたわる　つたわらない　）。

4 **ホウセンカの育ち方について、次の問いに答えましょう。**　1つ6〔30点〕

(1)　次の図の㋐をさいしょとして、ホウセンカが育つじゅんに、㋑～㋔をならべましょう。

（　㋐　→　　→　　→　　→　　）

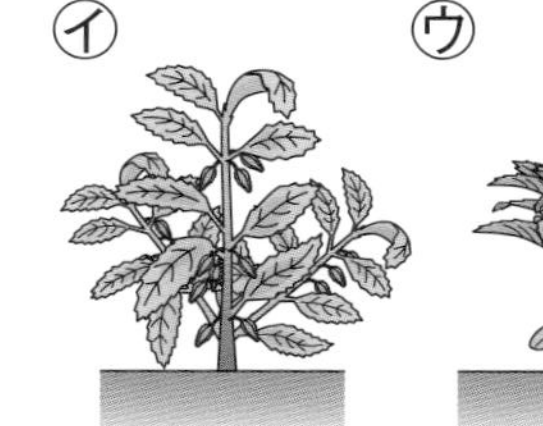

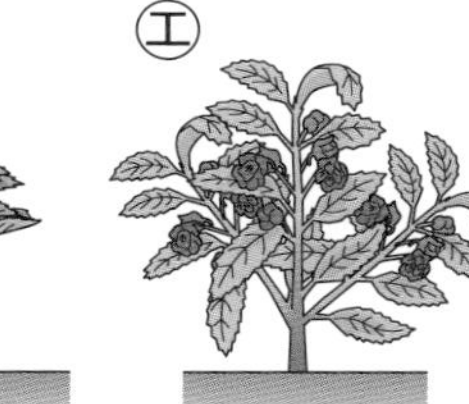

(2)　上の図の㋔のときの葉を何といいますか。その言葉をかきましょう。（　　　　）

(3)　ホウセンカの育ち方について、次の文の（　）にあてはまる言葉をかきましょう。

　ホウセンカは、葉がしげり、①（　　　）がのびて太くなると、やがて②（　　　）がさく。②がさいたあと、③（　　　）ができて、たねをのこして、かれていく。

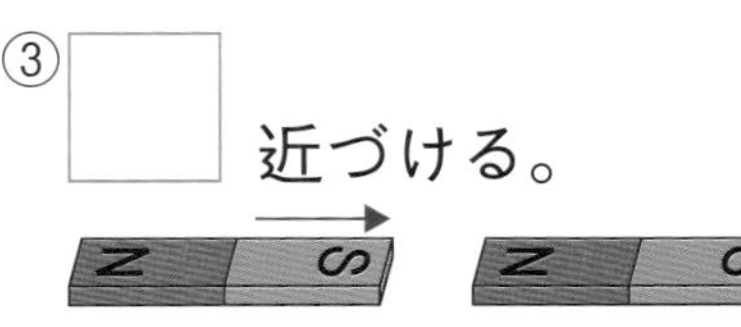
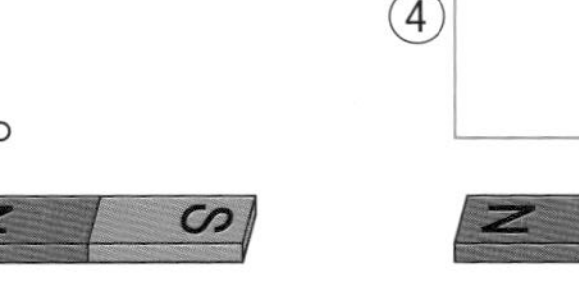

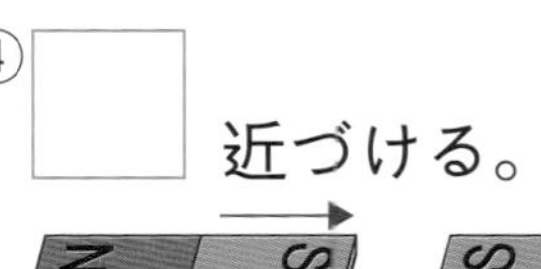

③ □ 近づける。

④ □ 近づける。

2 鉄のかんが電気を通すかどうか、次の図のようにして調べました。あとの問いに答えましょう。

1つ5〔10点〕

㋐

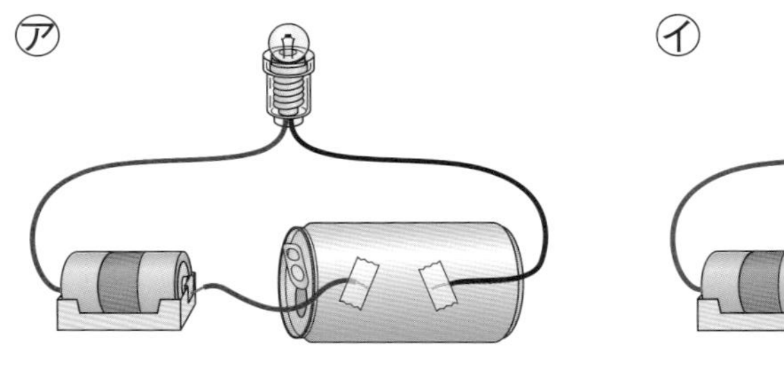

㋑

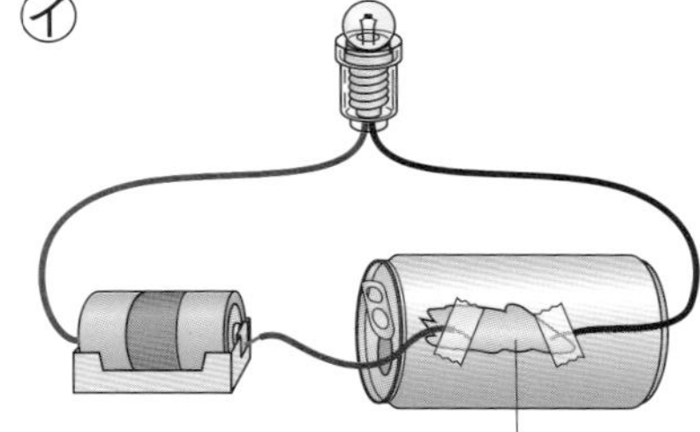

紙やすりでけずる。

(1) 豆電球に明かりがつくのは、㋐、㋑のどちらですか。 (　　　)

(2) 図の㋐、㋑について、次のア～ウのうち、正しいものをえらびましょう。 (　　　)

ア　かんの表面の色がぬってある部分は電気を通すが、けずった部分は電気を通さない。

イ　かんの表面の色がぬってある部分もけずった部分も電気を通す。

ウ　かんの表面の色がぬってある部分は電気を通さないが、けずった部分は電気を通す。

4 右の図のように、じしゃくに２本の鉄くぎをつないでつけました。次の問いに答えましょう。

1つ6〔18点〕

(1) ㋐の鉄くぎをしずかにじしゃくからはなしたとき、㋑の鉄くぎはどうなりますか。次のア、イからえらびましょう。 (　　　)

ア　㋐の鉄くぎにつながったまま落ちない。

イ　㋐の鉄くぎからはなれて落ちる。

(2) じしゃくからはなした㋐の鉄くぎをべつの鉄くぎに近づけると、べつの鉄くぎはどうなりますか。

(　　　　　　　　　　)

(3) (1)、(2)より、じしゃくにつけた鉄くぎは何になったといえますか。 (　　　)

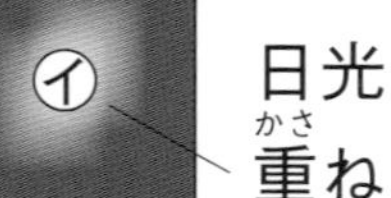
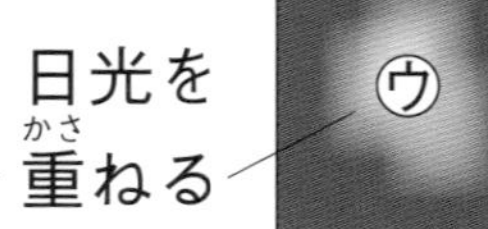
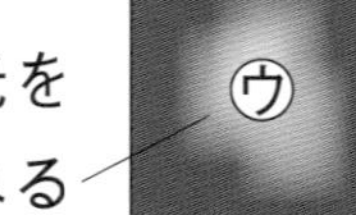

日光を当てたところ	㋐	㋑	㋒
日光を当てたところの温度	17℃	21℃	39℃

(1)　㋐～㋒のうち、日光が当たった部分がいちばん明るいのはどれですか。　(　　　)

(2)　次の文の(　)にあてはまる言葉をかきましょう。

はね返した日光を重ねるほど、日光が当たったところの明るさは①(　　　　)なり、温度は②(　　　　)なる。

3 **次の図のように、わゴムギターのわゴムをはじいて、大きさのちがう音を出しました。あとの問いに答えましょう。**　1つ8〔16点〕

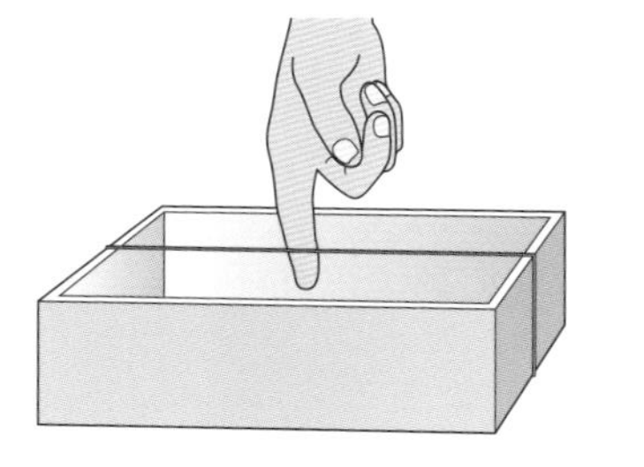

音が出ているときのわゴムのようす

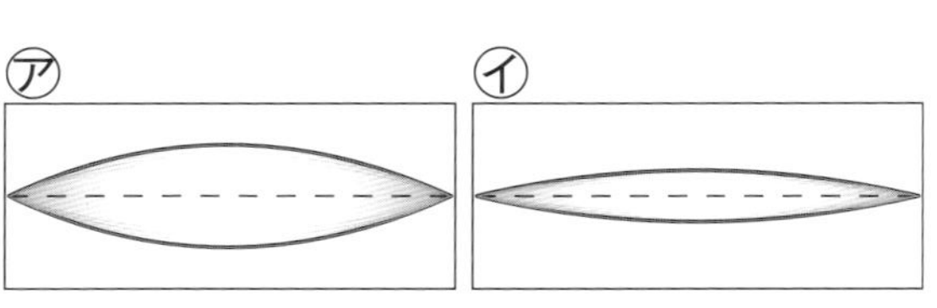

(2)　ものの形をかえると、重さはどうなりますか。

(　　　　　　　)

5 **同じ体積の鉄、アルミニウム、木、プラスチックの重さをはかったところ、次の表のようになりました。あとの問いに答えましょう。**　1つ7〔21点〕

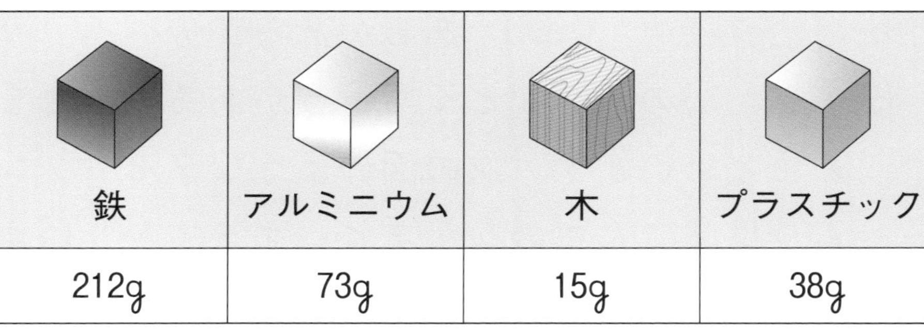

鉄	アルミニウム	木	プラスチック
212g	73g	15g	38g

(1)　同じ体積で重さをくらべたとき、いちばん重いものといちばん軽いものを、鉄、アルミニウム、木、プラスチックからえらびましょう。

いちばん重いもの(　　　　　　)

いちばん軽いもの(　　　　　　)

(2)　同じ体積のとき、物の重さは物のしゅるいによってちがいますか、同じですか。

(　　　　　　　)

(1)　図の㋐～㋒の部分を何といいますか。

㋐（　　　　）　㋑（　　　　）

㋒（　　　　）

(2)　㋐、㋑には、あしは何本ありますか。また、あしは、㋐～㋒のどの部分にありますか。

あしの数（　　　　）

あしがある部分（　　　　）

(3)　㋐、㋑のようなとくちょうがある生き物をこん虫といいます。次の図のようなクモやダンゴムシは、こん虫のなかまといえますか、いえませんか。（　　　　）

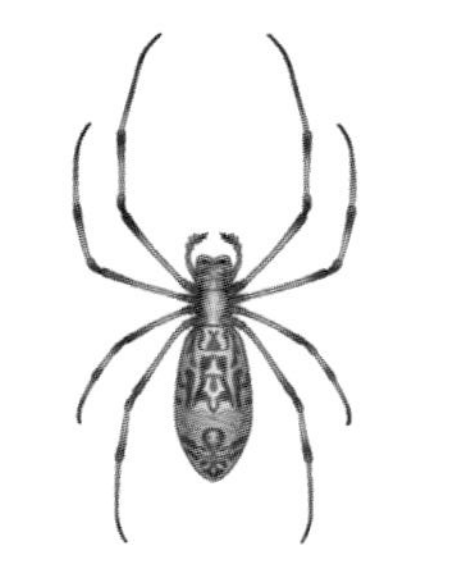
クモ

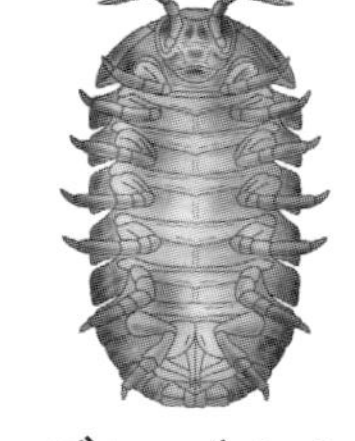
ダンゴムシ

かげの向きと太陽のいちのへんかを調べました。あとの問いに答えましょう。

1つ5〔20点〕

(1)　午前９時のかげの向きを、㋐～㋒からえらびましょう。（　　　　）

(2)　時間がたつと、かげの向きと太陽のいちは、それぞれどのようにかわりますか。東、西、南、北で答えましょう。

かげの向き（　　→　　→　　）

太陽のいち（　　→　　→　　）

(3)　かげの向きがかわるのはなぜですか。

（　　　　）

●勉強した日　月　日

実力判定テスト 冬休みのテスト①

時間30分

名前　とく点　/100点

おわったらシールをはろう

教科書 68〜95ページ　答え 21ページ

1 次の文にあてはまる生き物を、下の〔　〕からえらんでかきましょう。　1つ6〔18点〕

① 石の下にいる。（　　）

② 草むらの葉の上にいる。（　　）

③ 花にとまっている。（　　）

〔 ショウリョウバッタ　ダンゴムシ　モンシロチョウ 〕

2 こん虫のからだのつくりについて、あとの問いに答えましょう。　1つ7〔42点〕

3 右の図は、日なたと日かげの地面の温度を調べたときの温度計の目もりです。次の問いに答えましょう。　1つ5〔20点〕

午前9時		正午	
日なた	日かげ	日なた	日かげ

(1) 午前9時の日なたと日かげの地面の温度をそれぞれ読みとりましょう。

日なた（　　）

日かげ（　　）

(2) 正午に地面の温度が高かったのは、日なたと日かげのどちらですか。（　　）

(3) (2)のようになるのは、地面が何によってあたためられるからですか。（　　）

4 次の図のように、地面にぼうを立てて、ぼうの

教科書ワーク

答えとてびき

「答えとてびき」は、とりはずすことができます。

東京書籍版 理科 3年

使い方

まちがえた問題は、もう一度よく読んで、なぜまちがえたのかを考えましょう。正しい答えを知るだけでなく、なぜそうなるかを考えることが大切です。

1 春の生き物
2 たねまき

2ページ きほんのワーク

1. ①見る物 ②虫めがね
2. (1)①タンポポ ②チューリップ
   ③モンシロチョウ
   ④ナナホシテントウ
   (2)⑤色 ⑥形 ⑦大きさ(⑤～⑦順不同)

まとめ ①形 ②色(①②順不同) ③文

3ページ 練習のワーク

1. (1)①㋓ ②㋒ ③㋐ ④㋑
   (2)①㋒ ②㋑ ③㋐ ④㋓
2. ①× ②○ ③○ ④×
   ⑤○ ⑥○ ⑦×

てびき 1 身のまわりで見つけた生き物について気づいたことを、絵や文で記ろくすることが大切です。目で見た形や色、大きさ、手ざわりなどを調べます。

㋐のチューリップは、春になると、赤色や黄色など、いろいろな色の花をさかせます。㋑のダンゴムシは、落ち葉や石の下にかくれていることが多く、落ち葉を食べて生きています。㋒のベニシジミは、べに色のはねをもつチョウで、花のまわりでよく見られます。㋓のナナホシテントウは、草についているアブラムシという小さな虫を食べて生きています。

4ページ きほんのワーク

1. (1)①ヒマワリ ②ピーマン
   ③ホウセンカ
   (2)④「ちがう」に◯
2. ①ホウセンカ ②ヒマワリ

まとめ ①大きさ ②色(①②順不同)
③ちがう

5ページ 練習のワーク

1. (1)㋐㋑ ㋑㋒ ㋒㋐
   (2)①× ②○ ③× ④○
2. ①× ②× ③○ ④○

てびき 1 植物のしゅるいによって、たねの大きさ、形、色などはちがいます。小さなたねは、虫めがねを使って、よくかんさつしましょう。
2 植物のしゅるいによって、たねのまき方はちがいます。植物によっては、あつく土をかけないと、めが出ないものもあります。

6ページ きほんのワーク

1. (1)①子葉
   (2)②ヒマワリ ③ホウセンカ
   (3)④「ちがう」に◯
   ⑤「2まい」に◯
2. ①つけ根

まとめ ①子葉 ②2 ③大きさ

7ページ 練習のワーク

1. (1)㋐ヒマワリ ㋑ホウセンカ

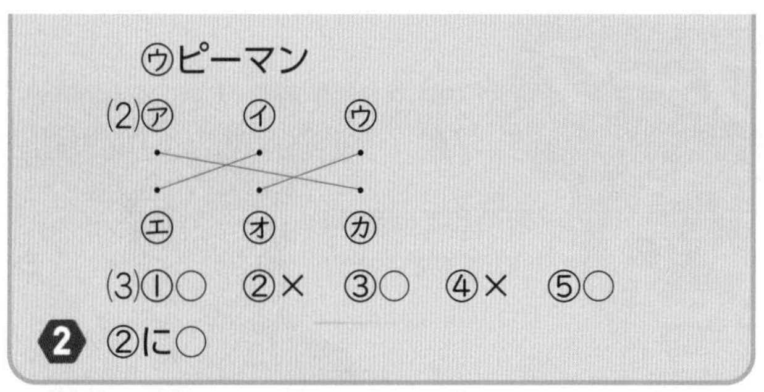

㋒ピーマン

(2)
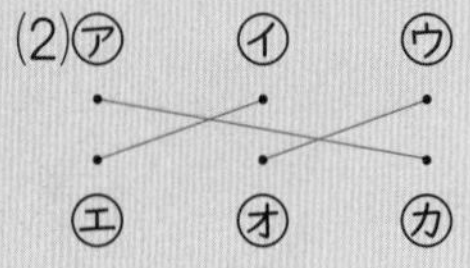

㋐ ㋑ ㋒
㋓ ㋔ ㋕

(3)①○　②×　③○　④×　⑤○

2 ②に○

てびき **1** (2)3つの植物のたねからめが出た後の、子葉の形や大きさなどのちがいを、よくかんさつしましょう。

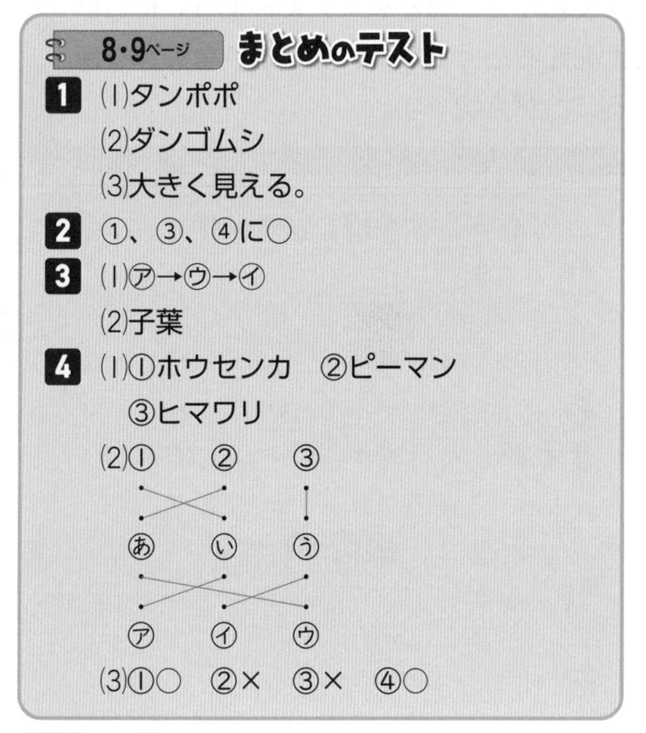

8・9ページ　まとめのテスト

1 (1)タンポポ
(2)ダンゴムシ
(3)大きく見える。

2 ①、③、④に○

3 (1)㋐→㋒→㋑
(2)子葉

4 (1)①ホウセンカ　②ピーマン
③ヒマワリ

(2)
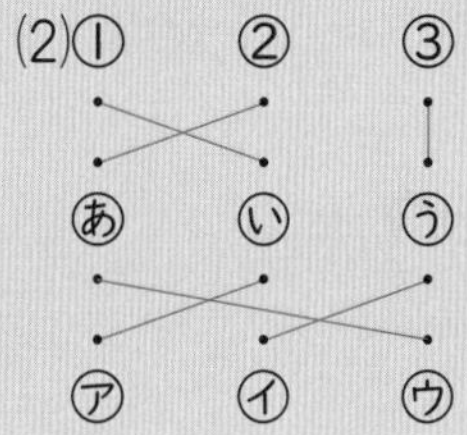

① ② ③
あ い う
㋐ ㋑ ㋒

(3)①○　②×　③×　④○

てびき **1** 虫めがねを使うと、細かなところまでよくかんさつできます。手で持てる物をかんさつするときは、虫めがねを目に近づけて持ち、見る物を前やうしろに動かし、はっきり見えるところで止めて、かんさつします。手で持てない物をかんさつするときは、虫めがねを動かして、はっきり見えるところで止めて、かんさつします。

2 理科では、かんさつしたことをわかりやすく記ろくすることが大切です。記ろくカードには調べること(テーマ)、調べた月日と天気、調べたことやわかったこと、感想やぎもんなどを、絵や文で記ろくします。

4 植物のしゅるいによって、たねの大きさ、形、色などがちがいます。また、出てきた子葉の大きさ、形、色などもちがいます。

3 チョウのかんさつ

10ページ　きほんのワーク

1 (1)①「キャベツ」に◯
②「1mm」に◯
③「細長い」に◯
(2)④黄色にぬる。

2 (1)①黄(オレンジ)　②緑　③皮
(2)④黄(オレンジ)色にぬる。
⑤緑色にぬる。

まとめ ①たまご　②よう虫　③皮

11ページ　練習のワーク

1 (1)③に○
(2)たまごのから
(3)イ

2 (1)㋐　(2)㋔　(3)㋓
(4)大きくなる。

てびき **1** (1)キャベツの葉のうらがわに、たまごが多く見られるのは、うらがわのほうが鳥やほかの虫などのてきに見つかりにくく、たまごやよう虫にとって安全だからです。また、太陽の光が直せつ当たらないという点でもつごうがよいのです。

(2)(3)たまごからかえったよう虫は、はじめに自分が出てきたたまごのからを食べます。その後、キャベツの葉を食べるようになると、からだの色が黄色から緑色になります。

2 よう虫のからだをよくかんさつすると、前のあし（㋑）とうしろのあし（㋒）の形がちがっているのがわかります。

12ページ　きほんのワーク

1 (1)①糸
(2)②「何も食べない」に◯
③「動かない」に◯
(3)④成虫

2 ①たまご　②よう虫
③さなぎ　④成虫

まとめ ①よう虫　②さなぎ　③成虫

13ページ　練習のワーク

1 (1)②に○
(2)皮をぬぐ。

(3)さなぎ
(4)何も食べない。
(5)①に○

2 (1)㋐よう虫　㋑たまご　㋒さなぎ
　㋓よう虫　㋔成虫
(2)②に○　(3)（㋑→）㋓→㋐→㋒→㋔

てびき **1** モンシロチョウのよう虫は、皮をぬいで大きくなります。大きくなったよう虫は、からだに糸をかけ、皮をぬいでさなぎになり、動かなくなります。

わかる! 理科 モンシロチョウのよう虫は、4回皮をぬいで大きく育つと、葉を食べなくなります。そして、さなぎになるためによい場所をさがし、その場所が見つかると、糸をかけはじめ、からだをしっかりと葉などにくっつけます。1日ほどたって皮をぬぐと、さなぎにかわります。

2 アゲハは、ミカンやサンショウ、カラタチなどのミカンのなかまの植物にたまごをうみつけ、その植物の葉がよう虫のえさになります。
　アゲハもモンシロチョウと同じように、たまご→よう虫→さなぎ→成虫のじゅんに育ちます。アゲハのよう虫は、皮をぬぐと、からだの形や色が大きくかわります。

14・15ページ　まとめのテスト①

1 モンシロチョウ…㋒
アゲハ…㋐

2 (1)㋑成虫　㋒さなぎ　㋓よう虫
(2)④に○
(3)たまごからかえったよう虫の食べ物がキャベツの葉だから。

3 (1)毎日
(2)②に○
(3)ア

4 (1)㋑よう虫　㋒よう虫　㋓さなぎ
(2)①㋒　②㋔　③㋐　④㋓　⑤㋑
(3)㋑ウ　㋔ア

丸つけのポイント
2 (3)「キャベツの葉はよう虫の食べ物だから。」など、「食べ物」という言葉を使って、よう虫がキャベツの葉を食べることがかかれていれば正かいです。

てびき **1** モンシロチョウやアゲハは、よう虫の食べ物となる植物の葉にたまごをうみます。モンシロチョウは、キャベツ、アブラナ、ダイコン、コマツナなどの葉に、アゲハは、ミカン、サンショウ、カラタチなどの葉にたまごをうみます。

2 (3)たまごからかえったよう虫が、えさとなる植物を食べることができるように、モンシロチョウはキャベツの葉にたまごをうみます。

わかる! 理科 さなぎになる育ち方をするこん虫のうち、チョウは、よう虫と成虫の食べ物がまったくちがっています。また、さなぎの間は何も食べません。

16ページ　きほんのワーク

1 (1)①下の図

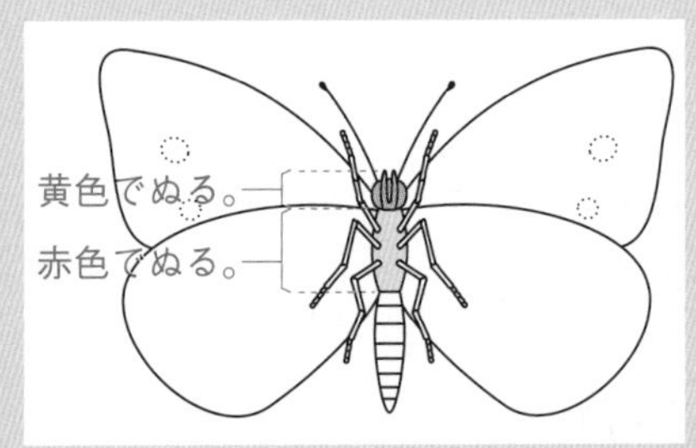

(2)①上の図
(3)②頭　③むね　④はら
　⑤6　⑥こん虫

2 ①口　②しょっかく　③目

まとめ ①頭　②むね　③はら
（①～③順不同）
④こん虫

17ページ　練習のワーク

1 (1)㋐頭　㋑むね　㋒はら
(2)①頭　②むね　③はら（①～③順不同）
　④6　⑤むね　⑥こん虫
(3)しょっかく…㋐　はね…㋑
(4)できている。
(5)いえる。

2 (1)㋐頭　㋑むね　㋒はら
(2)㋓しょっかく　㋔目　㋕はね　㋖あし
(3)㋕、㋖

てびき ❶ (2)からだが頭、むね、はらの3つの部分からできていて、むねに6本のあしがあるなかまをこん虫といいます。

(4)このほかにバッタやハチ、アリなどもこん虫です。

❷ (3)モンシロチョウのあしとはねは、どちらもむねにあります。あしは6本、はねは4まいです。

わかる! 理科 チョウと近いガのなかまである「カイコガ」は、よう虫が糸を出してつくる「まゆ」が、「きぬ糸」の原りょうになるので、何千年も前から大切にされてきました。カイコガのよう虫はクワの葉だけを食べます。着物などに使われる「きぬ」というぬのは、「きぬ糸」でつくられています。

18・19ページ まとめのテスト❷

1 (1)頭…㋐ むね…㋑ はら…㋒

(2)あし…むね はね…むね

(3)6本

(4)ふし

(5)こん虫

(6)㋓目 ㋔しょっかく ㋕口

(7)㋕

2 ①、⑤に○

3 (1)アゲハ

(2)㋐頭 ㋑むね ㋒はら

(3)あし…むね はね…むね

(4)いえる。

4 (1)下の図

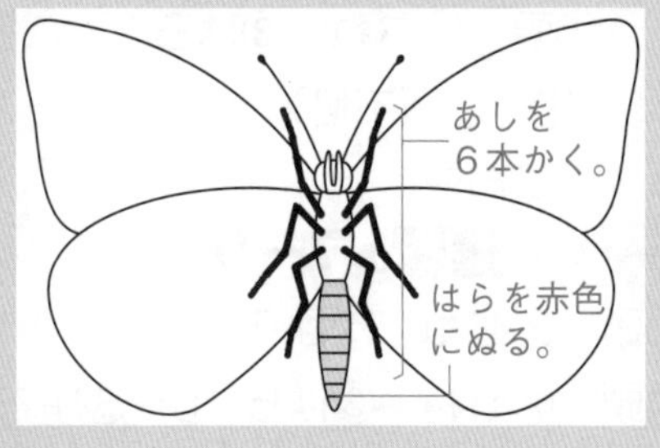

(2)上の図

(3)頭

(4)目

丸つけのポイント

4 (1)あしは、むねから6本ついていれば、長さがちがっていても正かいです。

てびき **1** (1)モンシロチョウなどのこん虫のからだは、頭、むね、はらの3つの部分からできています。

(2)(3)6本のあしと4まいのはねは、むねの部分にあります。

(4)こん虫のはらは、いくつかのふしからできているため、曲げることができます。

(6)こん虫は、目で食べ物を見つけたり、まわりのようすを見たりすることができます。しょっかくで花のみつのにおいなど、まわりのようすを知ることができます。

(7)モンシロチョウの口は、ふだんはまるまっていますが、みつをすうときは長くのびます。

3 (1)アゲハとモンシロチョウの成虫のからだの大きさをくらべると、アゲハのほうが大きいです。

(2)〜(4)アゲハの成虫のからだは、モンシロチョウのように、頭、むね、はらの3つの部分に分かれています。むねには6本のあしと、4まいのはねがあります。このようなからだのとくちょうから、アゲハは、こん虫のなかまであるといえます。

4 (3)(4)チョウの頭には、口のほかに、目としょっかくがあります。

わかる! 理科 モンシロチョウの頭には、2本のしょっかくと2つの目と1つの口があります。この口は、人間の口とはちがっていて、ストローのような形をしています。しかし、ストローのように1本ではなく、左右2本のくだが合わさっています。ふだんはくるくるとまかれていますが、みつをすうときは、この口をのばして花の中にさしこみます。

どれぐらい育ったかな

20ページ きほんのワーク

1 (1)①葉　②子葉
(2)③ヒマワリ　④ホウセンカ

2 ①葉　②くき　③根

まとめ　①高く　②葉　③くき　④根
(②～④順不同)

21ページ 練習のワーク

1 (1)㋐ピーマン　㋑オクラ
(2)㋐葉　㋑くき
(3)子葉
(4)根
(5)高さ…高くなった。　葉の数…ふえた。

2 (1)ナズナ
(2)㋐くき　㋑葉　㋒根
(3)㋒

てびき 1 (1)～(4)いろいろな植物の葉、くき、根をくらべると、少しずつちがっています。

葉は、形や大きさ、ふちのようすなどがちがいます。くきは、まっすぐなものや、かきねやほかの植物にまきつくものなどがあります。根は、くきから太い根が出て、そこから細かい根が出ているものや、くきからひげのような根がたくさんのびているものなどがあります。

(5)6月ごろのオクラやピーマンは、5月ごろとくらべて、どちらも高さは高くなり、葉の数はふえています。

2 ナズナのからだは、葉(㋑)、くき(㋐)、根(㋒)からできています。葉はくきについています。根は、土の中に広がっています。

22・23ページ まとめのテスト

1 (1)㋐ヒマワリ　㋑ホウセンカ
(2) ㋐―㋓、㋑―㋒、㋒―㋕、㋓―㋔ (図：線で結ぶ)
(3)ある。
(4)ちがう。

2 (1)㋑
(2)子葉
(3)㋐
(4)くき
(5)太くなる。
(6)記号…㋓　名前…根
(7)㋐

3 ①×　②×　③○　④○　⑤○

4 (1)㋐ナズナ　㋑エノコログサ
(2)㋑、㋔
(3)㋒、㋕

てびき 1 (3)(4)植物のからだには、葉、くき、根の3つのつくりがありますが、植物のしゅるいがちがうと、葉、くき、根の形や色、大きさなどはちがいます。

2 (7)植物の高さは、地面からいちばん上の葉のつけ根までをはかります。

3 植物によって、葉、くき、根の形はちがっています。たとえば、タンポポのようにくきがとても短いもの、ナズナやエノコログサのように、くきが根もとから何本も出ているものなどがあります。

4 ナズナは、くきの下のほうにぎざぎざした葉がついていて、くきの上のほうにハート形のもの(実)がついています。エノコログサの葉は細長く、根は、ひげのように細く分かれています。

4 風やゴムのはたらき

24ページ きほんのワーク

1 (1)②に○
(2)③風

2 (1)①強　②弱
(2)③「大きくなる」に◯

まとめ　①動かす　②大きく

25ページ 練習のワーク

1 (1)㋐
(2)㋐
(3)㋐→㋒→㋑
(4)強くしたとき。

2 ㋐、㋒、㋓に○

てびき 1 (1)風を受けるところが広かったり、風を受け止めやすい形をしていたりすると、風

をしっかりと受けて遠くまで動きます。

(3)(4)強い風を当てたほうが、車が遠くまで動きます。

❷ ㋐風の力で、たこは空高くにあがります。

㋒ヨットは、ほが風を受けると進みます。

㋓風力発電所は、プロペラがたの風車(ふうしゃ)が風を受けて回ることで電気をつくりだしています。

26ページ きほんのワーク

1 ①強い（強くなる）
②形

2 (1)①短く　②長く
(2)③「大きく」に○

まとめ　①動かす　②ある　③大きく

27ページ 練習のワーク

❶ ①×　②○　③×　④○　⑤×
⑥○

❷ (1)車を引く方向…Ⓘ
車が進む方向…Ⓐ
(2)②に○
(3)大きく

てびき ❶ わゴムは、のばすと、もとの形にもどろうとします。わゴムを長くのばすほど、手ごたえは強くなります。

❷ (2)①わゴムの長さや太さによって物を動かすはたらきの大きさはかわってしまうので、じっけんは同じわゴムを使って行います。

③わゴムをのばした長さをくらべやすくするために、じょうぎを使います。

(3)ゴムを長くのばしたほうが、ゴムがもとの形にもどろうとする力が大きくなるため、車を動かすはたらきが大きくなります。

28・29ページ まとめのテスト

1 (1)①に○
(2)㋐
(3)㋑
(4)物を動かすはたらき（がある。）
(5)大きくなる。

2 (1)㋒→㋑→㋐
(2)㋐→㋑→㋒
(3)もとの形にもどろうとするせいしつ
(4)大きくなる。

3 ㋐○　㋑△　㋒○
㋓○　㋔○　㋕△

てびき 1 (2)風が強いほど、車は長いきょりを動きます。

(3)風が弱いと、車の動くきょりは短くなります。

(5)風が強いほど、物を動かすはたらきは大きくなります。

2 (2)ゴムののばし方が短いと、車の動くきょりは短くなります。

(4)ゴムを長くのばすと、車は遠くまで動くので、物を動かすはたらきは大きくなります。

3 たこやこいのぼり、ヨット、風力発電所の風車は、風がないとあがらなかったり、動かなくなったりします。

花がさいたよ

30ページ きほんのワーク

1 (1)①ヒマワリ　②ホウセンカ
(2)③つぼみ

2 ①ピーマン　②オクラ

まとめ　①つぼみ　②ちがう

31ページ 練習のワーク

❶ (1)㋐ヒマワリ　㋑ホウセンカ
(2)㋐・㋑、㋒・㋓、㋔・㋕を線でむすぶ（㋐—㋓、㋑—㋒、㋒—㋕、㋓—㋔）

❷ ①○　②×　③○　④×　⑤○　⑥×
⑦○

てびき ❷ 植物によって葉の大きさや形、くきの太さや高さなどの育ち方がちがいます。また、つぼみや花の色や形も、植物によってちがいます。育っている植物をよくかんさつしましょう。

実ができたよ

32ページ きほんのワーク

1 ①ピーマン
②ホウセンカ
③「さいた後」に○

❷ ①子葉　②葉　③葉　④花　⑤実

まとめ　①実　②たね　③かれる

33ページ　練習のワーク

❶ (1)㋐実　㋑花　㋒つぼみ
(2)実
(3)④に○
(4)㋒→㋑→㋐

❷ ㋐5　㋑2　㋒3　㋓1　㋔4

てびき ❶ ホウセンカの花がさき終わると、花はかれ、やがてそこに緑色の実ができます。ホウセンカの実には、細かい毛がはえていて、茶色くなってかれると、実がはじけて、中からたくさんのたねがとびちります。1つの実の中には、たくさんのたねが入っているので、1本のホウセンカからたくさんのたねがとれます。

❷ たねをまいた後、まずさいしょに子葉が出てきます。その後、葉が出てきます。葉の数がふえるとともに、くきものびていき、やがてつぼみがつきます。つぼみから花がさいた後、実ができます。実の中にはたねができています。そして、かれていきます。

34・35ページ　まとめのテスト

1 (1)①ヒマワリ
②ホウセンカ
③ピーマン
(2)①—㋑, ②—㋐, ③—㋒ ／ ㋐—㋔, ㋑—㋓, ㋒—㋕ ／ ㋓—㋗, ㋔—㋖, ㋕—㋘
(3)ホウセンカ
(4)ヒマワリ
(5)①花　②実　③たね

2 (1)㋐3　㋑2　㋒6
㋓1　㋔4　㋕5
(2)①㋑　②㋔　③㋒
(3)ア
(4)イ

3 ①×　②○　③×
④○　⑤×　⑥○

てびき **1** ヒマワリ、ホウセンカ、ピーマンなどの植物は、小さなたねからめが出て、大きく育っていき、花をさかせて、たくさんのたねをのこして、かれていきます。たねは土の上に落ち、次の春がくると、めが出て育ちはじめます。このように、春にたねをまいて秋にかれてしまう植物を一年生植物といいます。

3 ①子葉の形は、植物のしゅるいによってちがいます。

③葉の数がふえるとともに、葉の大きさは大きくなっていきます。

⑤実は、花がさいた後に、花がさいていたところにできます。ほかのところにはできません。

5　こん虫のかんさつ

36ページ　きほんのワーク

❶ ①草の葉　②花のみつ　③かれた葉
④木のしる　⑤草むら　⑥石の下
⑦木のそば

❷ (1)①頭　②むね　③はら
(2)

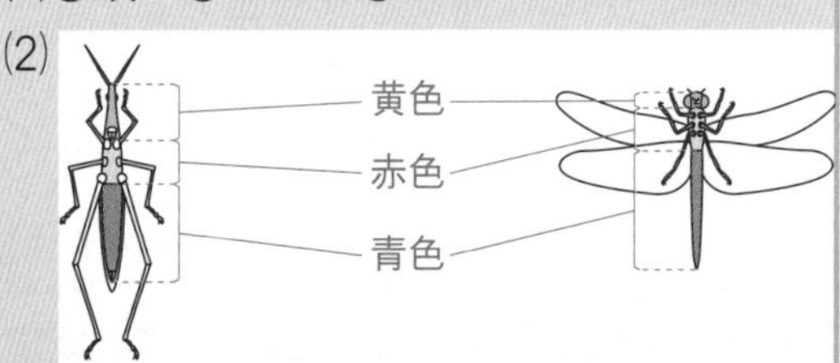

まとめ　①食べ物　②頭　③むね
（②③順不同）

37ページ　練習のワーク

❶ ①石の下　②かれた葉
③草むら　④花のみつ
⑤草むら　⑥草の葉

❷ (1)㋐頭　㋑むね　㋒はら
㋓頭　㋔むね　㋕はら
(2)①頭　②むね　③はら
（①～③順不同）
④3　⑤むね　⑥6

てびき ❶ こん虫などの動物は、食べ物があるところや、かくれ場所になっているところをすみかにしています。

❷ こん虫かどうかは、からだの分かれ方や、あしの数を調べればわかります。からだが頭、むね、はらの3つの部分からできていて、むねに6本のあしがあればこん虫です。アキアカネやカブトムシは、からだが3つの部分からできていて、むねに6本のあしがあるので、こん虫の

なかまです。

38ページ きほんのワーク

1 ①たまご ②よう虫 ③成虫

2 ①カブトムシ ②セミ

まとめ ①たまご ②よう虫 ③成虫

39ページ 練習のワーク

1 (1)㋐たまご ㋑よう虫 ㋒成虫
(2)Ⓘに○
(3)③に○

2 (1)㋐→㋒→㋑
(2)ちがう。

てびき 1 (1)こん虫の育ち方には、モンシロチョウのようにさなぎになる育ち方（たまご→よう虫→さなぎ→成虫）と、トンボやバッタのようにさなぎにならない育ち方（たまご→よう虫→成虫）の2つの育ち方があります。

モンシロチョウと同じ育ち方をするこん虫には、カブトムシ、アリ、ハチなどがいます。

トンボやバッタと同じ育ち方をするこん虫には、セミ、カマキリ、アメンボなどがいます。

わかる! 理科 バッタのよう虫は、成虫とよくにたすがたをしていますが、短いはねしかないので、遠くにとぶことができません。

2 ㋐はたまご、㋑は成虫、㋒はよう虫です。トンボは、たまご→よう虫→成虫と育ち、さなぎにはなりません。

40・41ページ まとめのテスト①

1 (1)3つ
(2)6本
(3)むね
(4)②に○
(5)ちがう。

2 ㋐・・Ⓐ・・Ⓔ
㋑・・Ⓘ・・Ⓞ
㋒・・Ⓤ・・Ⓚ

3 (1)8本
(2)14本
(3)④に○
(4)クモもダンゴムシも、あしが6本ではないから。

4 (1)㋐モンシロチョウ
㋑ノコギリクワガタ
㋒ショウリョウバッタ
(2)㋐花のみつ ㋑木のしる ㋒草の葉
(3)食べ物

丸つけのポイント

3 (4)からだが頭、むね、はらからできていて、むねに6本のあしがあるという、こん虫のからだのつくりとちがうということがかかれていれば正かいです。

てびき 1 トンボやバッタも、からだが頭、むね、はらの3つの部分からできていて、むねに6本のあしがあるので、こん虫です。

2 こん虫のしゅるいがちがうと食べ物もちがいます。こん虫は食べ物の近くにいることが多いので、こん虫のしゅるいがちがうと、すみかもちがいます。こん虫は、まわりのしぜんとかかわり合って生きています。

3 クモはあしが8本、ダンゴムシはあしが14本あります。あしが6本ではないため、こん虫のなかまではありません。また、あしの数だけでなく、からだのつくりもこん虫とはちがいます。クモのからだは「頭とむねがいっしょになった部分」と「はら」の2つに分かれています。

42・43ページ まとめのテスト②

1 (1)㋐たまご ㋑よう虫 ㋒成虫
(2)バッタやトンボはさなぎにならないで成虫になる。
(3)トノサマバッタのよう虫…Ⓤ
シオカラトンボのよう虫…Ⓘ
(4)①、③、④に○

2 (1)㋐ショウリョウバッタ
㋑カブトムシ ㋒シオカラトンボ
㋓モンシロチョウ
(2)㋐、㋒
(3)㋑、㋓
(4)Ⓐ㋒ Ⓘ㋑ Ⓤ㋓ Ⓔ㋐ (5)やご
(6)①× ②○ ③× ④○ ⑤○

丸つけのポイント

1 (2)チョウはさなぎになりますが、バッタ

やトンボはさなぎにならないことがかかれていれば正かいです。

てびき **1** (3)トノサマバッタのよう虫は、入れ物に土を入れ、エノコログサやオヒシバなど、食べ物となる植物を植えてかいます。シオカラトンボのよう虫は、池や川の中にすんでいるので、入れ物に水と水草を入れ、生きた虫をあたえます。成虫になるときに水から出てくるので、木のぼうを立てておきます。

2 たまご→よう虫→成虫のじゅんに育つのは、㋐ショウリョウバッタと㋒シオカラトンボです。たまご→よう虫→さなぎ→成虫のじゅんに育つのは、㋑カブトムシと㋓モンシロチョウです。こん虫のなかまでも、しゅるいによって育ち方はちがいます。

6 太陽とかげ

44ページ きほんのワーク

1 (1)①しゃ光プレート
(2)②「反対」に◯
③「同じ」に◯
(3)㋑をぬる。

2 (1)①に○
(2)③東 ④南 ⑤西

まとめ ①日光 ②反対 ③東 ④南 ⑤西

45ページ 練習のワーク

1 (1)①さえぎる ②反対
(2)ⓘ、ⓞ
(3)㋐に○

2 (1)ⓤ
(2)㋑
(3)ⓤ→ⓘ→ⓐ
(4)㋓東 ㋔西
(5)①東 ②南 ③西

てびき **1** (1)日光(太陽の光)をさえぎる物があると、太陽の反対がわにかげができます。

(2)同じ時こくにかんさつすると、かげはどれも同じ向きにできます。ⓐ、ⓤ、ⓔ、ⓚは同じ向きのかげができていますが、ⓘとⓞは向きがちがいます。

(3)ⓐ、ⓤ、ⓔ、ⓚのかげの向きは㋑のほうの向きにできています。かげは太陽と反対の向きにできるので、太陽は㋐のほうにあります。

2 かげは、太陽の反対がわにできるので、かげの向きのかわり方は、太陽のいちのかわり方の反対になります。

太陽のいちは、東→南→西とかわるので、かげの向きはその反対に西→北→東というようにかわります。方位じしんを使って調べてみましょう。

方位じしんは、色がついたはりがいつも北の向きをさすようになっています。

わかる! 理科 かげは、日光(太陽の光)が物にさえぎられてできます。かげの中に入ると、太陽が物にさえぎられて見えません。

46ページ きほんのワーク

1 (1)①明るい ②暗い
(2)③あたたかい ④つめたい

2 (1)①放しゃ温度計
(2)②

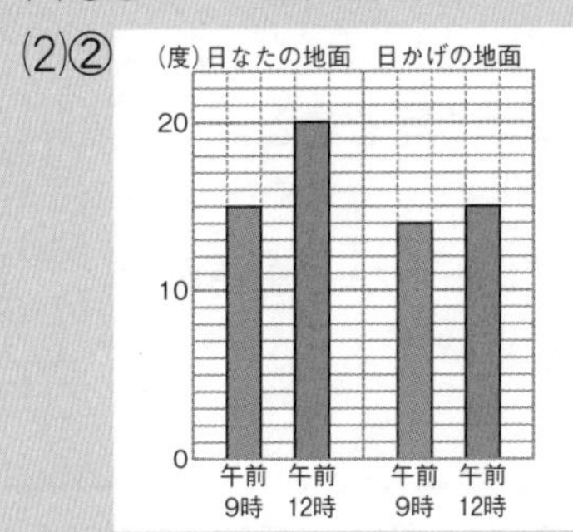

(3)③日光

まとめ ①あたたかく ②つめたく ③日光

47ページ 練習のワーク

1 ①○ ②× ③○ ④○

2 (1)①少し ②えきだめ ③日光
(2)㋑
(3)日なた…23℃ 日かげ…19℃
(4)日なた
(5)日なた

てびき **1** 日なたは明るいのでかげができ、地面はあたたかくて、かわいています。日かげは暗いのでかげができず、地面はつめたくて、しめっています。

2 (1)温度計に直せつ日光が当たると、温度計が

あたたまって、正かくな温度がはかれなくなります。

(2)温度計のえきが動かなくなったら、目もりを温度計の真横(まよこ)から読みます。

(3)～(5)午前9時の日なたの温度は18℃、午前12時の日なたの温度は23℃なので、温度のちがいは5℃です。午前9時の日かげの温度は17℃、午前12時の日かげの温度は19℃なので、温度のちがいは2℃です。

48・49ページ まとめのテスト

1 ①○　②×　③○　④×

2 (1)②、④に○

(2)①㋒　②㋐　③㋓　④㋑

(3)日なたの地面は、日光によってあたためられるから。

3 (1)㋔

(2)午後3時

(3)①、③、④に○

(4)太陽…東→南→西

かげ…西→北→東

(5)しゃ光プレート

(6)太陽を直せつ見ること。

丸つけのポイント

3 (6)しゃ光プレートなどを使わずに、直せつ太陽を見るということがかかれていれば正かいです。

てびき **1** ④日かげでは、日光が当たらないため、自分のかげはできません。

2 (2)(3)同じ日の同じ時こくの地面の温度は、日光によってあたためられた日なたのほうが日かげよりも高くなっています。

3 (3)③かげの長さは、太陽がもっとも高くなる正午ごろにいちばん短くなります。

わかる!理科 「どんなことですか。」という問いには、文の終わりが「～こと。」となるように答えましょう。

7 太陽の光

50ページ きほんのワーク

1 (1)①かがみ

㋐×　㋑○　㋒×

(2)②「まっすぐに」に○

2 (1)①㋒→㋑→㋐

(2)②㋒→㋑→㋐

(3)③「明るく」に○

④「あたたかく」に○

まとめ ①まっすぐに　②日光　③高く

51ページ 練習のワーク

1 (1)(太陽→)㋓→㋒→㋑(→㋐)

(2)まっすぐに進んでいる。

2 (1)明るくなる。

(2)㋑

(3)まっすぐに進む。

3 (1)㋓

(2)放しゃ温度計、ぼう温度計など

(3)㋔、㋕

(4)㋔

てびき **1** (1)日なたにある㋓のかがみにはじめに日光が当たっています。㋓ではね返した日光は㋒のかがみに当たってはね返り、㋑のかがみに当たって、㋐にとどいています。

(2)かがみではね返った後、日光はまっすぐに進んでいます。

2 かがみではね返した日光は、まっすぐに進みます。そのため、かがみを右のほうに向けると、かがみと同じ向き(㋑のほう)に動きます。

3 (1)かがみの数をふやし、日光を重ねていくほど、日光の当たっているところは、明るく、あたたかくなっていきます。

(2)ぼう温度計よりも放しゃ温度計のほうが、より早く正かくに温度をはかることができます。

52ページ きほんのワーク

1 (1)①「集め」に○

(2)②日光

2 (1)①「小さく」に○

(2)②こげる

まとめ ①日光　②集める　③虫めがね

④小さく

53ページ　**練習のワーク**

❶ (1)②に○

(2)㋐に○

(3)㋐

(4)②に○

❷ (1)①に○

(2)いちばん明るい…㋒

いちばんあつい…㋒

てびき ❶ (1)虫めがねを使うと、日光を集めることができます。

(2)〜(4)明るい部分が小さくなるように日光を集めると、より明るく、あつくなります。

わかる! 理科　大きな虫めがねを使うと、より多くの日光を集めることができるので、こい色の紙がこげるのが早くなります。

54・55ページ　**まとめのテスト**

1 (1)㋒

(2)下

(3)③に○

(4)まっすぐに進むから。

2 (1)㋒に○

(2)こげて、けむりが出てくる。

3 (1)㋓

(2)㋗

(3)㋐、㋖

(4)㋑、㋕

(5)㋓

(6)㋗

(7)㋒、㋖

(8)㋔、㋕

(9) (日光を重ねるほど、)明るく、あたたかくなる。

4 ①○　②×　③×　④○

⑤×　⑥×

丸つけのポイント

2 (2)「けむりが出る」「こげる」だけでも正かいです。

3 (9)「明るさやあたたかさはどうなりますか」と問われているので、明るくなること、あたたかくなることの両方についてかかれていれば正かいです。

てびき **1** (1)(2)かがみではね返した光は、かがみを動かしたほうに動きます。

(3)光の通り道に物をおくと、物に光が当たって光の当たった部分が明るくなります。

2 (1)虫めがねを使って日光を集めたところの明るさは、小さくなるにつれて明るくなります。

(2)虫めがねを使って色のこい紙の上に日光を集め、集めたところをもっとも小さくすると、まぶしいほど明るくなり、やがて、紙からけむりが出てきてこげてきます。このように、虫めがねには日光を集めて物をこがすほどあつくするはたらきがあるので、人のからだや服などに集めた日光を当ててはいけません。

3 (1)(5)かがみで日光をたくさん重ねるほど、かがみではね返された日光が当たっているところは、明るく、あたたかくなります。㋓は、3まいのかがみではね返した日光が重なっているので、いちばん明るく、あたたかくなっています。

(2)(6)はね返した日光がまったく当たっていないところは、明るくならず、あたたかくもなりません。

(3)(7)㋐、㋒、㋖は、1まいのかがみではね返した日光が当たっているので、同じ明るさで、同じあたたかさです。

(4)(8)㋑、㋔、㋕は、2まいのかがみではね返した日光が当たっているので、同じ明るさで、同じあたたかさです。

8　音のせいしつ

56ページ　**きほんのワーク**

❶ (1)①ふるえている

(2)②止まる

③止まる

❷ (1)①「大きい」に○

②「小さい」に○

(2)③大きい　④小さい

まとめ　①ふるえている　②大きく

③小さく

57ページ 練習のワーク

1 (1)③に○
(2)①× ②○ ③○ ④×
(3)ウ

2 (1)強くはじいたとき。
(2)①大きく ②小さく
(3)わゴムのふるえを止める。

丸つけのポイント

2 (3)「止める」だけでも正かいです。

てびき **1** (1)ふせんをはったトライアングルをたたくと、トライアングルのふるえによってふせんが動くので、トライアングルがふるえているかどうかをたしかめやすくなります。

(2)音が出ている物はふるえています。物のふるえを止めると、音も止まります。

2 (1)わゴムギターのわゴムを強くはじいたり、トライアングルを強くたたいたりすると、音は大きくなります。

(2)音が大きいと音を出している物のふるえ方は大きくなり、音が小さいと物のふるえ方は小さくなります。

58ページ きほんのワーク

1 (1)①「聞こえる」に◯
(2)②「聞こえない」に◯

2 ①ふるえている

まとめ ①ふるえている ②聞こえなくなる

59ページ 練習のワーク

1 (1)聞こえる。
(2)①に○

2 (1)聞こえる。
(2)ふるえている。
(3)③に○
(4)糸のふるえが止まるから。

丸つけのポイント

2 (4)「糸のふるえがつたわらないから。」でも正かいです。ふるえが止まること、ふるえがつたわらないことがかかれていれば正かいです。

てびき **1** 物をたたくと、物はふるえます。そのふるえが物をつたわって音が聞こえます。

2 (1)(2)トライアングルのふるえが糸によって紙コップにつたわり、音は聞こえるようになります。

(3)(4)糸を指でつまむと、糸のふるえが止まり、音は聞こえなくなります。

60・61ページ まとめのテスト

1 (1)イ
(2)①× ②× ③○ ④×
(3)ふるえているように感じる。

2 (1)あウ いイ
(2)大きく

3 (1)スプーンを強くたたきすぎないようにすること。
(2)ふるえている。
(3)ふるえていない。
(4)①「ふるえている」に◯
②「ふるえる」に◯

4 ①× ②○ ③○ ④× ⑤× ⑥○

てびき **1** (1)たいこをたたいて音を出すと、たいこはふるえるので、入れ物の中のビーズは上下に細かくはねます。

(2)たいこを強くたたくと、ビーズがよりはげしく動きます。

2 (1)強さをかえてトライアングルをたたくと、トライアングルの音の大きさとふるえ方にちがいができます。音が大きいときはトライアングルのふるえ方は大きく、音が小さいときは、ふるえ方は小さいです。

3 (1)スプーンを強くたたきすぎると、大きな音が出て、耳をいためてしまうきけんがあります。

4 音の大きさがかわると、物のふるえ方もかわります。シンバルや大だいこを強くたたくと物のふるえ方が大きくなり、大きな音が出ます。

音が出ているとき、物はふるえているため、手を強く当てて物のふるえを止めると、音も止まります。

9 物の重さ

62ページ きほんのワーク

1 (1)①電子てんびん
(2)②水平

(3)③0

2 (1)①600　②600

(2)③かわらない

まとめ　①形　②重さ

63ページ　練習のワーク

1 (1)電子てんびん

(2)重さ（物の重さ）

(3)水平なところ

(4)②に○

(5)1000

2 (1)㋑同じ　㋒同じ　㋓同じ　㋔同じ

(2)かわらない。

てびき 1 (3)電子てんびんは、水平な場所において使います。

(4)電子てんびんは、はかる物をのせる紙をのせて、「0」gに合わせるボタンをおしてから重さをはかります。

(5)重さを表すたんいには、「kg（キログラム）」や「g（グラム）」があります。1kg＝1000gです。

2 同じ物であれば、形をかえても、いくつかに分けても、重さはさいしょにはかった重さと同じになります。

64ページ　きほんのワーク

1 ①「山もり」に○

②すき間

2 (1)①しお

(2)②「ちがう」に○

まとめ　①しゅるい　②ちがう　③しお

65ページ　練習のワーク

1 ①×　②○　③×　④○　⑤×　⑥○

2 (1)くらべる物の体積を同じにする。

(2)①に○

3 ㋐4　㋑1　㋒2　㋓3

丸つけのポイント

2 (1)体積を同じにすることがかかれていれば正かいです。

てびき 1 しおやさとうなどを同じ体積にするときは、同じ大きさの入れ物に入れた後、つぶの間のすき間をなくすために、入れ物をトントンと軽くたたくようにすることが大切です。

2 重さをくらべるときには、くらべる物の体積を同じにします。体積が同じでも、物のしゅるいがちがうと、重さはちがいます。

66・67ページ　まとめのテスト

1 (1)㋐100g

㋑100g

(2)100g

(3)かわらない。

(4)かわらない。

(5)45g

2 ①○　②×　③○　④○　⑤×

3 (1)g…グラム　kg…キログラム

(2)鉄

(3)木

(4)②に○

4 ①×　②×　③○　④○

てびき 1 (1)～(4)物の形をかえても、いくつかに分けても、全体（ぜんたい）の重さはかわりません。

(5)100(g)－55(g)＝45(g)

3 (2)表から、いちばん重いのは鉄とわかります。

(3)表から、いちばん軽いのは木とわかります。

(4)体積が同じでも、物のしゅるいによって重さはちがいます。

4 細かく切り分けたり、形をかえたりしても、物の重さはかわりません。同じ体積の2つの物をくらべたとき、物のしゅるいがちがうと、重さもちがいます。

10　電気の通り道

68ページ　きほんのワーク

1 (1)①豆電球　②どう線つきソケット

③かん電池

(2)④＋極　⑤－極

2 (1)①

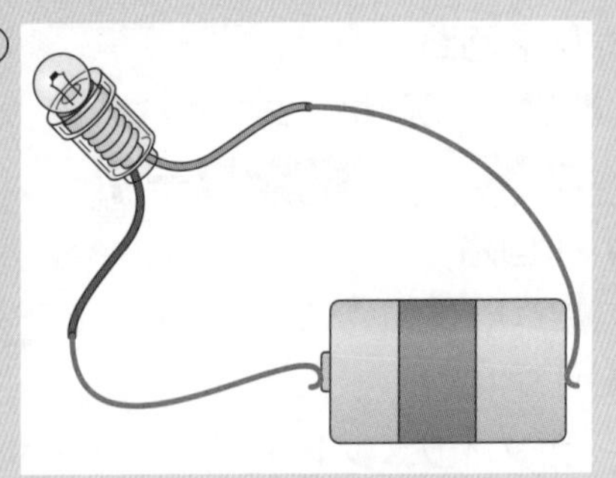

⑵②わ

まとめ　①豆電球　②－　③わ　④電気

69ページ　**練習のワーク**

1 ⑴㋐豆電球
　㋑どう線つきソケット
　㋒かん電池
⑵㋐（と）㋓

2 ⑴㋑、㋓、㋕に○
⑵①－極
　②（1つの）わ

てびき **1** ⑵明かりがつくようにするには、かん電池の＋極と－極にどう線をつなぎます。㋑や㋒は、＋極や－極ではありません。

2 かん電池の＋極、豆電球、かん電池の－極が、1つのわのように、どう線でつながっているかどうかを調べます。1つのわのようにつながっていれば、豆電球に明かりがつきます。かん電池の向き、豆電球のいちはかんけいありません。

70ページ　**きほんのワーク**

1 ⑴

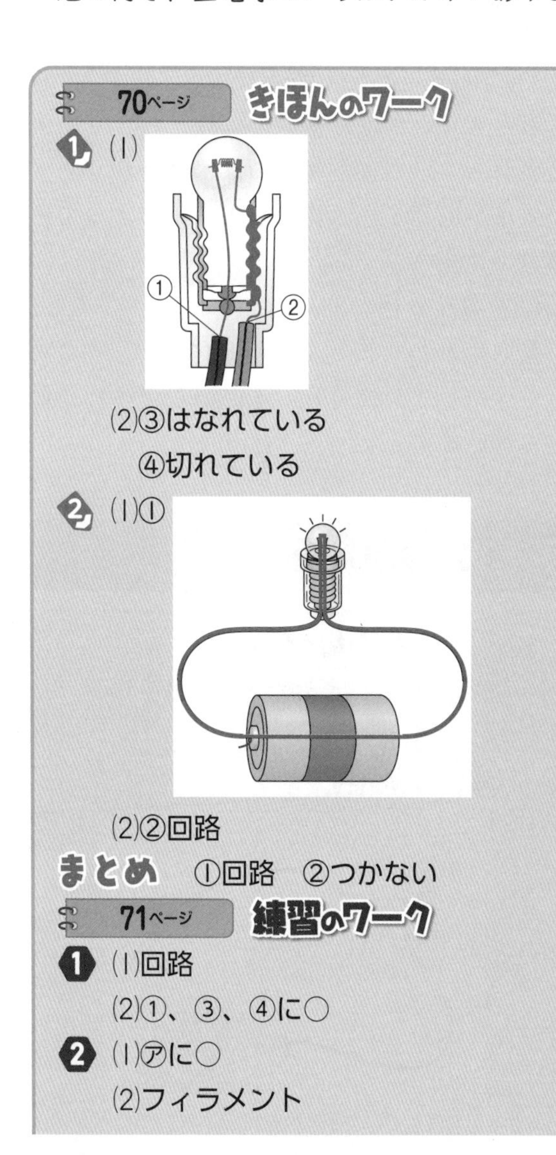

⑵③はなれている
　④切れている

2 ⑴①

⑵②回路

まとめ　①回路　②つかない

71ページ　**練習のワーク**

1 ⑴回路
⑵①、③、④に○

2 ⑴㋐に○
⑵フィラメント

3 ㋑に○

てびき **1** ⑵豆電球の明かりがつかないときは、まず、回路が、わのようにつながっているか、どう線がかん電池の極にしっかりつながれているかをかくにんしましょう。また、豆電球の中のフィラメントが切れていたり、ソケットがゆるんでいると、回路はつながらず、明かりはつきません。

2 豆電球やソケットの中のしくみをよく見て、電気の通り道を調べます。とくに、豆電球のそこにあるふくらみから、フィラメントを通り、まわりの金ぞくにつながっているようすをかくにんしましょう。そして、豆電球とソケットのどの部分がつながっているのかも調べましょう。

3 フィラメントは、とても細い線でできています。豆電球がつかないときには、㋒のように、フィラメントが切れていないか調べます。

72・73ページ　**まとめのテスト①**

1 ①○　②×　③×　④○　⑤×　⑥×
　⑦○　⑧×

2 ①、②、⑤に○

3 ⑴豆電球のフィラメントが切れているから。
⑵豆電球を新しいものにかえる。

4 ⑴フィラメント
⑵ある。　⑶つく。
⑷②、④に○
⑸③に○

5 ①×　②○　③×　④○

てびき **1** ②＋極とどう線が、わずかにはなれています。少しでもはなれていると、電気の通り道がつながりません。

③＋極につながっているどう線が、どう線のビニルの部分で＋極についています。ビニルは電気を通しません。

⑤⑧どう線は、＋極と－極につながないと明かりはつきません。

⑥どう線がとちゅうで切れているので、電気の通り道がつながりません。

①④⑦どう線の長さや豆電球・かん電池の向きはかんけいなく、かん電池の＋極と－極にど

う線が正しくつながっていると、豆電球に明かりがつきます。

4 (3)ソケットを使わなくても、豆電球に明かりをつけることはできます。フィラメントにつながる2本の線の先(電気の通る部分)が、豆電球の下と横につながっているため、ソケットを使わなくても、どう線を豆電球の下と横につなげれば明かりがつくのです。

(4)回路がつながっているときに、豆電球に明かりがつかない理由を考える問題(もんだい)です。

明かりがつかない理由でもっとも多いのが、豆電球のフィラメントが切れていることです。フィラメントは、たいへん細い線でできているので使い方をまちがえると、切れることがよくあります。ソケットを使っているときは、豆電球がゆるんでいることがあるので、豆電球をソケットにしっかりとりつけます。

また、かん電池が古いと、明かりをつける力がなくなってくるので、豆電球の明るさが暗くなってきて、やがてつかなくなります。使えなくなったかん電池は、決められた場所に集めて、決められたすて方をします。

5 豆電球に明かりがつくとき、かん電池の＋極、豆電球、かん電池の－極は、1つのわのようにつながっています。

74ページ きほんのワーク

1 (1)①×　②○　③○　④×
(2)⑤金ぞく

2 ①「つく」に○
②「つかない」に○

まとめ ①金ぞく　②通す　③通さない

75ページ 練習のワーク

1 (1)かん電池ボックス
(2)②、⑤、⑧に○
(3)③に○

てびき **1** (2)どう線のあ、いが調べる物のどの部分とつながっているかに注目します。その部分が金ぞくであれば電気が通り、明かりがつきます。かんは、金ぞくでできていても、かんの色がぬってある部分は、電気を通さないので、明かりはつきません。この場合は、表面にぬってある色を紙やすりなどでけずれば、金ぞくの部分が出てくるので、電気を通します。

76・77ページ まとめのテスト②

1 ①○　②○　③×　④○　⑤○　⑥×

2 (1)ア1　イ4　ウ2　エ3
(2)セロハンテープ

3 (1)ア○　イ×　ウ×　エ○　オ×　カ○
(2)②に○

4 (1)つかない。
(2)①色　②通さない

てびき **1** 鉄、アルミニウムなどの金ぞくは電気を通し、紙やガラスは電気を通しません。

2 どう線のつなぎ方の問題です。どう線は、電気を通すどう線のまわりを、電気を通さないビニルでおおったものです。電気を通さないビニルをはぎ、電気を通すどう線どうしをつなぎ、電気を通さないセロハンテープをまきます。ビニルテープをまいてもかまいません。

3 かん電池、どう線、豆電球がつながっている回路の中に入れる物によって、明かりがつくかどうかがちがってきます。わの中に1つでも金ぞくでない物があると、回路に電気が流れなくなるので、豆電球に明かりはつきません。

4 金ぞくでできている物は、電気を通しますが、金ぞくの表面に色がぬってあると、その部分は電気を通しません。この場合は、表面の色をけずり、金ぞくの部分が出てくるようにすれば、電気を通すようになります。

11 じしゃくのせいしつ

78ページ きほんのワーク

1 (1)①×　②○　③×　④○　⑤×
(2)⑥鉄

2 ①「引きつける」に○
②「引きつける」に○

まとめ ①鉄　②引きつけない
③引きつける

79ページ 練習のワーク

1 (1)ア○　イ×　ウ×　エ×
オ○　カ○　キ○　ク×
ケ○

(2)ⓦ、ⓚ
(3)ⓐ、ⓞ、ⓚ、ⓚ、ⓚ

(4)引きつける。
(5)ある。
(6)引きつけない。

てびき ❶ 電気を通す金ぞくは、じしゃくにもつくのではないかと考えてしまいがちです。しかし、同じ金ぞくでもアルミニウムやどうは、じしゃくにつきません。また、鉄は、表面に色がぬってあると電気を通しませんが、じしゃくは、じかにふれていなくても鉄を引きつけるので、色がぬってあってもじしゃくに引きつけられます。

木やガラスや紙などは、じしゃくにつきません。

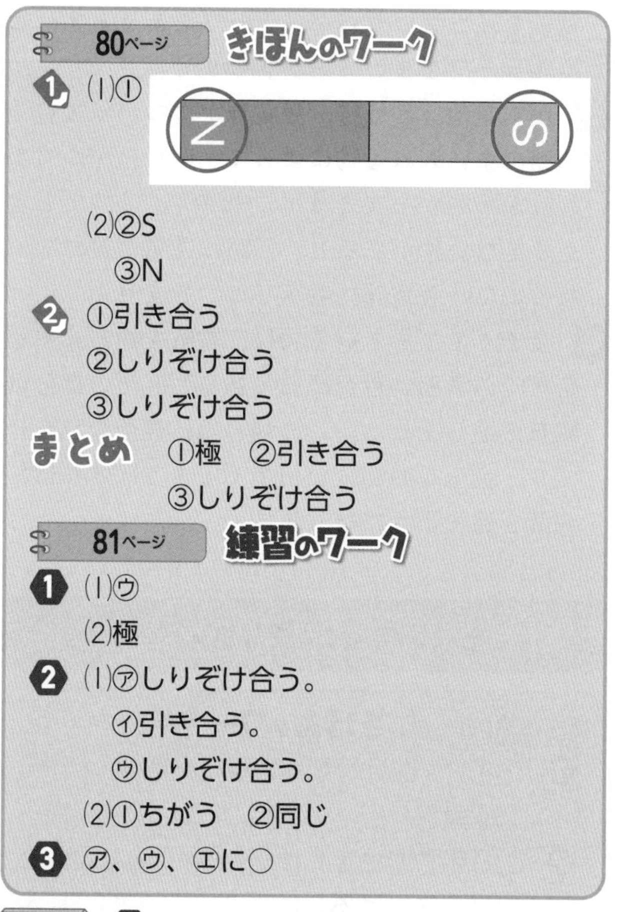

80ページ きほんのワーク

❶ (1)①

(2)②S
③N

❷ ①引き合う
②しりぞけ合う
③しりぞけ合う

まとめ ①極 ②引き合う
③しりぞけ合う

81ページ 練習のワーク

❶ (1)ⓤ
(2)極

❷ (1)ⓐしりぞけ合う。
ⓘ引き合う。
ⓤしりぞけ合う。
(2)①ちがう ②同じ

❸ ⓐ、ⓤ、ⓔに○

てびき ❶ じしゃくの鉄を引きつける力が強い部分を極といいます。ぼうじしゃくの両はしの部分です。

❷ ちがう極どうしは引き合い、同じ極どうしはしりぞけ合うというせいしつをりようすると、しるしのないじしゃくの極を知ることができます。

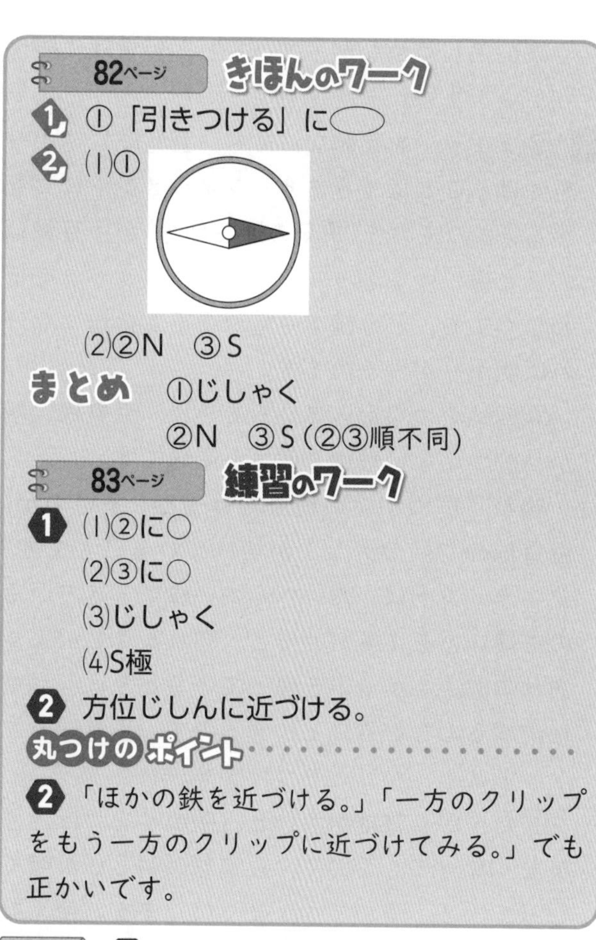

82ページ きほんのワーク

❶ ①「引きつける」に◯

❷ (1)①

(2)②N ③S

まとめ ①じしゃく
②N ③S（②③順不同）

83ページ 練習のワーク

❶ (1)②に○
(2)③に○
(3)じしゃく
(4)S極

❷ 方位じしんに近づける。

丸つけのポイント

❷「ほかの鉄を近づける。」「一方のクリップをもう一方のクリップに近づけてみる。」でも正かいです。

てびき ❶ (2)小さい鉄のくぎはじしゃくになっていないので、ⓐのくぎのⓐの部分から遠ざかることはありません。

(4)じしゃくになったくぎには、右の図のように、極ができています。方位じしんに近づけてみると、極ができていることがたしかめられます。

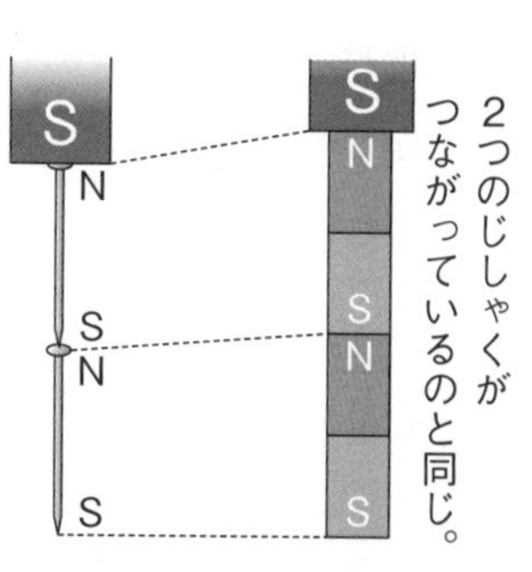

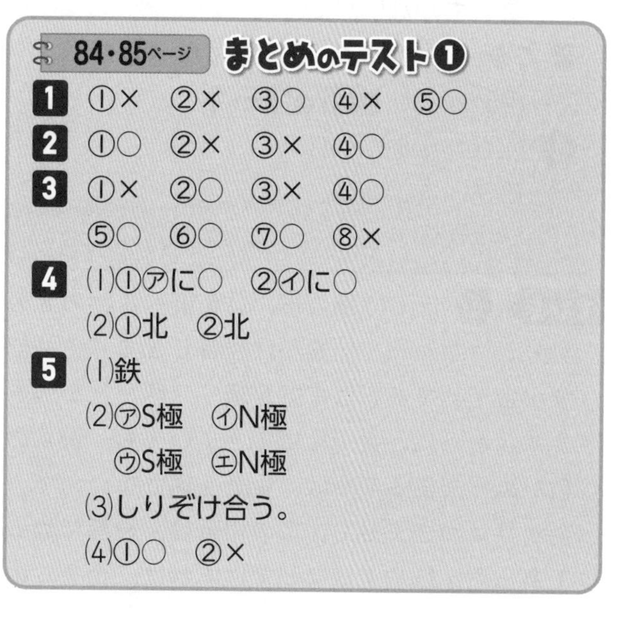

84・85ページ まとめのテスト❶

1 ①× ②× ③○ ④× ⑤○

2 ①○ ②× ③× ④○

3 ①× ②○ ③× ④○
⑤○ ⑥○ ⑦○ ⑧×

4 (1)①ⓐに○ ②ⓘに○
(2)①北 ②北

5 (1)鉄
(2)ⓐS極 ⓘN極
ⓤS極 ⓔN極
(3)しりぞけ合う。
(4)①○ ②×

てびき **1** アルミニウム、どう、プラスチックはじしゃくにつきません。色のついた鉄のかんやビニルでつつまれた鉄のはり金のハンガーは、電気は通しませんが、じしゃくにはつきます。

2 同じ極どうし(N極とN極、S極とS極)はしりぞけ合い、ちがう極どうし(N極とS極)は引き合います。

3 ①②じしゃくは鉄を引きつけますが、どうやアルミニウムなどは引きつけません。

③～⑤N極とN極、S極とS極はしりぞけ合い、N極とS極は引き合います。

⑥じしゃくの力は、鉄とじしゃくの間がはなれていてもはたらきます。

⑦じしゃくには、N極とS極があります。

⑧鉄とじしゃくの間に紙や水などの物があっても、じしゃくの力ははたらきます。

4 方位じしんは、色のついたほうのはりが「北」をさします。方位じしんのはりは、じしゃくになっていて、色がついているほうがN極になっています。方位じしんにN極を近づけると、色のついたはりはしりぞけ合うほう(㋐)へ動きます。S極を近づけると、色のついたはりは引き合うほう(㋑)へ動きます。

5 (2)N極につく㋐はS極、㋑は、㋐と反対のN極になります。㋑のN極につく㋒はS極になり、㋓はN極になります。

(4)㋐のくぎの㋐はS極、㋑はN極なので、方位じしんのN極は㋐に、S極は㋑と引きつけ合います。

86・87ページ まとめのテスト②

1 (1)㋐○　㋑◎　㋒◎　㋓×　㋔△
　㋕◎　㋖×　㋗○
(2)①×　②×　③×　④○　⑤○　⑥×

2 (1)㋐
(2)①N極
　②S極
(3)①に○

3 (1)㋐S極　㋑N極　㋒N極　㋓S極
　㋔S極　㋕N極
(2)㋐のじしゃくの上にうく。

てびき **1** 色がついた鉄のかんやビニルでつつまれた鉄のはり金のハンガーは、電気を通しませんが、じしゃくにはつきます。

2 (1)自由に動くようにしたじしゃくは、じしゃくの形にかんけいなく、しばらくすると南北をさして止まります。このため、じしゃくを糸でつるしたり、水にうかべたりすると、方位を知ることができます。

(2)まるい形のじしゃくもぼうじしゃくと同じ方向を向いて止まります。まるい形のじしゃくは、平らな面が極になっています。このようなじしゃくには、極がかかれていません。極を調べるには、極がわかっているじしゃくを近づけてみるとよいです。

(3)S極とS極はしりぞけ合うので、ぼうじしゃくは近づけたべつのじしゃくからはなれます。

3 (1)この問題のようなドーナツの形をしたじしゃくには、おもてとうらにN極とS極があります。じしゃくがういているように見えるのは、同じ極どうしがむかい合わせになっていて、しりぞけ合っているからです。いちばん下のじしゃくの上がわがN極なので、㋕もN極であることがわかります。よって、㋕の反対がわの㋔はS極です。

プラスワーク

88ページ プラスワーク

1

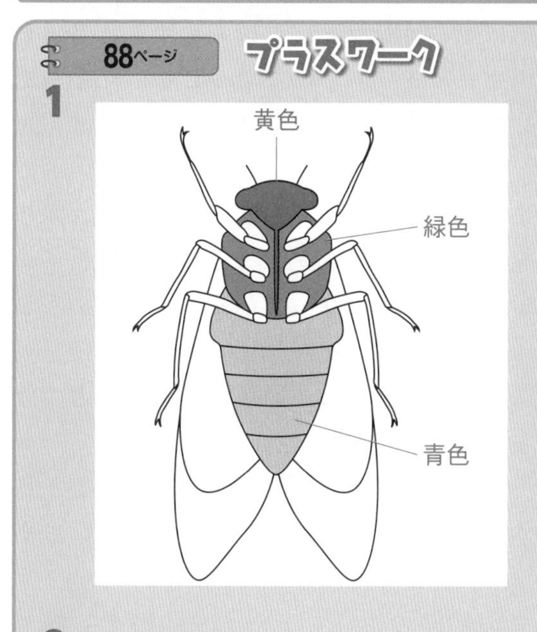

2

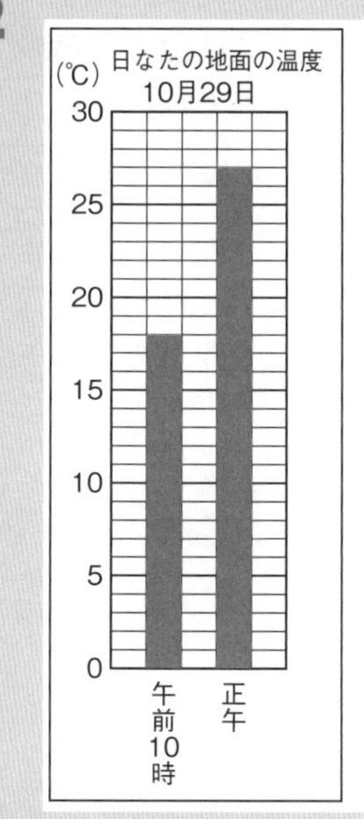

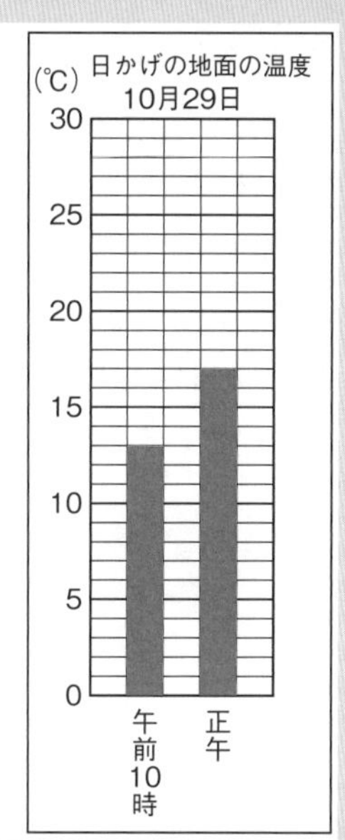

3 道具…㋑

理由…鉄もアルミニウムも電気を通すが、じしゃくは鉄しか引きつけないため。

丸つけのポイント

1 頭、むね、はらの部分が、問題でしめされた色で正しくぬられていれば正かいです。むねについているあしまで色をぬってしまわないように気をつけましょう。

2 日なたと日かげのそれぞれの時こくの温度をしめす目もりまで、ぼうがかかれていれば正かいです。ぼうの色は、何色でもかまいません。日なた、日かげのそれぞれの時こくの温度が正しければ、日なたと日かげによって、または時こくによって、ぼうの太さがちがっていても正かいです。

3 「アルミニウムも鉄も電気を通すこと」「アルミニウムはじしゃくに引きつけられないが、鉄はじしゃくに引きつけられること」がかかれていれば正かいです。なぜ㋐の道具では、アルミニウムのかんと鉄のかんを分けることができないかについても、考えましょう。

てびき **1** アブラゼミはこん虫のなかまなので、からだが頭、むね、はらの3つの部分からできています。6本のあしは、すべてむねにあります。また、はねもむねについています。

はらは、いくつかのふしに分かれているため、のばしたり曲げたりすることができます。

頭、むね、はらの部分がそれぞれどこか、よく見てみましょう。

2 調べた地面の温度をグラフに表すと、日なたと日かげの温度のちがいがひと目でわかります。ぼうグラフは、次のようにしてかきます。

まず、表題と調べた月日をかき、横のじくに調べた時こく、たてのじくに温度をとります。

次に、目もりが表す数をかきます。

さいごに、たてのじくの上にたんいをかき、はかった温度に合わせて、ぼうをかきます。

調べたけっかをぼうグラフに表してくらべると、午前10時よりも正午のほうが、日なたと日かげのどちらも地面の温度が高いことがわかります。また、日なたの地面のほうが、日かげの地面よりも温度が高いこともわかります。

3 アルミニウムも鉄も、どちらも電気を通します。そのため、かん電池と豆電球にアルミニウムのかんや鉄のかんをつないだ回路をつくって電気を通すと、どちらも豆電球の明かりがついてしまうため、2つのかんを分けることはできません。また、かんの表面に色がぬってある場合も、アルミニウムのかんと鉄のかんのどちらも電気を通さないため、2つを分けることはできません。

じしゃくは鉄を引きつけます。しかし、鉄と同じように電気を通すアルミニウムは、じしゃくに引きつけられません。かんの表面に色がぬってあっても、鉄のかんは、じしゃくに引き

つけられます。

　これらのことから、じしゃくであれば、アルミニウムのかんと鉄のかんを分けることができるとわかります。

　電気を通すアルミニウムや鉄などの金ぞくは、すべてじしゃくに引きつけられると考えられがちですが、じっさいは、鉄はじしゃくに引きつけられ、アルミニウムはじしゃくに引きつけられません。電気を通す物とじしゃくに引きつけられる物のちがいを、しっかりとおぼえておきましょう。

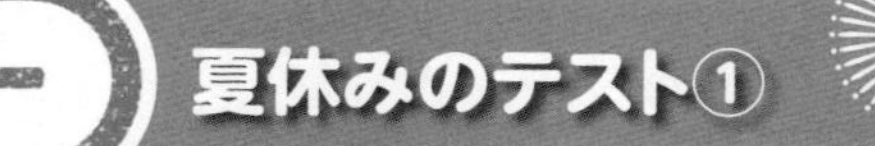

実力判定テスト 夏休みのテスト①

1 身のまわりの生き物をかんさつしました。次の問いに答えましょう。 1つ6〔12点〕

(1) 次の図のような記ろくカードのかき方について、正しいものをえらびましょう。（ イ ）

4月15日 3年1組 本田あきら

ア 調べたことは、文だけでせつめいして、絵はかいてはいけない。
イ かんさつしたものの大きさ、色、形をかく。
ウ 生き物の大きさは、かならず手のひらとくらべ、ものさしは使わない。

(2) 次の図は、かんさつした生き物のようすです。生き物の色や形、大きさは、それぞれちがいますか、同じですか。（ ちがう。 ）

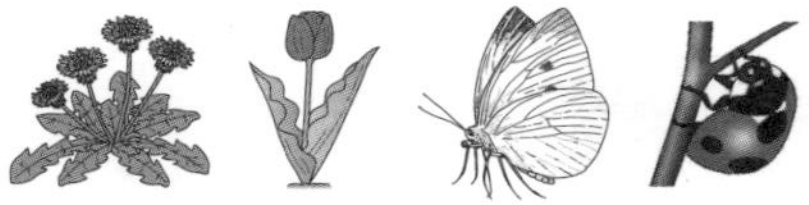

2 ホウセンカとヒマワリについて、次の問いに答えましょう。 1つ8〔56点〕

(1) 次の写真は、ホウセンカとヒマワリのどちらのたねですか。名前をかきましょう。

①（ホウセンカ） ②（ ヒマワリ ）

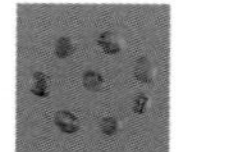
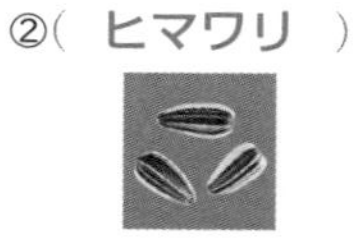

(2) 次の㋐～㋓からホウセンカとヒマワリの花と葉をそれぞれえらんで、表に記号をかきましょう。

㋐ 
㋑ 

㋒
㋓ 

	花	葉
ホウセンカ	㋑	㋒
ヒマワリ	㋐	㋓

(3) ホウセンカとヒマワリのようすについて、正しいほうをえらびましょう。（ イ ）

ア ホウセンカもヒマワリも、花の色や形、大きさは同じである。
イ ホウセンカとヒマワリで、花の色や形、大きさはちがう。

3 ホウセンカのからだのつくりについて、次の問いに答えましょう。 1つ8〔32点〕

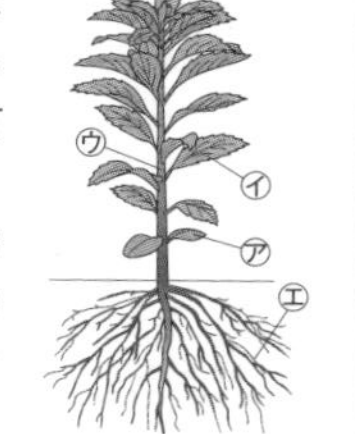

(1) たねをまいた後、はじめに出てくる葉は、㋐、㋑のどちらですか。また、その葉を何といいますか。

記号（ ㋐ ）
名前（ 子葉 ）

(2) ㋒、㋓の部分の名前を何といいますか。

㋒（ くき ） ㋓（ 根 ）

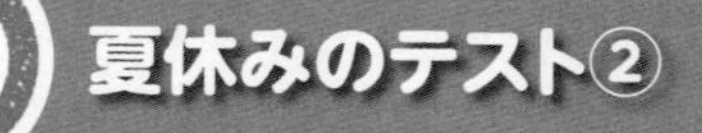

実力判定テスト 夏休みのテスト②

1 モンシロチョウやアゲハの育ち方とからだのつくりについて、次の問いに答えましょう。 1つ5〔55点〕

(1) 次の写真は、モンシロチョウの育つようすを表したものです。

㋐ ㋑ ㋒ ㋓

① ㋐～㋓のすがたを、何といいますか。

㋐（ たまご ） ㋑（ 成虫 ）
㋒（ よう虫 ） ㋓（ さなぎ ）

② ㋐をさいしょとして、モンシロチョウが育つじゅんに、㋑～㋓をならべましょう。

（ ㋐ → ㋒ → ㋓ → ㋑ ）

③ ㋑と㋒の食べ物は、同じですか、ちがいますか。（ ちがう。 ）

④ 皮をぬぐたびに大きくなるのは、㋐～㋓のどのときですか。（ ㋒ ）

(2) 次の図は、アゲハの育つようすを表したものです。

㋐ ㋑ ㋒ ㋓

① ㋐をさいしょとして、アゲハが育つじゅんに、㋑～㋓をならべましょう。

（ ㋐ → ㋓ → ㋑ → ㋒ ）

② アゲハの育つじゅんは、モンシロチョウと同じですか、ちがいますか。

（ 同じ。 ）

(3) チョウやアゲハのからだは3つの部分からできています。その1つは頭です。あと2つの部分をかきましょう。

（ むね ）（ はら ）

2 風で動く車をつくり、風を当てて、風の強さと車が動くきょりのかんけいを調べました。表は、そのけっかです。あとの問いに答えましょう。 1つ7〔21点〕

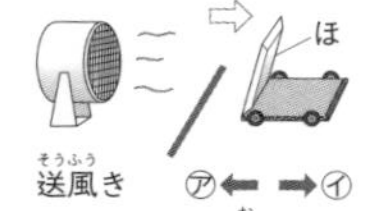

風の強さ	車が動いたきょり
弱	3m50cm
強	5m20cm

(1) ⇨の向きに風を当てたとき、車は㋐、㋑のどちらへ動きますか。（ ㋑ ）

(2) 次の文の（ ）にあてはまる言葉をかきましょう。

風が物を動かすはたらきは、風の強さが①（ 強い ）ほうが大きくなり、風の強さが②（ 弱い ）ほうが小さくなる。

3 ゴムで動く車をつくり、ゴムののばし方と車が動くきょりのかんけいを調べました。表は、そのけっかです。あとの問いに答えましょう。 1つ8〔24点〕

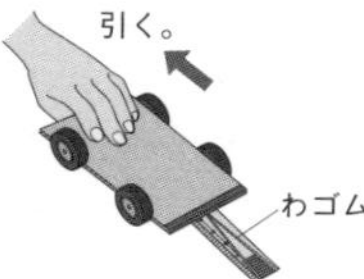

ゴムののばし方	車が動いたきょり
10cm	2m90cm
15cm	5m10cm

(1) 車を引いたときの手ごたえが大きいのは、ゴムののばし方が10cmのときと15cmのときのどちらですか。（ 15cmのとき ）

(2) 次の文の（ ）にあてはまる言葉をかきましょう。

ゴムが物を動かすはたらきは、ゴムを長くのばすほど①（ 大きく ）なり、ゴムを短くのばすほど②（ 小さく ）なる。

もんだいのてびきは24ページ

実力判定テスト 冬休みのテスト①

1 次の文にあてはまる生き物を、下の〔 〕からえらんでかきましょう。 1つ6〔18点〕

① 石の下にいる。（ ダンゴムシ ）
② 草むらの葉の上にいる。（ショウリョウバッタ）
③ 花にとまっている。（モンシロチョウ）

〔 ショウリョウバッタ　ダンゴムシ　モンシロチョウ 〕

2 こん虫のからだのつくりについて、あとの問いに答えましょう。 1つ7〔42点〕

あショウリョウバッタ　いアキアカネ

(1) 図のア〜ウの部分を何といいますか。
ア（ 頭 ）イ（ むね ）
ウ（ はら ）

(2) あ、いには、あしは何本ありますか。また、あしは、ア〜ウのどの部分にありますか。
あしの数（ 6本 ）
あしがある部分（ イ ）

(3) あ、いのようなとくちょうがある生き物をこん虫といいます。次の図のようなクモやダンゴムシは、こん虫のなかまといえますか、いえませんか。（ いえない。 ）

クモ　ダンゴムシ

3 右の図は、日なたと日かげの地面の温度を調べたときの温度計の目もりです。次の問いに答えましょう。 1つ5〔20点〕

午前9時（日なた・日かげ）　正午（日なた・日かげ）

(1) 午前9時の日なたと日かげの地面の温度をそれぞれ読みとりましょう。
日なた（ 19℃ ）
日かげ（ 17℃ ）

(2) 正午に地面の温度が高かったのは、日なたと日かげのどちらですか。（ 日なた ）

(3) (2)のようになるのは、地面が何によってあたためられるからですか。（ 日光(太陽の光) ）

4 次の図のように、地面にぼうを立てて、ぼうのかげの向きと太陽のいちのへんかを調べました。あとの問いに答えましょう。 1つ5〔20点〕

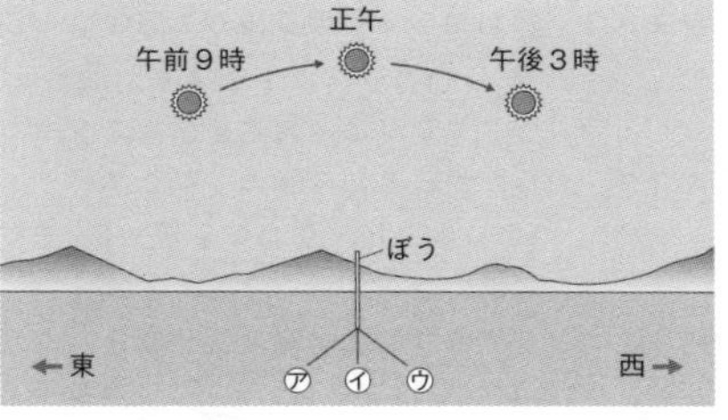

(1) 午前9時のかげの向きを、ア〜ウからえらびましょう。（ ウ ）

(2) 時間がたつと、かげの向きと太陽のいちは、それぞれどのようにかわりますか。東、西、南、北で答えましょう。
かげの向き（ 西 → 北 → 東 ）
太陽のいち（ 東 → 南 → 西 ）

(3) かげの向きがかわるのはなぜですか。
（ 太陽のいちがかわるから。 ）

実力判定テスト 冬休みのテスト②

1 右の図は、こい色の紙に虫めがねで光を集めているようすです。次の問いに答えましょう。 1つ7〔14点〕

(1) 図の➡の向きに虫めがねを動かすと、あの部分の明るさが明るくなりました。このとき、あの部分の大きさはどうなりますか。
（ 小さくなる。 ）

(2) (1)のとき、あの部分の温度はどうなりますか。
（ 高くなる。 ）

2 次の図のように、かがみではね返した日光をだんボールのまとに当てました。あとの問いに答えましょう。 1つ7〔21点〕

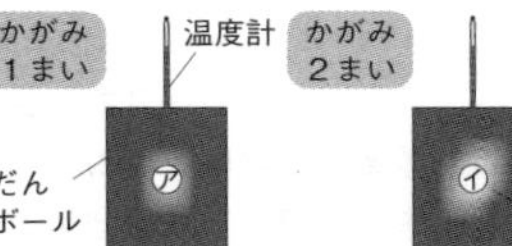

日光を当てたところ	ア	イ	ウ
日光を当てたところの温度	17℃	21℃	39℃

(1) ア〜ウのうち、日光が当たった部分がいちばん明るいのはどれですか。（ ウ ）

(2) 次の文の（ ）にあてはまる言葉をかきましょう。
はね返した日光を重ねるほど、日光が当たったところの明るさは①（ 明るく ）なり、温度は②（ 高く ）なる。

3 次の図のように、わゴムギターのわゴムをはじいて、大きさのちがう音を出しました。あとの問いに答えましょう。 1つ8〔16点〕

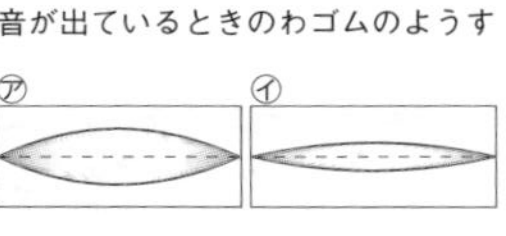
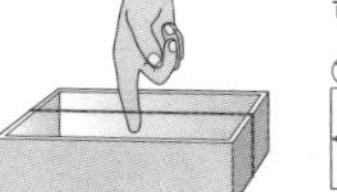
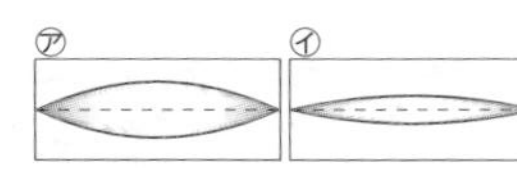

(1) 大きい音が出ているのは、ア、イのどちらですか。（ ア ）

(2) 音が出ているときにわゴムをつまむと、音は聞こえたままですか、聞こえなくなりますか。
（ 聞こえなくなる。 ）

4 次の図のアのような、100gのねん土の形をかえたり、いくつかに分けたりして重さをはかりました。あとの問いに答えましょう。 1つ7〔28点〕

(1) アより重いときは○、軽いときは×、かわらないときは△を、①〜③の□につけましょう。

(2) ものの形をかえると、重さはどうなりますか。
（ かわらない。 ）

5 同じ体積の鉄、アルミニウム、木、プラスチックの重さをはかったところ、次の表のようになりました。あとの問いに答えましょう。 1つ7〔21点〕

鉄	アルミニウム	木	プラスチック
212g	73g	15g	38g

(1) 同じ体積で重さをくらべたとき、いちばん重いものといちばん軽いものを、鉄、アルミニウム、木、プラスチックからえらびましょう。
いちばん重いもの（ 鉄 ）
いちばん軽いもの（ 木 ）

(2) 同じ体積のとき、物の重さは物のしゅるいによってちがいますか、同じですか。
（ ちがう。 ）

もんだいのてびきは 24 ページ

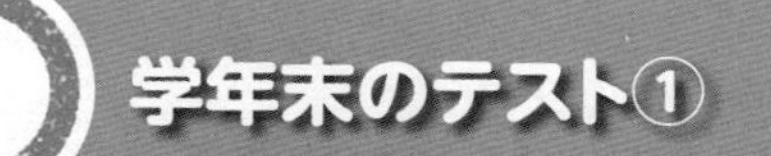
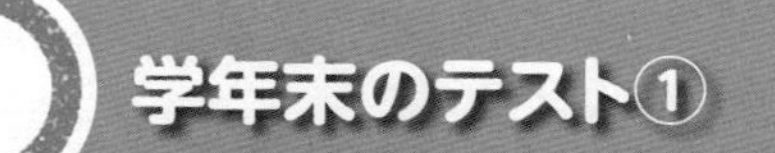

実力判定テスト　学年末のテスト①

1 次の図のうち、豆電球に明かりがつくものには○、つかないものには×を□につけましょう。　1つ5〔30点〕

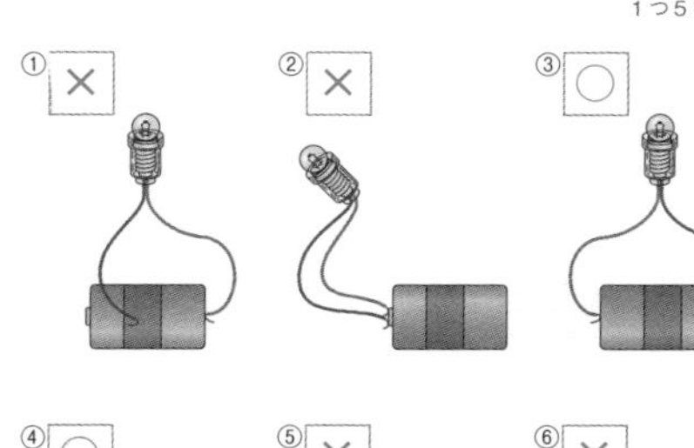
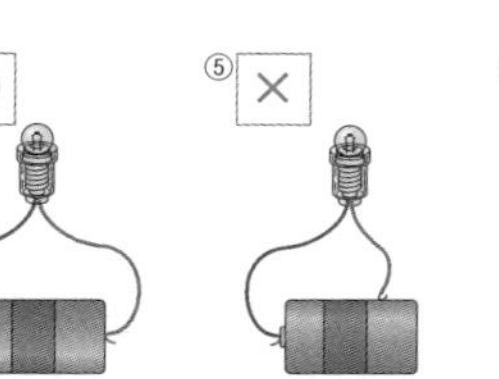
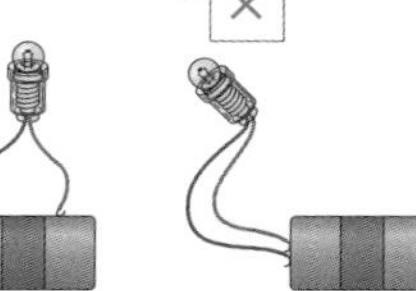

① ×　② ×　③ ○　④ ○　⑤ ×　⑥ ×

2 鉄のかんが電気を通すかどうか、次の図のようにして調べました。あとの問いに答えましょう。　1つ5〔10点〕

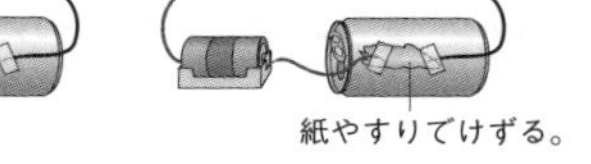

(1) 豆電球に明かりがつくのは、㋐、㋑のどちらですか。　（ ㋑ ）

(2) 図の㋐、㋑について、次のア～ウのうち、正しいものをえらびましょう。　（ ウ ）

ア　かんの表面の色がぬってある部分は電気を通すが、けずった部分は電気を通さない。
イ　かんの表面の色がぬってある部分もけずった部分も電気を通す。
ウ　かんの表面の色がぬってある部分は電気を通さないが、けずった部分は電気を通す。

3 じしゃくのせいしつについて、次の問いに答えましょう。　1つ6〔42点〕

(1) 次の①～③の（　）のうち、正しいほうを◯でかこみましょう。

じしゃくは、じかにふれていなくても鉄を①（(引きつける)　引きつけない）。
じしゃくと鉄の間にじしゃくにつかない物があっても、じしゃくは鉄を②（(引きつける)　引きつけない）。
じしゃくが鉄を引きつける力は、じしゃくと鉄のきょりがかわると、③（(かわる)　かわらない）。

(2) 次の図で、引き合うものには○、しりぞけ合うものには×を□につけましょう。

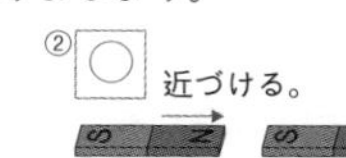
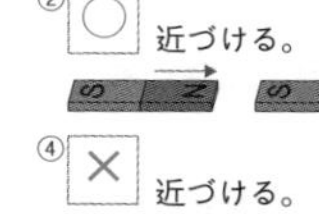

① × 近づける。　② ○ 近づける。
③ ○ 近づける。　④ × 近づける。

4 右の図のように、じしゃくに２本の鉄くぎをつないでつけました。次の問いに答えましょう。　1つ6〔18点〕

N　㋐　㋑

(1) ㋐の鉄くぎをしずかにじしゃくからはなしたとき、㋑の鉄くぎはどうなりますか。次のア、イからえらびましょう。　（ ア ）

ア　㋐の鉄くぎにつながったまま落ちない。
イ　㋐の鉄くぎからはなれて落ちる。

(2) じしゃくからはなした㋐の鉄くぎをべつの鉄くぎに近づけると、べつの鉄くぎはどうなりますか。
（ ㋐の鉄くぎに引きつけられる。 ）

(3) (1)、(2)より、じしゃくにつけた鉄くぎは何になったといえますか。　（ じしゃく ）

実力判定テスト　学年末のテスト②

1 次の文のうち、正しいものには○、まちがっているものには×をつけましょう。　1つ5〔25点〕

①（ × ）クモ、アリ、ダンゴムシは、すべてこん虫である。
②（ ○ ）こん虫は、食べ物やかくれる場所があるところで見られることが多い。
③（ ○ ）植物のしゅるいによって、葉や花の形や大きさはちがう。
④（ × ）日なたの地面は、日かげの地面より温度がひくい。
⑤（ × ）太陽の光を物がさえぎると、太陽と同じがわに物のかげができる。

2 次の図の物について、電気を通すかどうか、じしゃくにつくかどうかを調べました。あとの問いに答えましょう。　1つ7〔21点〕

㋐ プラスチックのじょうぎ　㋑ せんぬき（鉄）　㋒ 10円玉（どう）
㋓ せっけん　㋔ はさみ（切るところ）（鉄）　㋕ ガラスのコップ
㋖ 1円玉（アルミニウム）　㋗ ゼムクリップ（鉄）

(1) 電気を通す物を、㋐～㋗からすべてえらびましょう。　（ ㋑、㋒、㋔、㋖、㋗ ）

(2) じしゃくにつく物を、㋐～㋗からすべてえらびましょう。　（ ㋑、㋔、㋗ ）

(3) 電気を通す物は、かならずじしゃくにつくといえますか、いえませんか。
（ いえない。 ）

3 次の図のように、糸電話をつくって話をしました。あとの問いに答えましょう。　1つ6〔24点〕

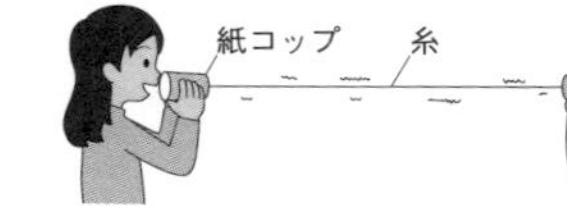

(1) 話をしているときに糸にそっとふれると、糸はどうなっていますか。（ ふるえている。 ）

(2) 話をしているときに糸を指でつまむと、聞こえていた声はどうなりますか。
（ 聞こえなくなる。 ）

(3) 次の①、②のうち、正しいほうを◯でかこみましょう。

音がつたわるとき、音をつたえる物は①（(ふるえている)　ふるえていない）。
物のふるえを止めると、音は②（つたわる　(つたわらない)）。

4 ホウセンカの育ち方について、次の問いに答えましょう。　1つ6〔30点〕

(1) 次の図の㋐をさいしょとして、ホウセンカが育つじゅんに、㋑～㋔をならべましょう。
（ ㋐ → ㋔ → ㋒ → ㋓ → ㋑ ）

(2) 上の図の㋔のときの葉を何といいますか。その言葉をかきましょう。　（ 子葉 ）

(3) ホウセンカの育ち方について、次の文の（　）にあてはまる言葉をかきましょう。

ホウセンカは、葉がしげり、①（ くき ）がのびて太くなると、やがて②（ 花 ）がさく。②がさいたあと、③（ 実 ）ができて、たねをのこして、かれていく。

もんだいのてびきは 24 ページ

実力判定テスト
かくにん! きぐの使い方

虫めがねの使い方

1 次の①～③の□にあてはまる言葉をかきましょう。

手で持てる物を見るとき

1.虫めがねを①［目］の近くに持つ。
2.②［見る物］を動かして、はっきり見えるところで止める。

手で持てない物を見るとき

見る物が動かせないので、
③［虫めがね］を動かし、はっきり見えるところで止める。

方位じしんの使い方

2 次の①、②の□にあてはまる言葉をかきましょう。

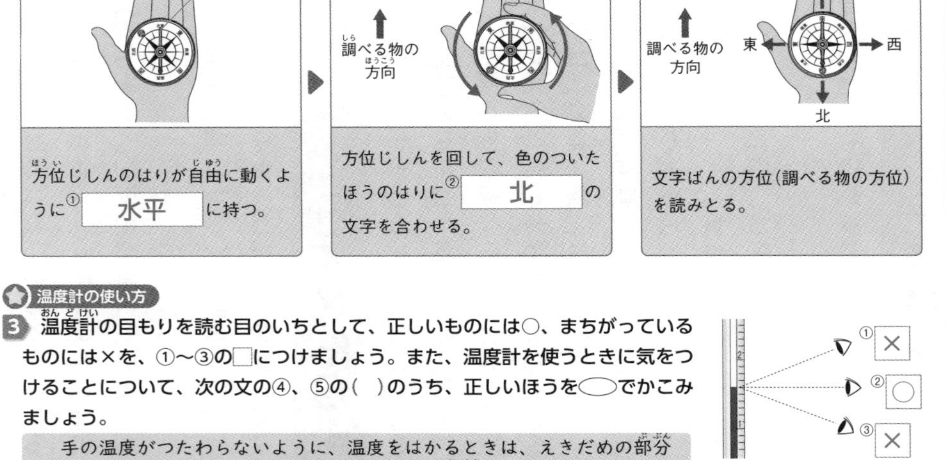

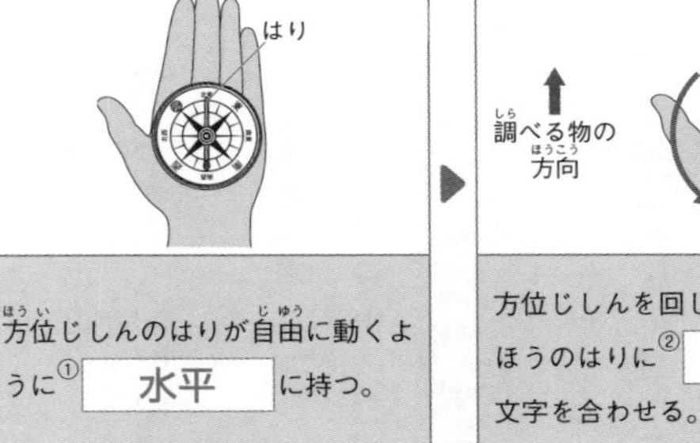

方位じしんのはりが自由に動くように①［水平］に持つ。
▶ 方位じしんを回して、色のついたほうのはりに②［北］の文字を合わせる。
▶ 文字ばんの方位(調べる物の方位)を読みとる。

温度計の使い方

3 温度計の目もりを読む目のいちとして、正しいものには○、まちがっているものには×を、①～③の□につけましょう。また、温度計を使うときに気をつけることについて、次の文の④、⑤の( )のうち、正しいほうを◯でかこみましょう。

①［×］ ②［○］ ③［×］

手の温度がつたわらないように、温度をはかるときは、えきだめの部分を④(持って ・ (持たないで))はかる。また、地面の温度をはかるときは、温度計で地面を⑤(ほってもよい ・ (ほってはいけない))。

実力判定テスト
かくにん! たんいとグラフ

長さや重さのたんい

1 物の長さや重さのたんいを、かいて練習しましょう。

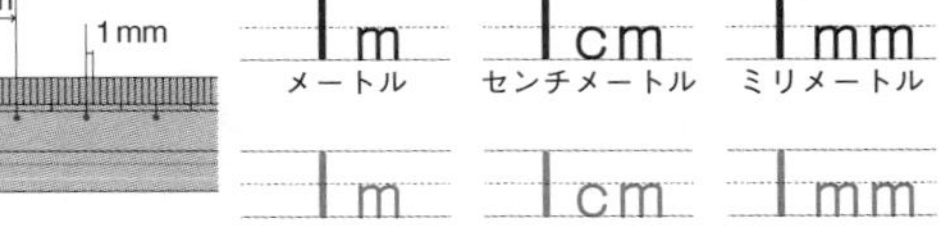

1m メートル　1cm センチメートル　1mm ミリメートル

1m　1cm　1mm

1kg キログラム　1g グラム

1kg　1g

たいせつ

①物の長さは、ものさしではかることができます。長さのたんいには、「メートル」「センチメートル」「ミリメートル」などがあります。
1m＝100cm
1cm＝10mm
②物の重さは、電子てんびんや台ばかりではかることができます。重さのたんいには、「グラム」「キログラム」などがあります。
1kg＝1000g

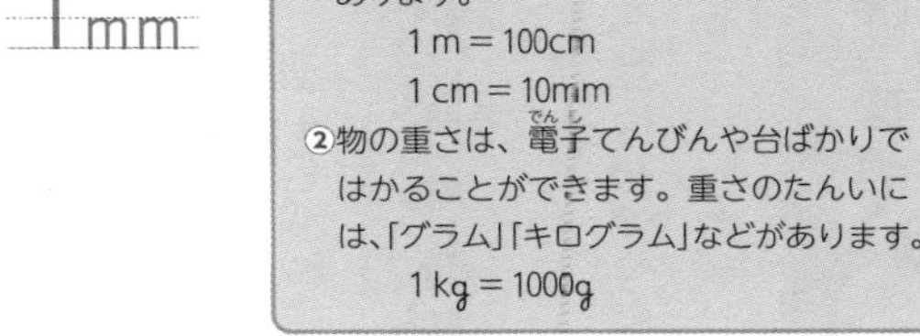

物の長さや重さは、4年生の理科でも学習するよ。よくおぼえておこう!

ぼうグラフのかき方

2 次の表の日なたと日かげの地面の温度を調べたけっかを、ぼうグラフに表しましょう。

	日なた	日かげ
午前9時	18℃	16℃
正　午	24℃	18℃

ヒント

①調べた日づけをかく。
②表題をかく。
③横のじくに調べた時こくをかく。
④たてのじくに温度をとって、目もりが表す数とたんいをかく。
⑤記ろくした温度に合わせ、ぼうをかく。

10月20日
日なたの地面の温度
(℃) (25) (20) (15) (10) (5) 0
午前9時　正午

10月20日
日かげの地面の温度
(℃) (25) (20) (15) (10) (5) 0
午前9時　正午

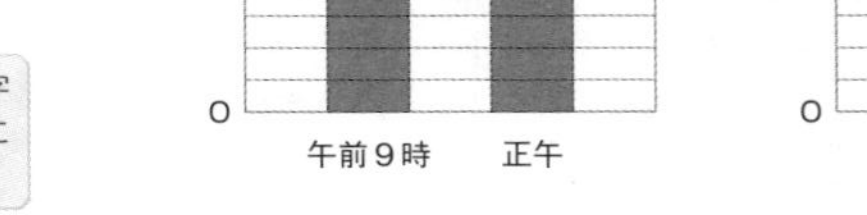

ものの重さや長さなど、数字で表せるものをぼうグラフにすると、くらべやすいよ。

もんだいのてびきは24ページ

実力判定テスト　もんだいのてびき

夏休みのテスト①

1 (1)調べたことは、文や絵でくわしくかきましょう。カメラでとった写真や実物をはってもよいです。

3 (1)たねをまいてから、はじめに出てくる2まいの葉を子葉といいます。子葉の後に出てくるホウセンカの葉は、細長くて、ふちがぎざぎざしています。

(2)葉はくきについていて、根は土の中にあります。

夏休みのテスト②

1 モンシロチョウは、たまご→よう虫→さなぎ→成虫のじゅんに育ちます。よう虫は、皮をぬいで大きくなっていきます。

2 風には物を動かすはたらきがあり、車に当てる風が強いほど、車は遠くまで進みます。

冬休みのテスト①

1 ①ダンゴムシは、かれ葉や石の下などの暗い場所にいます。

②ショウリョウバッタは、植物の葉を食べるので、草むらなどにいます。

③モンシロチョウなどのチョウは、花のみつをすうため、花のまわりで見られます。

2 (1)(2)こん虫のからだは、頭、むね、はらからできていて、むねには6本のあしがあります。

4 (2)太陽のいちは、東から南の空を通って、西へかわります。かげの向きはその反対に、西→北→東のようにかわっていきます。

冬休みのテスト②

1 虫めがねで集めた日光は、その部分が小さくなるほど明るさが明るくなり、温度が高くなります。

2 はね返した日光を重ねるほど、日光が当たったところは、より明るく、あたたかくなります。

3 (1)音が出ているとき、わゴムはふるえています。大きな音が出ているときは、わゴムのふるえ方は大きく、小さな音が出ているときは、わゴムのふるえ方は小さくなります。

学年末のテスト①

1 かん電池の＋極、豆電球、－極が「わ」のようにつながっているとき、豆電球の明かりがつきます。

2 (2)かんの色がぬってある部分は、電気を通さないので、回路のとちゅうにつなぐと豆電球に明かりはつきません。

4 じしゃくについた鉄くぎは、じしゃくになります。そのため、べつの鉄くぎに近づけると、鉄くぎにはべつの鉄くぎがつきます。

学年末のテスト②

1 ①アリはこん虫ですが、クモとダンゴムシはこん虫ではありません。

④日なたの地面は、日光であたためられるため、日かげの地面より温度が高くなります。

2 鉄、どう、アルミニウムは電気を通しますが、その中でじしゃくにつくのは、鉄だけです。

3 音がつたわるとき、音をつたえている物はふるえています。ふだんわたしたちがいろいろな音を聞くことができるのは、空気がふるえて音をつたえているためです。

かくにん! きぐの使い方

3 温度計の目もりを読むときは、温度計と目を直角にして、えきの先が近いほうの目もりを読みましょう。えきの先が、目もりと目もりのまんなかにあるときは、上のほうの目もりを読みます。

かくにん! たんいとグラフ

2 ぼうグラフは、数字で表すことができるものを整理するときに使います。植物の高さや温度のへんかなども、ぼうグラフにするとひとめでわかり、くらべやすくなります。

3 2 1 0 9 8 7 6 5
＊ ＊ D C B A

イ　かんさつしたものの大きさ、色、形をかく。
ウ　生き物の大きさは、かならず手のひらとくらべ、ものさしは使(つか)わない。

(2)　次の図は、かんさつした生き物のようすです。生き物の色や形、大きさは、それぞれちがいますか、同じですか。　(　　　　)

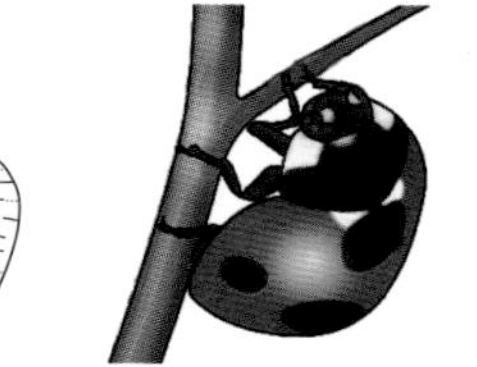

2 ホウセンカとヒマワリについて、次の問いに答えましょう。

1つ8〔56点〕

(1)　次の写真(しゃしん)は、ホウセンカとヒマワリのどちらのたねですか。名前をかきましょう。

①(　　　　)　
②(　　　　)

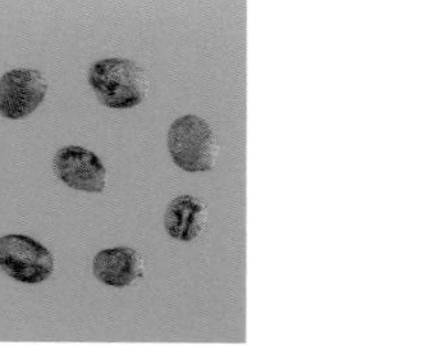

ヒマワリ		

(3)　ホウセンカとヒマワリのようすについて、正しいほうをえらびましょう。　(　　)

ア　ホウセンカもヒマワリも、花の色や形、大きさは同じである。
イ　ホウセンカとヒマワリで、花の色や形、大きさはちがう。

3 ホウセンカのからだのつくりについて、次の問いに答えましょう。

1つ8〔32点〕

(1)　たねをまいた後、はじめに出てくる葉は、㋐、㋑のどちらですか。また、その葉を何といいますか。

記号(　　　　)
名前(　　　　)

(2)　㋒、㋓の部分(ぶぶん)の名前を何といいますか。

㋒(　　　　)　㋓(　　　　)

④　皮(かわ)をぬぐたびに大きくなるのは、㋐～㋓のどのときですか。　（　　　　）

(2)　次の図は、アゲハの育つようすを表したものです。

㋐　　㋑　　㋒　　㋓

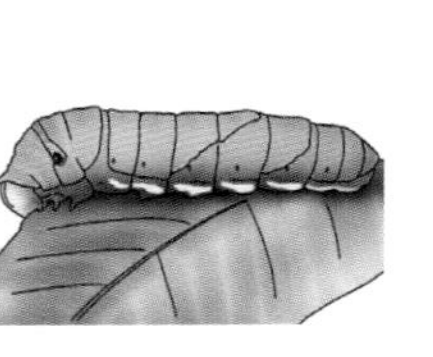

①　㋐をさいしょとして、アゲハが育つじゅんに、㋑～㋓をならべましょう。

（　㋐　→　　→　　→　　）

②　アゲハの育つじゅんは、モンシロチョウと同じですか、ちがいますか。

（　　　　）

(3)　チョウやアゲハのからだは3つの部分(ぶぶん)からできています。その1つは頭です。あと2つの部分をかきましょう。

（　　　　）（　　　　）

3　ゴムで動く車をつくり、ゴムののばし方と車が動くきょりのかんけいを調べました。表は、そのけっかです。あとの問いに答えましょう。

1つ8〔24点〕

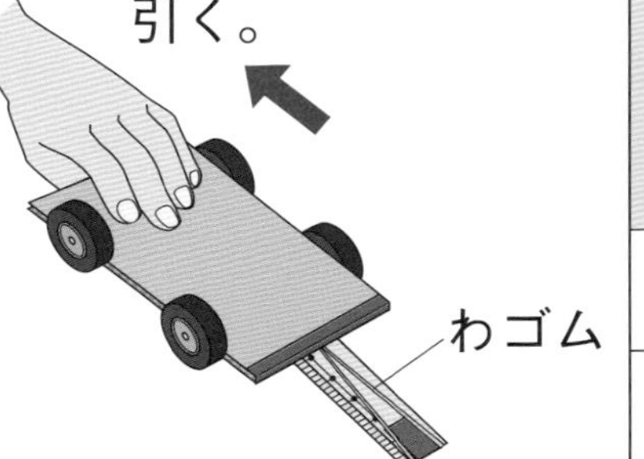

ゴムののばし方	車が動いたきょり
10cm	2m90cm
15cm	5m10cm

(1)　車を引いたときの手ごたえが大きいのは、ゴムののばし方が10cmのときと15cmのときのどちらですか。（　　　　）

(2)　次の文の（　）にあてはまる言葉をかきましょう。

ゴムが物を動かすはたらきは、ゴムを長くのばすほど①（　　　　）なり、ゴムを短(みじか)くのばすほど②（　　　　）なる。

夏休みのテスト②

●勉強した日　月　日

時間 30分

名前　とく点　/100点

おわったらシールをはろう

教科書 22～35、42～53ページ　答え 20ページ

1 モンシロチョウやアゲハの育ち方とからだのつくりについて、次の問いに答えましょう。1つ5〔55点〕

(1) 次の写真は、モンシロチョウの育つようすを表したものです。

㋐　㋑

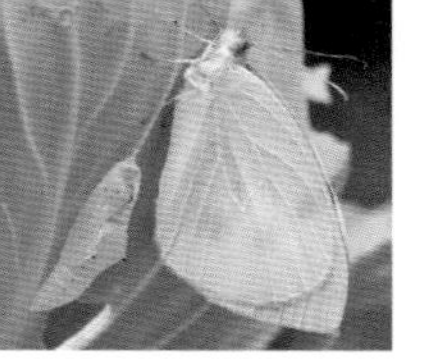

㋒

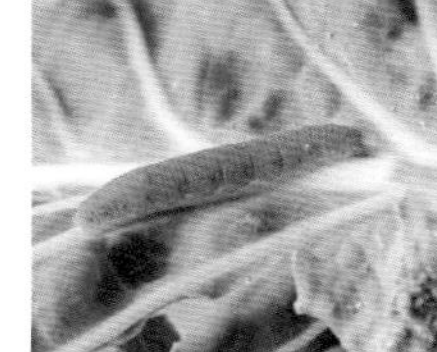

㋓

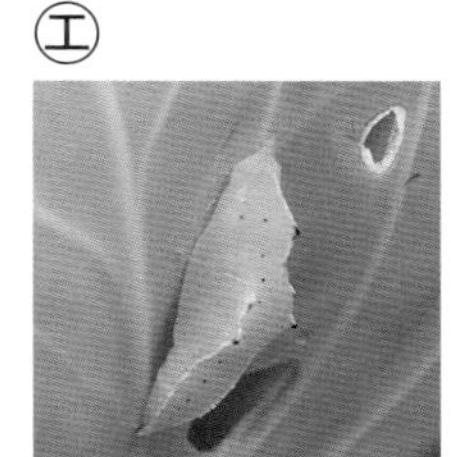

① ㋐～㋓のすがたを、何といいますか。

㋐(　　　　)　㋑(　　　　)

㋒(　　　　)　㋓(　　　　)

② ㋐をさいしょとして、モンシロチョウが育つじゅんに、㋑～㋓をならべましょう。

(　㋐　→　　→　　→　　)

③ ㋑と㋒の食べ物は、同じですか、ちがいますか。　(　　　　)

2 風で動く車をつくり、風を当てて、風の強さと車が動くきょりのかんけいを調べました。表は、そのけっかです。あとの問いに答えましょう。

1つ7〔21点〕

送風き　ほ　㋐←　→㋑

風の強さ	車が動いたきょり
弱	3m50cm
強	5m20cm

(1) ⇨の向きに風を当てたとき、車は㋐、㋑のどちらへ動きますか。　(　　　　)

(2) 次の文の(　)にあてはまる言葉をかきましょう。

風が物を動かすはたらきは、風の強さが①(　　　　)ほうが大きくなり、風の強さが②(　　　　)ほうが小さくなる。

実力判定テスト

夏休みのテスト①

時間 30分

名前　　　とく点　　/100点

おわったら シールを はろう

●勉強した日　　月　　日

教科書　6～21、36～41、163ページ　　答え　20ページ

1 **身のまわりの生き物をかんさつしました。次の問いに答えましょう。**　1つ6〔12点〕

(1)　次の図のような記ろくカードのかき方について、正しいものをえらびましょう。(　　　)

4月15日　3年1組　本田あきら

ア　調べたことは、文だけでせつめいして、絵はかいてはいけない。

(2)　次の㋐～㋓からホウセンカとヒマワリの花と葉をそれぞれえらんで、表に記号をかきましょう。

㋐ 

㋑ 

㋒ 

㋓ 

	花	葉
ホウセンカ		

●勉強した日　　月　　日

実力判定テスト 冬休みのテスト②

時間 30分

名前　　とく点　　/100点

おわったら シールを はろう

教科書 96〜129ページ　　答え 21ページ

1 右の図は、こい色の紙に虫めがねで光を集めているようすです。次の問いに答えましょう。　1つ7〔14点〕

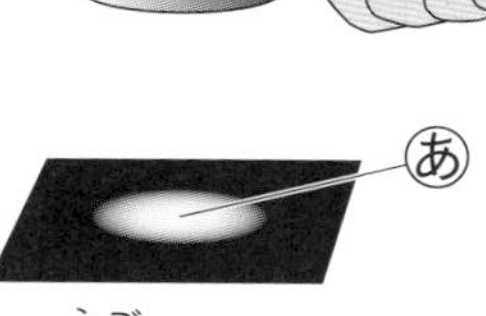

(1) 図の ➡ の向きに虫めがねを動かすと、あの部分の明るさが明るくなりました。このとき、あの部分の大きさはどうなりますか。

(　　　　　　)

(2) (1)のとき、あの部分の温度はどうなりますか。

(　　　　　　)

2 次の図のように、かがみではね返した日光をだんボールのまとに当てました。あとの問いに答えましょう。　1つ7〔21点〕

かがみ 1まい　温度計　かがみ 2まい　かがみ 3まい

(1) 大きい音が出ているのは、ア、イのどちらですか。

(　　　　　　)

(2) 音が出ているときにわゴムをつまむと、音は聞こえたままですか、聞こえなくなりますか。

(　　　　　　)

4 次の図のアのような、100gのねん土の形をかえたり、いくつかに分けたりして重さをはかりました。あとの問いに答えましょう。　1つ7〔28点〕

ア	① □	② □	③ □
	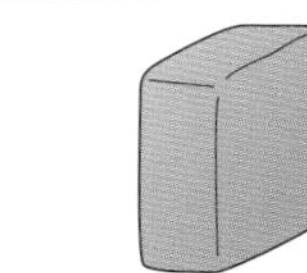	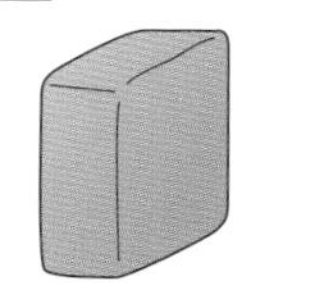	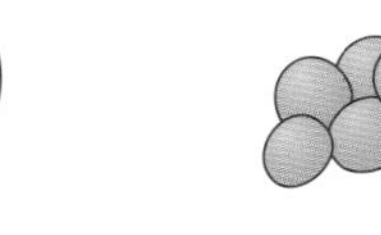
100g	形をかえる。	形をかえる。	分ける。

(1) アより重いときは○、軽いときは×、かわらないときは△を、①〜③の□につけましょう。